部落有林野の形成と水利

北條　浩＋宮平真弥　著

御茶の水書房

総　序

本書が対象とした土地は、現在、志賀高原（長野県北部・下高井郡山ノ内町沓野）と称されている山林地である。この土地は、「財団法人下高井郡山ノ内町和合会」（以下、財団法人・和合会と略称する）の単独所有地と、財団法人下高井郡山ノ内町共益会（以下、財団法人・共益会と略称する）の共同所有地である岩菅山をもって構成されている。このうち、財団法人・和合会が単独所有する土地は、旧松代藩制下において旧沓野村が単独で支配する総村民所有の村持地であった(1)。

これらの土地は、明治六（一八〇三）年の地券発行にともなう『地所名稱区別更正』（明治六年三月二五日、太政官布告第一一四号）によって公有地に編入され、ひきつづき明治七（一八〇四）年に山林原野官民有区別（太政官布告第一二〇号、地所名称区別改定）によって官有地に編入され、さらに一等官林に編入された。公有地に編入されたときには、これらの土地に権益を有する部落構成員は、従前と同じように使用・収益を行なっていたために、問題の生じる余地はなかったのである。公有地は、土地所有上において、一定の基準をもった土地所有であり、公有地地券状も渡されているために、この公有地が、のちに『地所名稱区別改定』によって――いわゆる山林原野官民有区別――、官有地に編入されることとは思ってもみなかったのである。これはなにも、この地域の住民に限らず、一般的な認識である。

沓野部落では、公有地から官有地に編入されるにあたり、払下げができるかどうかはともかく、貸渡しだけは追々指示があると村吏が言ったというので安心したとあるが（明治一二年四月『嘆願書』）、これは村吏というよりも長野県官吏から村への伝達であろう。このような例は全国で聞かれる[2]。これは、官有地化にともなう地方民の不安と動揺を鎮静するための手段であったのである。

沓野公有地が官有地に編入され、一等官林となって以後は、ここへ立入り、使用・収益することも出願制となってその手続きも容易でないばかりか、採取量や種類も限定されたり、採取物について払下料金を徴収されるなどされたばかりでなく、許可がおりないために採取期日に間に合わなかったりした。そのために、営業や生業にも差支えを生じたのである。旧沓野村（旧公有地）の土地の引下げについては、隣村の夜間瀬村がもともと権益がないにもかかわらず、権益を主張して明治九（一八七六）年八月に長野県にたいして払下げを出願したこともあって、沓野部落では出遅れとなった危機感から土地の引戻しを早急に出願するようになったのである。

明治初年の土地改革にあたり、地租の改正・土地所有の帰属を決定するのは、明治五（一八七二）年七月二五日に租税寮に地租改正局を置き管掌することに始まるが、明治八年三月二四日、内務省と大蔵省間にあって地租改正にあたる独立した機関として地租改正事務局を設置して（太政官達第三八号）管掌させる。地租改正の実際は各府県があたり、この指示は地租改正事務局が管掌する（明治八年五月二四日、地租改正事務局達乙第一号）。

今般地租改正事務局被置候ニ付而ハ郡村之經界ヲ更正シ土地ノ広狭ヲ丈量シ其所有ヲ定メ其名稱ヲ区別シ地価ヲ定メ地券ヲ渡ス等地租改正ニ関スル伺届ノ申牒ハ直チニ当局ヘ可差出旨相違候事

地租改正の事務にあたるのは、主として府県係官で、ときには、地租改正事務局の派出官が加わる。沓野公有地についてては長野県で『地所名称区別改定』後の林野官民有区別にあたり、どういう理由か手続きが明らかではないが、とにかく、官有地に編入したのである。官有地に編入された後においては、官有地を管掌する内務省があたる。その後、林野の管理が明治一四（一八八一）年に農商務省に移る。林野の引戻しと、池の所有ならびに水利権について、沓野部落の代表者は、郡役所・長野県・内務省・農商務省との交渉と、引戻しの法理論・証拠書類について苦労する。そのために旧松代藩時代の縁故を頼って、旧藩士の館三郎を中心とした旧松代藩士の協力を要請したのである。その甲斐があって引戻しが実現する。これは、林野の引戻しについての特異なケースである。

ところで、さきに述べたように、現在、財団法人・和合会の所有地となっている上信越国立公園の大観光地である志賀高原は、明治初年の土地官民有区別において、いったん公有地として編入されたのち、官有地（国有地）に編入される。これが全部引戻されるのである。もっとも、このうち、幹線道路と四つの池沼（大沼池・琵琶池・丸池・長池・一沼）ならびに河川の土地は公有地ないしは国有である。ここでいう河川というのは、水が本流となっているところを指すのであって、この本流に流入する小さな流れの土地や湧水地などは和合会の所有地である。また、池沼であっても水に関する権利は継続的に私法関係に属するから、概念的にいって、公簿面積上における志賀高原は和合会財産とみてよいであろう。

財団法人・和合会の発足は、昭和四（一九二九）年である。財団法人の正式名称は、「財団法人下高井郡平穏村和合会」で発足時における志賀高原の基本財産は、平穏村村有財産のうちに設定した三〇〇年の地上権である（後述）。この地上権を設定した平穏村の財産と、残りの大部分は、徳川時代には松代藩領の沓野村の土地であり、明治初年には沓野部落の土地であったが、のち、官有地に編入された。官有地となったために、土地の利用や産物の採取は自由に行なえないばかりか、採取した産物について一定の料金を徴収されるようになったのである。このことは、日常生活必需品――たとえば、竹・木・薪材・炭材・草等――を沓野の林野からえていた者達にとって直接に生活に影響した。しかも、これらの採取については許可申請を出し主務官庁の認可をうけなければならないのである。この手続きの頻繁さで許可にいたるまでの日数も苦痛であった。こうしたことから、沓野部落では、総代を選出して旧沓野村持の土地の返還（引戻し、下戻し）を請求したのである。

しかし、沓野部落の再三の土地引戻しの申請にもかかわらず、所有の証拠がないということで却下された。そのとき、係官が、指示したのは証拠書類となるものは、旧松代藩の本書でなければならない、ということであった。そのために、旧松代藩時代に沓野村と接触のあった旧藩士・館三郎に引戻しに必要と思われる文書の探さくを依頼したが、旧松代藩の書庫は、松代町の火災の際に罹災していたため目的を達成することができなかった。これ以後、沓野・湯田中部落の総代に選出された沓野部落の竹節安吉・春原専吉・黒岩康英は、館三郎を中心としながら、旧松代藩奉行・旧松代県権大参事の長谷川昭道や同じく中堅の旧藩士の協力をえて旧沓野山林の引戻しに成功し、つづいて岩菅山の引戻しに成功する。館三郎は、その後、水利関係にも深くかかわりをもつのである。

沓野部落の所有地となった返還地は、沓野区有財産として再発足するが、館三郎の没後の明治末年に、内務省・農商務省の公有林野の整理・部落有林野の統一という名の強権政策――法律は存在しない――によって、平穏村へ強制的に編入されたが、その際に、地上権を設定した土地と部分林を設定した土地とにわけ、地上権を設定した土地をもって財団法人・和合会を設立したのである。

戦後、かつて平穏村へ編入された土地は、すべて返還され、財団法人・和合会の所有となった。

館三郎は、まずなによりも、官有地に編入された旧沓野村の土地の返還に大きくかかわりをもち、その実現をした功労者である。館三郎の協力がなかったならば、今日の財団法人・和合会の土地財産はその存在をみなかったであろう。また、館三郎は沓野部落の土地財産を入会財産として維持管理することを強く指導した。財団法人・和合会の財産が、その法律的本質を『民法』第二六三条の入会財産に置いていることは言うをまたない。そうして今日にいたっているのも引戻しと同じく館三郎の指導によるものである。

館三郎は、明治三八（一九〇五）年六月二六日に沓野観音堂の仮寓で没し、その生地ではなく、沓野部落（当時の名称は沓野区）によって温泉寺墓地に手厚く埋葬された。沓野部落（当時、区と呼称）では大正二（一九一三）年に沓野部落を二つにわける横湯川湖畔の十王堂坂の途中に、館三郎の顕彰碑を建立した。

ところで、館三郎がたずさわり、あるいは研究した範囲はかなり広い。松代藩士として在籍中に上州（群馬県）との国境の作定、江戸での医術の修業と種痘の修業、治水事業、養魚に精力をそそいだのである。明治維新後においては、養蚕・製糸の開発、官有山林に編入された旧沓野村時の民有地への引き戻しである。とくに製糸については、明治初年に製糸論をあらわし、この方面での先駆者となり、実務に役立てた。また、部落有財産の維持についてもつとめたのである。

本書は、この館三郎を中心とした部落有林野の形成と水利について明らかにしたものである。

(1) ここにいう「総村民」というのは、本百姓を主体とする権利者の総体であって、たんに村に居住する者、あるいは権利者でない者はならびに他村民は除外される。権利者というのは個人を指すものではなく、一戸である。この一戸も、通常、土地家屋を持ち（いわゆるカマドを持ち）独立して経済を営んでいることを示す。家族数のいかんにかかわりがなく、一戸一権である。村ないしは総村民については、中田薫『徳川時代に於ける村の人格』（中田薫『法制史編集第二巻・物権法』昭和四五年、岩波書店）のすぐれた論文があるが、中田薫氏は右の総村民の権利者構成についての正しい視点を欠いている。これについては、北條浩『共同体慣習の一側面』（潮見俊隆・渡辺洋三編『法社会学の現代的課題』昭和四六年、岩波書店）を参照されたい。なお、山中永之佑氏の一連の論文を参照されたい。

(2) 熊谷喜一郎『恩賜林の古今来』昭和四〇年、宗文館書店。

部落有林野の形成と水利　目次

目次

部落有財産の形成と水利

総序

序……三

第一章　沓野部落有地の公有地編入と官有地編入……九

第二章　官林の民有引戻しと借山……二五

第三章　沓野部落の山林引戻し……三五

はじめに……三五

第一節　官有地の民有地引戻し……三七

第二節　明治一二年一月の山林引戻し……三九

第三節　官有地の民有地への引戻しと館三郎……五三

第四章　館三郎と沓野山林の引戻し……六九

はじめに……六九

第一節　明治一二年三月の山林引戻し……七六
第二節　館三郎の旧松代藩・松代県への御林引戻し懇願書……八四
第三節　明治一二年四月の山林引戻しと館三郎……九五
第四節　岩菅山の山林引戻しと館三郎……一四六
第五章　官林の民有地への引戻しの法理……一七七
はじめに……一七七
第一節　民有地へ引戻しの法理……一八三
第二節　官有地引戻しの『歎願書』と法理……一八九
第三節　岩菅山の引戻しとその法理……二〇一
第六章　館三郎と水利権……二一一
はじめに……二一一
第一節　山林引戻しと池沼の所有……二一三
第二節　館三郎の水利論……二一七
第三節　館三郎と琵琶池水利裁判と水利権……二二四
第七章　館三郎と沓野部落有財産と入会権……二六五
第八章　館三郎の沓野部落への訴訟と終焉……二七七

はじめに……二七七
第一節　館三郎と沓野部落（区）との裁判……二七九
第二節　館三郎との協定書……二九六
おわりに……三〇一
第九章　館三郎の略記と業績……三〇七
あとがき……三一三

部落有林野の形成と水利

序

現在、志賀高原と称せられている上信越国立公園のうち、旧沓野村持地の台帳面積五七五万五〇〇〇余平方メートルの山林と、旧沓野村と旧湯田中村の岩菅山共同入会地の台帳面積八四七万五〇〇〇余平方メートルの山林は、明治初年に官有地に編入されたのであるが、沓野部落の代表達の献身的な努力と、旧松代藩士の館《たち》三郎・矢野唯見・長谷川昭道・松本芳之助等の協力によって、旧沓野村持地は明治一三（一八八〇）年一一月二五日に返還が決定した。岩菅山の共同入会地の返還が決定したのは明治一九（一八八六）年一一月一一日である。旧松代藩士のうち、返還運動に中心となってもっとも積極的に協力したのは館三郎である。[1] 館三郎は、のちに、引戻し（返還）の「大参謀」あるいは「主唱者」などという名称を肩書きとして記していたから、自負するところがあったほど、返還運動に協力した。

同じ旧松代藩士でも、矢野唯見・長谷川昭道は中堅の武士であるが、館三郎は下級武士である。しかし、館三郎は普通一般の武士とは異なり、勉学に精を出した。水利・農業・医術・養蚕・製糸にわたり、理論はもとより、それぞれに実務の経験がある。同時代の同じ松代藩士であった佐久間象山にはおよばないまでも出色である。館三郎は、戸籍上では妻帯していないし、実子の存在をみない。

館三郎は、明治一二（一八七九）年に、官林に編入された沓野部落（旧沓野村持地と岩菅山共同入会地）の引戻しに関与し協力してから、明治三九（一九〇六）年六月二二日に沓野区（部落）の観音堂でその生涯を終えるまで、いろいろなかたちで沓野部落とかかわりをもった。もっとも、幕末期の松代藩で地方掛として沓野村担当の職務にたずさわっていたから、明治二（一八六九）年の版籍奉還による幕藩封建支配体制の解体と、明治四（一八七一）年の廃藩置県（七月一四日）による天皇制絶対主義中央集権国家の成立によって、館三郎は藩士としての職を解かれる。それまでの館三郎は、松代藩という封建的支配体制の藩士として沓野村にのぞんだのであるから、封建的な身分制度をともなう支配、被支配の関係においてである。館三郎が松代藩士としての職を失ってから、明治一二年までの間は沓野部落との接触はなかったものと思われる。その間、館三郎は、養蚕・製糸・農業・水利に関する著書や意見書を出し、医術にもたずさわっている。

ところで、幕末期の松代藩は、イデオロギーならびに藩の政治のうえからも大きな変動期であり、藩体制としても、イデオロギーとしても、中立や中間的立場は許されなくなってきていて、尊王と佐幕が対立していた。幕府につくにしても、官軍・天皇側につくにしても、松代藩の運命にかかわる問題である。松代藩・真田家は、関ヶ原合戦以来の譜代大名で老中の座にもつくが、その先は一族が甲斐源氏の武田信玄に臣従した武将でもある。その後、真田家は大坂・豊臣方と関東・徳川方とに分裂して対立する。この系譜が幕末期の政争にたいして、どの程度のかかわりを持ったのかは、明らかではないが、幕府か朝廷か、いずれの側に属さなければならなくなる。そのもとでの政争である。松代藩の政争は勤王か佐幕で大きく揺れるが、結局は勤皇側が勝ち、松代藩は官軍に加わって越州（新潟県）の戦役に参加し、長岡城の攻防に大きな戦費を費消したばかりか、以後の戦斗においても、会津城（福島県）の攻略に参加しさらに戦費を費消した。しかし、幕末期の松代藩はもともと藩財政が破綻していたばかりでなく、藩領内においても社会的不安が増大し、沓野騒動（佐久間騒動）を引起し、さらに、隣りの幕領では、中野騒動を引き起している。さらに、文久三年には屏風堰の引水にからみ流末一二か村の水騒動を引き起している。松代藩は、こうした世上の不安を背景にしながら、財政窮迫というよりも、財政破碇のなかで官軍に従い上越から会津へ転戦するために、相当の費用がかかり、この軍資金が途絶えるような状態であった。こうしたときに館三郎は藩命を帯びて軍資金の調達に奔

走する。(『沓野地籍山林沿革陳述書』明治三九年。以下、『陳述書』と略称する)

館三郎の右の『陳述書』によると、嘉永年間(一八四八〜一八五四年)に、松代藩財政の立直しのために「廃物利用」を建言するが、その内容は、鉱物資源の発掘のほかに、「物産改良農事並ニ深山沓野山藩林中源水元引水堰開墾池々貯水民益田水畑成ハ地位増加」とある。つまり、物産の改良であり、それは具体的には沓野山林にある水源に堰を設け、その貯水をもって田地に養水する、というのである。これは、新しい事業というよりも、すでに天保年間に沓野村のつばたや・吉田忠右衛門が大沼池の工事を行ない下流に田地養水として給水したのを踏襲するのである。吉田忠右衛門は一村民としての自費であり、館三郎は「利用掛」という名称をえての藩命を帯びている。藩命といっても、藩の独自の政策でもなく、藩が直接に関与するものでもない。館三郎が行なう水利用(養魚)について許可しているだけである。したがってこれに要する費用は自費である。松代藩としては、財政破碇のところから費用の支出は不可能であったのであろう。松代藩の下士は一般的に貧乏であった。館三郎もその例外ではない。したがって、館三郎個人がこの工事資金を負担することはとうていできない。自費というのは、自分で資金を調達せよ、というのである。その資金については必ずしも明らかではない。

館三郎が藩財政のために活躍するのは、『陳述書』(館三郎)についてみると、文久・慶応年間(一八六一〜一八六八)のことである。慶応四(一八六八)年の、いわゆる戊辰戦争に館三郎は従軍していない。幕末期の松代藩において、館三郎が勤皇方に屈していたのか、あるいは佐幕派に屈していたのか、明らかではない。後に館三郎の山林引戻しを援助した同じ松代藩士の長谷川昭道[2]は、松代藩の要職にあって勤王として東奔西走し、そのイデオロギーを明確にしたのとは異なる。これにたいして館三郎は、松代藩では動きはみられないが、明治政府の成立後においては、天皇をいただいた大日本帝国の栄光を信じていた。

しかし、同じ松代藩士で、館三郎の先任者であった佐久間象山（文化八年～元治元年。一八一一年～一八六四年）が徹底した勤王開国論者であり、思想家・科学者としてばかりでなく行動派であった。同じ学者肌であった館三郎は佐久間象山に比べると、消極的であった。また、山林引戻しに協力を求めた同藩の上士である長谷川昭道（文化一二年～明治三〇年。一八一五年～一八九七年）が勤王家として松代藩をまとめ、明治五（一八七二）年に廃藩置県後の松代県権大参事として行政的手腕を発揮したのを身近に知っていたであろうが、これらについて館三郎は書き残したものがない。館三郎は政治色・行政色をほとんどもたない、いわば学者肌の能吏であったのであろう。館三郎の書いたものによると、彼は松代藩時代に水利紛争を鎮め、千曲川の水利工事に関与し、江戸・神田の種痘所で医学を修め、松代藩に種痘を建言するとともに実践した。かなり積極的に藩政にかかわりを持っていたのであるが、藩政の中枢に登用されたことはない。また、さきに述べたように、戊辰戦争の後衛において、松代藩の越後・会津攻略のために軍資金の調達にあたったと言う。これが事実であるならば、藩財政について大きな貢献をしたことになる。沓野村については、佐久間象山のあとをうけて山林の開発・国境の踏査・農業の開発・養蚕・製糸の改良と振興、ならびに水利用についても積極的であった。しかし、館三郎は、佐久間象山のように、松代藩や国益を前提として、藩権力をもって独自な殖産興業政策にあたって、村と対立するようなことがなかったのである。このことは、伝承においても、館三郎の批判はみられない。いわば能吏型の藩士である。沓野部落が官林の民有地への引戻しに際して、館三郎へ協力を要請したのも、能吏としての力量を知っていたからにほかならない。少なくとも佐久間象山のような悪い印象を与えていなかったからであろう。(3)

沓野部落が館三郎に協力を求めたのは、旧沓野村持地（入会地）と、旧湯田中村との共同入会地の岩菅山の引戻しについてである。館三郎はこのほか、独自に水利問題を手がけ、養魚も行なうほか、農事の改良、新しい種類の農業の開発も行なった。先見性の眼があったのであるが、開花するにはいたらなかった。沓野部落には、地味が悪く、耕地も少ないために農業における発展の基盤がなく、したがって、その受入や協力体制がなかったためであろう。館三郎は、松代藩の正式の職制にはないが、「利用掛」という名称を認められて、志賀高原での水利（田用水と養魚）ならびに鉱物資源の調査と境界にあたる。このことが、沓野村の者と接触することになるのであるが、佐久間象山のような「増税」の方向で仕事をしなかったのであろう。旧松代藩時代の館三郎についての悪い伝承は残っていない。沓野部落が官林の引戻しに際して援助を求めるのも調査・開発の性質の相違もさることながら、開発が藩権力のような強制的なものではなくして、館三郎の私的な性格を帯びているからでもあろう。

沓野部落が、明治八（一八七五）年に官有地に編入された旧公有地にたいして、明治一二年一月に民有地に「引戻し」を出願した際に、出願書の提出先の内務省地理局長野出張所の奥津実から、民有に引戻すのであれば、山林についての書類と従前の「上納賦課帳」の証拠書類の添付を求められた。延宝年間の夜間瀬村等との紛争の裁決書だけでは証拠として採用されなかったからなのである。ここから館三郎との接触がはじまる。

館三郎と沓野部落（ならびに湯田中部落）との関係は、旧松代藩の書類の探さくを館三郎に依頼したことから始まる。これには、旧松代藩の長谷川昭道・矢野唯見らが協力した。

（1）館家が松代藩の下級武士であったことについては、田中誠三郎『真田一族と家臣団―その系譜をさぐる―』（昭和五七年、信濃路）のなかの「明治四年給禄過宜現石調」に記述がある。
（2）長谷川昭道については、『長谷川昭道全集』（上下）昭和一〇年、信濃毎日新聞社。飯島忠夫『長谷川昭道伝』明治四五年。
（3）『和合会の歴史　上巻』一八六頁、昭和五〇年、財団法人・和合会。『志賀高原と佐久間象山』一九九四年、財団法人・和合会。

第一章　沓野部落有地の公有地編入と官有地編入

官林に編入された旧沓野村持の林野と岩菅山共同入会地の問題の出発点は、この両者が明治七（一八七四）年に公有地に編入されたことにある。

ここにいう公有地とは、国ならびに私的所有に対立する地方自治体の所有ではなく、村持の林野で地価の決定がただちにできないところと入会地の場合（『地券渡方規則』第三四条・第三五条）、ならびに、官有地で払下げを予定している場合（『達』）である。[1] 公有地は、のちに官有と民有とに二大別されるから、その内容において、国有地に属すべき所有と、民有（私有）に属すべき所有との二つがあるものとして『林野官民有区別』によって処理されるのである。ここでは、現在でいうところの公有財産についての規定をみない。

しかし、この官有、民有の二大別には問題が残る。それはともかくとして、明治初年には村の合併が行なわれ、旧幕府時代の村が合併によって消滅したが、旧村持地については、人民の意志によって新町村の財産として編入しない場合には、旧村名の地域において部落というかたちで私的所有するところとなる。沓野村では湯田中村との合併によって平穏村が成立し、沓野村が消滅したが、その際に旧沓野村持地は平穏村へ編入しないために、沓野という地域名の部落の財産に帰属する所有となった。もっとも、これは推定である。なぜならば、沓野村持地が村方の都合――夜間瀬村、須賀川村からの盗伐、侵墾を防止するため――によって御林という名称を附していたために、御林の調査をしたときには村吏がこの名称のために「御林《おはやし》」（松代藩直轄）として報告した可能性があるからである。

しかし、いずれにしても、旧沓野村持地と岩菅山入会地は公有地となった。公有地地券状が交附されるのは、明治七（一八七四）年である。このときの地券状は「写」というかたちで残っているが、公有地であることの表記もないし、また、持主についての記載もない。公有地券状はすべて回収されているのであるから、沓野部落の地券状についてはこれ以上は明らかにすることはできない。とにかく、公有地となったのちの翌八年には官有地に編入される。これは、『地所名称区別』（太政官布告）が改定されて、土地所有は官有と民有との二大別になり、公有地の名称は消滅したためである。その結果として、公有地は、官有地か民有地かのいずれかに属するようになる。これを行なうのが、『山林原野官民有区別』の法令である。沓野部落の志賀・文六・岩菅などの公有地は、官有地となる。この、公有地から官有地に編入されたいきさつについても明らかではない。『歎願書』によれば、官林に編入されてもただちに引戻しの申請をする動きはなかったのである。したがって、この時点においては館三郎との接触はない。

沓野部落は、徳川時代に沓野村として松代藩領に属していた。松代藩は明治初年の廃藩置県によって松代県となり、つづいて長野県に編入された。旧松代藩時代の沓野村（徳川時代ならびに明治初年には「沓野」という文字が使用されているが、ここでは、沓野という文字を使用する）は、現在、志賀高原と称されている山林を村持地として単独の支配をしていたほか、岩菅山（表・裏）を湯田中村と二か村の共同入会地としていた。

志賀高原は、明治七年にその所有をいったん公有地として編入されたのちに、明治八（一八七五）年に官有地に編入される。公有地に編入されたときには、これにたいして抵抗することがなかったしこだわらなかった。名称上においては、旧松代藩領の直轄支配地であり、入山禁止ないしは入山制限が行なわれ採取物の種と量も制限される「御林《おはやし》」であるが、実態上においては御林ではなく、また、明治政府の直轄支配地である「官林」でもない。山林の使用・収益も旧時のように自由であったからである。公有地は所有の一つの形態であった。公有地という所有は、明治五年二月二四日『地所売買譲渡ニ付地券渡方規則』（大蔵省達第二五号。以下、『地券渡方規則』と略称）の増補（明治五年九月四日、大蔵省達第一二六号）に法律上の根拠を置く。公有地は明治六年一二月二五日の「今般地券発行ニ附地所ノ名稱区別共左ノ通更正」（太政官布告第一四号。以下『地所名稱区別更正』とする）によって、皇宮地・神地・官庁地・官用地・公有地・私有地・除税地として大別されたなかに入り、所有を確保される。しかし、翌明治七年一一月七日に、「明治六年三月第一一四号布告地所名稱区別左ノ通改定」（太政官布告第一二〇号。以下、『地所名稱区別改定』とする）によって、官有地と民有地に二大別され、公有地は官有地か民有地のいずれかに編入されることになる。これが、学術上において、「林野官民有区別」ないしは、「官民有区別」と言われるもので、法律上も所有の判定をめぐって紛糾したものであって、とくに、昭和四八（一九七三）年に最高裁判所が国有地入会権を認定するまで、大審院を始めとして各裁判所が判決において国有地入会否定の根拠として誤った解釈をして入会権者（集団）に多大の被害を与えてきた法律なのである。念のために言うならば、法律が誤っていたのではなく、行政庁ならびに裁判所が誤った解釈と誤った適用をしてきたのである。その根本は、大正四（一九一五）年の大審院の判決である。大審院判決は、「明治九年一月地租改正事務局議定山林原野等官民所有区分処分方法」（正確には、地租改正事務局議定「昨八年当局乙第三号同十一号達ニ付山林原野等官民所有区別処分派出官心得書」。以下、『派出官員心得書』と略稱する）は、「其法意ノ存スル所ヲ推尋スレハ官有ニ編入シタル土地ニ対シ従前慣行ニ依リ村民ノ入会利用シ来タリタル関係ハ入会権ナルト否トヲ問ハス改租処分ニ依リ編入ト同時ニ当然消滅セシメ一切斯ノ如キ私権関係ノ存続ヲ認メサルモノト解セサルヲ得ス」というのであって、「法意ヲ推尋ス」る、つまり、法の内容というものはこうであろうか、と推測すると国有地に入会権そのほか私権関係は存在しないというのである。いやしくも、裁判官が法律を勝手に推測することは許されないが、まして、『派出官員心得書』は、山林原野を調査するために地租改正事務局から地方へ派出された官員に所有判定の基準を示したものであって、国民が遵守すべき法律ではないのであるから、適用を誤っているのが見られるばかりか、『派出官員心得書』には、大審院判決がいうところの法意の規定はない。この大審院判決はさきに指摘したように昭和四八（一九七三）年の最高裁判所の判決によって全面的に否定され、大審院の判決にいう国有地入会否定の論拠も法意も存在しないことが明示された。

もう一つの問題となった大審院判決は、大正七（一九一八）年五月二四日の『不動産所有権確認並保存登記及抵当権設定金記抹済請求ノ件』第一民事部判決で、明治五（一八七二）年二月一五日の地所永代売買禁止を解除した太政官布告第五〇号「地所永代売買ノ儀従来禁制の廃自今四民其売買致所持候儀被差許候事」を根拠として、明治五年のこの法令以前においては、「土地ハ国ノ所有ニシテ人民ハ土地ノ所有権ヲ有セス」という、法律的にも実態的にもそのような例をみない暴論の判決を行なっている。この判決以前において、明治民法起草者の梅謙次郎（東京帝国大学教授）は、「或者説ヲ作シテ曰ク我邦ニハ維新後ニ至ルマテ人民ノ土地所有権ナカリシカ明治五年ニ至リ始メテ之ヲ認メタリト是レ謬リ旧幕時代ニ在リテモ普通ノ土地ハ所有権ノ目的タルコトヲ得シト雖モ唯之ニ制限ヲ附シ其永代売買ヲ禁シタリ」といい、地所永代売買解禁について、「右ノ法文ニ拠ルモ決シテ新ニ所有権ヲ下与シタル跡ナク全ク従来所有ノ権利ヲ無制限ニ処分スルコトヲ許シタルニ過キス」と述べている。[2] 大正四年の大審院判決は、裁判官の無知・無利解をさらけだしたものである（裁判長・田部芳、判事・柳原幾久若・尾古初一郎・柳川勝二）。この判決は、さすがに、のちに同じ大審院において否定されている（昭和一二年五月一二日、「所有権確認等請求事件」判決）。

これにたいする中田薫の指摘はつぎのごとくである。[3]

徳川時代に於ては、土地は永代賣買を禁止されたるが故に、私人の所有に属せずとの説が、今日尚一部法曹家の間に行はるゝは、予の甚遺憾とする所なり。大正七年五月二十四日大審院第一民事部判決の要旨第一點に、

一明治五年太政官布告第五十號ヲ以テ地所ノ永代賣買ノ禁ヲ解キ其賣買所持ヲ許シタルハ土地ハ國ノ所有ニシテ人民ハ土地ノ所有権ヲ有セス唯其使用収益権ヲ有スルニ過ギザリシヲ改メ人民ニ土地ノ所有権ヲ付與シ従来有シタル其使用収益権ヲ以テ所有権ト為シタル旨趣ナリトス

と云へるが如きは、其最顕著なる一例なり。大審院が如何なる歴史的及法律的根拠に基づきて此の如き断案を下せるやは右判決の理由中に何等の記述無きが為め之を詳にすること能はずと雖、恐らく従来一部法律家の間に屡々繰返されたるものと同じく、徳川時代には土地は永代賣買を許されざりしが故に、之が私有を認むること能はずとの、極めて簡単なる論理に基づくものならん。果たして然らんに自由あることを前提とするものなること、何等の疑を容れず。去れば幕末の慣習法を収録せる全國民事慣例類集第三章第一款（五〇六頁）にも、土地賣買に関する全國の普通法を記述して、『凡ソ耕地永代賣買ハ禁制ノ法アルヲ以テ、十年期質地流シ或ハ由緒譲渡ノ名義ニテ代金ヲ受取リ所有権ヲ移ス、其證書ニハ親類組合連印役場奥印シ帳簿ノ名ヲ書改ム、町地賣買ハ雙方協議ノ上、親類組合連印ノ證書ヲ作リ役場へ申出テ、役場ニ於テ代金受取渡ヲ為シ、役場奥印シ帳簿ノ名ヲ書改ムルコト一般ノ通例ナリ』ト云ヘリ。故に町屋敷は之を沽券地と呼べり。

徳川時代の私的所有を否定した。『不動産所有権確認並保存登記及抵当権設定登記抹消請求ノ件』の判決はつぎのごとくである。（『大審院民事判決録』第二四巻第一〇号、一〇一八頁以下）。

然レトモ明治五年二月十四日太政官第五十号布告ヲ以テ地所ノ永代賣買ノ禁止ヲ解キ其賣買所持ヲ許シタルハ是ヨリ以前土地ハ國ノ所有ニシテ人民ハ土地ノ所有権ヲ有セス唯其使用収益権ヲ有スルニ過キサリシヲ改メ人民ニ土地ノ所有権ヲ付興シ従来有シタル其使用収益権ヲ以テ所有権ト為シタル趣旨ナリトス

いったい、右の誤判の裁判官は、法律上の、あるいは法制史上のいかなる根拠にもとづいて解釈もしくは判断しているのであろうか。土地の永代売買禁止令がでたというだけで、その文字から土地所有権がなかったというならば浅薄な知識を通り越して、素養も判断力もないことをさらけ出している。これは、誤判にほかならない。右の判決にたいし、徳川時代の土地所有権を肯定した大審院『所有権確認等請求事件』の判決はつぎのごとくである。（『大審院民事判例集』第一六巻第一〇号五九五頁以下）。

然レトモ徳川幕府即舊幕時代乃至明治四年正月五日太政官布告第四號ノ布告セラレタル當時ニ於テモ民法施行以来ノ土地所有者カ其ノ土地ニ對シテ有スルト同様ノ總括的支配権ヲ土地ニ対シテ有シタル者アルコトハ疑ナキ所ニシテ民法施行法第三十六條ノ規定ニ依レハ斯ル支配権ヲ有シテ民法施行ノ日ニ及ヒタル者ハ即其ノ土地ニ對シテ民法ニ所謂所有権ヲ有スルニ至りタルモノト解スルヲ相當トス而シテ原審ハ被上告寺ハ本件㈡乃至㈥ノ土地ニ對シテ舊幕時代ヨリ斯ル總括的支配権ヲ有シタル所同寺住職桑田瀧洞ハ其ノ官没セラレンコトヲ恐レ之ヲ自己名義ニ假装シタルモ同寺ハ右ノ支配権ヲ失フコトナクシテ民法施行ノ日ニ及ヒ民法上ノ所有権ヲ有スルニ至リタルコトヲ認定シタルモノニシテ原判示ニ㈡乃至㈥ノ土地ハ孰レモ舊幕時代ヨリ被控訴寺ノ所有ニシテト云ヘルハ即被上告寺カ舊幕時代ヨリ右ノ總括的支配権ヲ有シタルモノナリトノコトヲ意味スルモノナルコト判文上自ラ明白

ナルカ故ニ原判決ニハ所論ノ如キ違法アルモノト云フヲ得ス論旨採用シ難シ

大正七年の大審院の誤判を正した右の判決では、徳川時代において、「総括的支配権ヲ土地ニ対シテ有シタル者アルコトハ疑ナキ所ニシテ」と、当然のことを判示しているのである。

それほどまでに法律解釈上において問題の大きかった公有地なのであるから、当時の沓野部落の者達が法律上において公有地のなんたるかを知らなかったとしても仕方がないと言わざるをえない。まして、公有地が明治七年の『地所名称区別改定』によって官有地に編入され、官林となって、従来の山林支配や山林利用などが制限もしくは禁止されるか、草木の採取については、内務省に草木払下げの許可を申請し、入山料ではなく、その採取量を徴収されるなどということになるとは思いもよらなかったのは当然である。

旧沓野村持地が公有地を経由して官林に編入され、さらに一等官林に編入されて草木の採取が規制されるようになった直後から、沓野部落は官林の下草払下願と、官林の引戻し（下戻し）を申請する。官林の草木払下げを申請したのは、官林内で草木の伐採・採取を行なうには、草木払下げを官林の管轄省である内務省地理局へ申請しなければ、官林盗伐・盗採として罰せられるからである。これは、入会にも適用される。

官林に編入されたいわゆる志賀高原——当時はまだ志賀高原と称してない——は、旧松代藩時代には村持地であった。あるいは、松代藩領になる以前から、人々が沓野に一つの集落をつくったときから沓野部落の山であり沓野部落の人々が全体として支配し利用するところであった。したがって、この山野から林木を伐採し、草木を採取し、あるいは土地の利用をしてきた。つまり、法律用語・学術用語でいう入会であり、権利の態様は総有である。しかし、徳川時代の沓野村ならびに、のちの沓野部落では、村持地において村中のみが使用・収益を行なう土地を入会とはよんでいない。入会とは、だいたいにおいて他村関係――他村の土地において使用・収益を行なったり、複数村（村々）が同じ土地で使用・収益を行なう――において使用してきたことばなのである。実際上においては、岩菅山を入会とよんでいるだけである。岩菅山は湯田中村とで共同の権益をもっている。この村持地の範囲は、沓野部落が官林の沓野部落への引戻しを申請した際に所有の証拠資料として提出し、延宝七（一六七九）年一二月一七日の幕府評定所の裁決（判決）によってきまる。この裁決は、沓野村の村境が確定したばかりでなく、沓野村地籍において沓野村の一村支配が確認されたのである。

入会地が、近代的法律制度上において所有として確認されるのは明治五（一八七二）年九月四日の『地所売買譲渡ニ付地券渡方規則』の「追加」（大蔵省達第一二六号。以下『地券渡方規則追加』と略称する）からである。所有判定の具体的内容については。太政官ならびに大蔵省達・地租改正事務局達のほか、『租税寮改正局日報』と『地租改正事務局別報』の「指令」にその基準が示される。

沓野部落の山林ならびに湯田中部落との入会地が、公有林に編入されたことは明治一二（一八七九）年の沓野・湯田中両部落の官林に編入された山林の引戻しの歎願書によって示されているが、公有地に編入される以前に、官林に編入されていたのかどうかについては文書・資料上では明らかではない。明治五年の『地券渡方規則追加』と、同年一〇月の租税寮の公有地についての解釈（『租税寮日報』第二二号）、ならびに、明治六年三月二五日の太政官布告第一一四号『今般地券発行ニ附地所ノ名稱区別共左ノ通更正』（以下、『地所名稱区別更正』と略称する）によって公有地に編入されたのであろう。なぜ公有地に編入されたのかということについては、歎願書では「村吏」の誤りである、としか述べられてないので具体性を欠くために、この誤りが、「御林」と称されているのを官林として報告したためなのか、あるいは公有地として書き上げた結果なのかが判明しない。いずれにしても、公有地となったことだけは明らかである。公有地は、そのものは所有の一つの形態であるが、この所有のなかには官林であって払下げを予定している土地も含まれる。明治六年七月二八日に『地租改正条例』（太政官布告第二七二号）が出され、ついで、明治七年一一月に『地所名称区別改定』が出されて、土地の所有は、官有と民有とに二大別される。『歎願書』によると、沓野部落では、明治七年に「上帳」し、八月に「山地券」が出されたとあるから、山林の書上げをして提出したと同時に地券状が発行されたのであろう。この地券状は「公有地」地券なのであろう。『歎願書』には、「明治五年地租御改正」とあり、これによって「山野地検取調」べて「上帳」するようにとの指令を受けたのは、明治五年七月二五日の『地券渡方規則増補』（大蔵省達第九四号）のことで、その第二六条に「村持ノ小物成場山林ノ類ハ地引図中色分致シ」とあるのと、第三四条に「村持ノ山林郊原其地価難定土地ハ字反別而已記セル券状ヘ従前ノ貢額ヲ記シ肩ニ何村公有地ト記シ其村方ヘ可相渡置事」、ならびに第三五条の「両村以上数村入合之山野ハ其村々ヲ組合トシ前同様ノ仕方ヲ以テ何村何村之公有地ト認メ券状可渡置」とあることを指すのであろう。

いずれにしても、『歎願書』によれば、沓野部落の旧村持山林は、明治七年七月に、「上帳」という山林調査書を提出し、翌八月に、「山地券」を下附された。この「山地券」が公有地地券状のことであるのは前後の記述からみて明らかである。翌九月に、「境界並に木品」の種類と本数の書上げを達せられ、「雛形」に従って書上げたとある。この書上げを提出したのが九月一一日と記述されているから、この記述に誤りがないものとすれば、達せられた直後に調査書を提出していることになる。したがって、林木の調査は行なっていないことは明らかである。たんに概要を書き上げたにとどまったのであろう。県官吏は「凡《およ》そ」でよいと言ったとあるから、「大概木品之名稱並に木数坪数に見做シ」というように、隣接する境界と木品を簡単に書き上げただけのことであろう。

この書上げを提出した二か月後の一一月七日に『地所名稱区別改定』が行なわれ、公有地は消滅して官有地と民有地に二大別される。したがって、公有地は官有地か民有地かのいずれかに編入される。その結果、沓野公有地と湯田中部落との共同公有地（岩菅山）は翌八年にすべて官有地に編入された。八月二八日には、租税課地理係より一等官林に編入されたことを通知される。これによって、官林の管理は内務省に移行する。内務省は、明治六（一八七三）年一一月一〇日に設置され（太政官布告第三七五号）、官林の所管は地理寮である。内務省中に山林局が設置されるのは、明治一二（一八七九）年五月一六日で（内務省達乙第二一号）、それまでは地理局が主管である。地租改正、すなわち、公有地の官民有区別において官林として編入された後においては内務省地理局が主管となる。したがって、沓野・湯田中部落の歎願書は地理局に提出される。その翌月の五月一六日に内務省に山林局が設置（内務省達乙第二一号）されたあと、明治一四年四月七日に農商務省が設置され（太政官布告第二一号）、官林の所管が農商務省山林局となる。

地租改正、つまり、山林原野官民有区別によって、公有地から官林に編入された山林は、地租改正事務局の所管から離れ内務省（のちに、農商務省）の所管となる。『派出官員心得書』第三条但書において、「伐採ヲ止ムルトキハ忽チ差支ヲ生ス可キ分払下或ハ拝借地等ニナスハ内務省ノ管掌ニ付地方官ノ見込ニ任スヘシ」とあるのがこれで、土地払下げ等ついても同じである。沓野部落が『歎願書』で、明治八年七月中に「官有地の内追テ御貸渡し相成るべき趣御布達ニ付」とあり、そのために、「村方山稼業凡そ年中大積リ御書上仕り候」とある。官有地に編入されても山稼ぎは引き続いて行なえると思っていたのであろう。これだけの文言について判断するならば、官林に編入されても従来からの山稼業に支障がなければ官林を受容したともとれる。その後の文言に、「御払い下げは如何歟」とあるのは、草木の払下げを意味するのか土地の払下げを意味するのか明らかではない。「御貸渡丈は追々御沙汰次第御願立致すべきと」いうことを村民にたいして村吏から通知があったという。平穏村吏員の説得によって、官林の貸し渡しが行なわれれば「銘々稼業ニハ差支え」がないと思っていたとあるから、官林の払下げではなく、貸し渡しという形式でも良いと思っていたのであろう。いずれにしても、その内容についての適切な文言や表現でないので、適確に判断することはむつかしい。

同年（明治八年）八月二八日に、「御官林の村持公有地」のすべてが、「一等官林」に編入されるという租税課地理係より通知をうけ、「改正の御規則これ有る御趣意と扱所の説諭」について驚いたとある。この意味も具体的に明らかではないが、一等官林の規則が厳しいものであることに驚いたのであろう。従来の自由な使用・収益はほとんど不可能に近い状態になったためであろう。

官有地に編入されたのちに、一等官林に編入される。なぜ、一等官林に編入されたのかは明らかではないが、一等官林であることによって、旧御林のような厳重な管理・統制下に置かれ、沓野部落の自由な林野利用はできなくなった。旧松代藩時代における沓野部落の林野利用は、自家消費材を得るためばかりでなく、営業に必要とする材料もえていたのであるから、この二つの面において重大な支障をもたらすことになった。こうしたことから、旧沓野村持地と旧湯田中村との共同入会地の引戻しが行なわれるようになったのである。

ところで、この『歎願書』（明治一二年四月）にも、さきの『歎願書』（明治一二年一月）にも、また、明治一一年一一月三〇日の『御官林下草御払下願書』にも、明治八年「御改正」とある。この「御改正」とは、『地所名称区別改定』による公有地の消滅をうけて山林原野の『官民有区別』がなされたことを指すものとみて誤りはないであろう。「八年ニ至リ公有地の分すべ都《すべ》て官有地と」して編入されたとの記載をみるからである（明治一二年四月『歎願書』）。沓野部落では、法令の出された明治七年を改正として表現したのではなく、実際に、公有地が官有地に編入された八年を改正と表現したのである。沓野部落では公有地について、「公有地と申すは村民入会稼山御年貢上納進退自由の場とのみ相心得」と理解しており、さらに「旧松代藩野山と相唱之来リ候、他村入会山とは異リ従前の山御年貢上納仕リ候ハヽ山入稼罷リ成るべき義と相心得」とあるように、旧松代藩時代と同じような同じ支配で自由な使用・収益ができるように思っていたことである。たしかに、一般の公有地は、官有地の払下げを予定している公有地と異なり、村持地・入会地など、その性質上、団体的所有であるから、沓野部落のように思っていても当然のことなのである。

沓野部落の山林（旧沓野村持地）が、なぜ公有地に編入されたのか、また、その公有地がなぜ官有地に編入されたのかについて、これを明らかにする文書・資料は残っていない。ただ、引戻しの『嘆願書』に村吏の不手際が指摘されているだけである。これが事実だとすると、沓野部落（権利者総体）は知らないまま、その意志は反して村吏が一村共同地ならびに岩菅山旧二か村共同公有地の官林編入の手続をとったことになる。これは、結果としてである。つまり、公有地編入については、公有地という法律上の権利（所有権）のいかんにかかわりなく、公有地の支配については他村、他部落の排除のもとで旧来と同じ維持、管理ならびに利用を行なっていたから、これを官有地に編入されても大差はないと思っていたのであろう。

ところで、学説上において、公有地はどのように理解されているのであろうか。まず、中田薫氏はつぎのように述べている。(4)

元来公有地は旧時の村持地を、その村方より奪つて公有地に編入したものであるから、これは後の官有地即ち国有地で、唯一時所在村方をしてこれを管理し利用せしむる為めに、その占有を村方に委ぬる意味に於て、その地券を当村に下附したもの、如く思はれる。法例彙纂民法二之六九頁秋田県伺（六年二月廿日租税寮指令）『菌草場或ハ薪炭日用アルヲ以テ一村或ハ数村へ任セ置公有地ト難トモ云々』二三一頁神奈川県伺『券状面其村預リ地ト記載相渡侯処其後規則第三十四条ニ右名義ハ公有地ト有之侯ニ付直シ可申ノ処渡済ノ分ハ其儘差置不苦哉』六年一月廿七日租税寮指令『申出ノ通尤預リ地ハ即公有地ノ旨右渡済ノ村々へ指示致シ大帳へモ其段認置可申事』二三三頁度会県伺（六年三月三日租税寮指令）『但公有地ト記シ券状相渡侯上ハ右様ノ分モ必ス地所預リ居侯旨ノ請書取置可申哉』など、公有地を以て村方へ委任せる村方預り地であるかの如く、解釈し得べき資料が存することを参考すべきである。

其二は公有地設置の目的如何の疑問である。これに就ては確実なる資料の徴すべきものを有しないが、唯疑ない事実は此公有地は将来私人の希望者に入札を以て払下げ、その持主を特定すべき運命に在る土地であることでる。此事実より推察するときは、此公用地は従前その利用が不経済であり、従て又収税額が少小に過ぎなかつた村持の山林郊原を一時国家の有に収め・成るべく速にこれを多数私人に分配して、或はこれを開墾せしめ或はこれに改良を加へしめ、以て地価の増加納税の増収を企図した過渡的制度であつたかの如く解釈される。

すなわち、中田薫氏は、公有地を「これを後の官有地即ち国有地で」、あるいは「村持の山林郊原を一時国家の有に収め」として指摘し、公有地をもつて、国有地として理解している。

中田薫氏は、「元来公有地は旧時の村持地を、その村方より奪って公有地に編入したものであるから、これは後の官有地即ち国有地で」というように断定している。しかし、「村方より奪って」という表現に適切な措置は、『地券渡方規則』第三四条の規定にはみられない。「奪」という言葉のなかに所有を消滅させたという意味を含めているのであろうが、『地券渡方規則』公布期において、「奪」うというのに該当する法律上のあるいは資料上の一般的な根拠はない。また、「奪」うというのは権力によって無法に行なうことを意味するから、中田薫氏もこの措置が合法ではないと思っていたのであろう。中田薫氏は公有地が官有地である資料証拠として『法令彙纂』の中にみられる（秋田県・神奈川県・度会県の伺・指令）「預り地」・「地所預り」などの文言を、そのまま国有地であるために村方がこれを預っているというように解釈しているが、同じ伺・指令について『租税寮改正局日報』（以下『日報』と略称する）についてみるならば、そのように単純に解釈することはできない。公有地は、『日報』二二号の「達」によって、あたかも官有地のように表現しているが、これについては、公有地には払下げを予定している官山・官原も入っているからこのような表現となったとみるべきである。公有地のなかに、村所有の確証もあるものが含まれているとは、その後の伺・指令によっても明らかである。いずれにしても、中田薫氏が引用した資料からでは公有地を官有地としてみる根拠を見出すことはできないのである。中田薫氏は、地租改正の基本資料である『租税寮改正局日報』、ならびに、地方の関係資料を見ていないのであろうか。その出典を示すものはないからである。

石井良助氏は、つぎのように述べている。[5]

公有地は、実際上の取扱としては、国有地として扱われたのである。明治五年十月三日租税寮改正局日報第二二号に見える地券渡方規則第三四条の公有地に対する同局の注釈に「公有地ト唱侯ハ従来官山官原或ハ村持山林牧場秣場ノ類、地価も難定、且後来人民御払下等願出侯節迄ハ、持主難相定儀ニ付、是を公有地ト相定侯儀ニ而」とある。「後来人民御払下等願出侯節迄ハ」という文言は明治五年の地券申請渡規則にはないのであるが、これは当時の政府の意向を示しているものと解して差支えないであろう。すなわち「払下云々」とあるから、村持の山林牧場秣場の類は公有地として国有地とされたものと解される。

右によっても明らかなように、石井良助氏は公有地を国有地というように考えているのである。

石井良助氏は公有地について、「実際上の取扱としては、国有地として扱われたのである」といって、積極的に公有地が法律上において国有地であるとは断定していないが、しかし、『日報』第二二号について、「政府の意向」というように理解したうえで、「村持の山林牧場秣場の類は公有地として国有地とされたものと解される。」と述べている点をみると、公有地をもって国有地と理解していることは明らかである。石井良助氏もまた、資料的根拠がないまま、公有地を国有地として解釈していることは中田薫氏と同じである。公有地については、『日報』第二二号の注釈についてみるかぎり、両氏のように強引に解釈することができるかも知れないが（実際は不可能である）、租税寮改正局への伺とこれへの指令について検討するとともに、のちに公有地について、村持地については二種類の内容が示され、さらに官有地が公有地から独立するなどのほか、林野官民有区別が行なわれるなどの過程について検討するかぎり、公有地をもって官有地＝国有地とすることができないことは明らかである。

石井良助氏もまた、地租改正の基本資料である租税寮ならびに地租改正事務局の伺と指令（『日報』・『月報』）をみていないのである(6)。

中田薫、石井良助両氏とも、地租改正における官有地と民有地にたいする認識に混同がある。公有地に、払下げを予定している官有地が入っていることは事実であるが、この官有地は、のちに入ったものであって、法令上では、村持地・入会地と官有地が混在している規定となっているものなのである。いずれにしても、旧沓野村持の山林は、地価を早急に定めることができないために公有地に編入されたものではあっても、官林として編入され、払下げの予定地に入るべきものではなかったことは明らかである。

（1）公有地に関する代表的研究書として、まず、戦前においては、奈良正路『入会権論』（昭和一二年、萬里閣）、中田薫『公有地の沿革』（『法制史論集』昭和一八年、岩波書店）がある。ならびに、戒能通孝『入会の研究』（昭和一三年、一粒社。初版は昭和一八年）をあげる。戦後においては、福島正夫『地租改正の研究』（増訂版、昭和四五年、有斐閣。初版は昭和三七年）をあげる。また、川島武宜編『注釈民法⑺』（昭和四三年、有斐閣）ならびに、川島武宜・潮見俊隆・渡辺洋三編『入会権の解体』Ⅰ・Ⅱ・Ⅲ（一九五九〜一九六八年、岩波書店）をあげることができる。なお、北條浩『林野入会の史的研究』（一九八五年、御茶の水書房）、同『明治地方体制の展開と土地変革』（一九八七年、御茶の水書房）、同『明治初年地租改正の研究』（一九九二年、御茶の水書房）、同『日本近代林政史の研究』（一九九四年、御茶の水書房）においても公有地について詳細とりあげている。

（2）梅謙次郎『維新後の不動産法』（『法学協会雑誌』二四巻三号、二七〇頁）明治三一年、法学協会。

（3）『徳川時代に於ける土地私有権』四九三頁（中田薫『法制史論集第二巻』昭和四五年、岩波書店）。

（4）中田薫『公有地の沿革』（初出『国家学会雑誌』のち『法制史論集』第三巻五〇八〜五〇九頁、昭和一八年、岩波書店）がある。なお、同『村及び入会の研究』二九六頁以下（昭和二四年、岩波書店）参照。

（5）石井良助『江戸時代土地法の体系』一五四〜一五五頁（『日本学士院紀要』第三八巻第三号、（昭和五八年）。

（6）この点については、北條『前掲書』を参照されたい。

第二章　官林の民有引戻しと借山

明治一二年一月二七日付の官有山林借山の願書は、『日記簿』によると、二八日に内務省地理局長野出張所に提出される。同行したのは用掛・竹節伊勢太と、春原専吉、竹節安吉の三名で、二七日に沓野を出て当日、郷宿の近山与五郎宅へ宿泊し、翌二八日の朝に提出した。このときの願書をつぎに掲出する（『和合会の歴史 上巻』）。

長野県北第十九大区七小区
高井郡平穏村内
沓　野

願い上げ奉り候

信濃国高井郡平穏村地籍
七千百五拾壱番　字岩菅
一御官林反別三拾壱万四拾町歩
内
反別四百六拾六町五反六畝

東館　一ノ瀬　大松　小林　中小屋　ヒヂリ　武右エ門　福井沢　芳沢　落合　中沢　大倉沢　此
小字
榑木　松小根　瀧ノ沢　細沢　下落合
一金五円五拾八銭三厘三毛　平竹伐出白箸鍬柄桍其他仙稼諸税
一金五円九拾弐銭壱厘五毛　御役板税
右御官林内前書区別の場所、往古より御年季を以って山稼、諸税上納仕来り、猶御維新以来従前慣行の通り山稼の業にて相続罷り在り候、特に当村の儀は、御管下東高山麓霧下薄地の場所耕耘に乏しき土地不相応住民多く、大概山稼従事、前記出産の物品を以って活計相営み罷り在り候処、既に明治八年御改正の際、従前の通り御年季御引居歎願奉り侯折柄、御官林の儀は御調査の上士族方え御払い下げ相成るべき趣御達しを蒙り、村民一同驚き入り、右御官林の儀は事故これ有り、先年延宝の度隣村境界争論醸し、御裁許の上悉く明了仕り、事分け絵図面裏書御尊判連署証双方え御下げ渡し相成り、境界該節来右区別の地所献山仕り、以来御官林と添ニ□□置、右故以って永久御拝借地税前記の通り上納仕り、御請山罷り在り、往古より若木を生育仕り、工造用材外立木猥ニ伐荒シ□□へ成丈繁茂心掛、往昔より今に至り立木減らざる様大切に相心得侯処、万一他へ御払下相成候上は、村民必至と営業を失い、固有の物産を減、村民漸々困難に迫り苦慮痛心罷在侯処、同年七月中御官林追て御貸渡し相成侯に付、相当の借地料村方一同協議の上取調差出べき旨御布達に付、願上奉り頻に御沙汰仰せ罷在侯えども、尓来更に御沙汰御座なきに付、前顕の次第止むをえず、昨十一年四月中長野県御庁之御官林御私下願上奉り侯処、地所払下の儀は聞届け難く、立木の儀は追て何分の儀相達べきの御指令に付、御許可を仰せ罷在り侯えども、更に御達御座なき間、村民日々活計相立兼愁歎ニ堪え難く、同十月中当御局え歎願上申奉り侯処、願の趣は追て官林調査済候迄、何分の詮議に及び難き旨御指令に付、右の趣村内え申し諭し候処、御官林中瞼岨の場所にて物産工造の木材伐採、運送は雪中時候に限り入山業仕義ニ付、最早追々山入期侯（マ マ）に差向候間、何卒前件の情実御隣察成し下され、御検査の上相当の料金を以前記区別の場所御拝借地成し下し置かれ、従前の通り稼業相成候様、特別の御仁恤を以御許可成し下され村民永続相成候様此段連署を以奉願上候

明治十二年一月廿七日

右村

願人惣代　竹節安吉
同　断　春原専吉
代議人　山本専左エ門
用　掛　竹節伊勢太
同　断　西沢寅蔵
副戸長　吉田忠右エ門

地理局長内務権大書記官　桜井勉殿

この願書について係官は、「旧民有地の御改正について、官有地に編入されたものに全く証書がなく、また、官林に編入されたのは、地租改正にあたった村吏が不調法であったためと言うが、その理由は成り立たない。この書面では民有地に引戻すことはできない。かつ、官林志賀山には、旧松代藩より竹節吉五郎という者に（立木）払下げをしており、なお、官有民有の境界も分っていない、と言われた」という。これにたいして沓野部落の代表は「官有民有

の境界の絵図面ならびに書面、これまで、貢租上納の切手があるはずなのであるが、旧村吏が死亡し、かつ、地租改正以前の書類も散乱しているので、よく調査して提出する」と答えている（『日記簿』。記述に若干補足してわかりやすくした）。

地理局長野出張所では、願書は却下ないしは返却しないでそのまま「受取」ったというから保留ということになり、民有地であることを証明する資料を提出して再調査ということになったのである。

竹節伊勢太・春原専吉・竹節安吉は、さらに、願書を提出している間に入山して山稼ぎをしたいと申入れたが、係官は、官林の取調べを終ってからでないとできないと返答した。しかし、出願した場所には入山の区別を立てて年季をもって願い出ること、とつけ加えている。

翌二九日に竹節伊勢太が沓野へ帰り、春原専吉と竹節安吉が松代へ行って、館三郎に会うことにした。翌三〇日に館三郎に会っている。この、館三郎に会うということは、すでに申入れてあったのか、あるいは、いきなりであったのかは『日記簿』では明らかではない。館三郎に会うのは、内務省地理局長野出張所の係官に指摘された旧松代藩記録の探さくのためである。

館三郎は、春原専吉と竹節安吉にたいして、「志賀・鉢については、旧松代藩より長野県へ引送りになったもので、右の立木は奥御林より立替林にして、立木を伐採したあとは沓野村へ返山になった」と答えている。そうして、この件については黒岩市兵衛が知っているはずなので同人を出張させるように付け加えている。このことからみると、館三郎と沓野部落の者達とはかなり面議があったように思われる。

「立替林」というものは、松代藩が必要なために沓野部落村の山林を御林として立木を伐採し、そのあとは、沓野村へ返地するもので、伐採地に代わって別の御林にたいして沓野村の使用・収益を認めるものである。もとより、領主権力によるものであるから、沓野村はこれに抗することはできない。また、借金のために松代藩に抵当として差し出したものであるから、松代藩がこれを自由にしてもよいのである。

春原専吉と竹節安吉が館三郎に申入れたのは、文久三（一八六三）年に沓野村にある松代藩直轄の御林と、沓野村持山との境界の色分絵図、ならびに答書である。これらの本書は、旧名主のところにも見当らないために旧松代藩の宝庫（所蔵庫）での探さくを依頼したのである。これらの文書は、官林の引戻しと借山の両方について必要とするものと思われたからである。

「借山」の内容はつぎのごとくである。

まず、「借山」をする場所は、願書の表記によると岩菅山三一万四〇町歩のうち、四四六町五反六畝歩で、小字は、東館・一ノ瀬以下一五字、合計一七字である。産出するのは、平竹・日箸・鍬柄、その他山稼とある。これの伐出し代金は、五円五八銭余である。このほか五円九二銭の「御役板金」というのがあるが、これは旧松代藩時代の雑租である。右の場所は、往古から年季をもって山稼を行ない諸税を上納してきた。明治維新以来、従前の通り山稼を営んできた。沓野村は、長野県で東は高山の麓の霧が多く地味が悪く耕作に適していない土地であるにもかかわらず、住民が多いのは、山稼を行なっていたからで、産出した物品をもって生活を営んできたからである。明治八年に改正があったので、従前の通り年季での山稼ぎを歎願していたところ、官林に編入されたところは調査のうえ士族に払い下げるという達しがあった。村民が驚いて、官林に編入された土地には持別の事情があり、延宝年間に隣村との境界紛争が生じて裁決が行なわれ、この境界が明らかとなった。これについて、場所を明らかにした絵図面と裏書に印判連書したものを両村に渡された。沓野村では、境界を区別された土地を領主に献上して官林とし、右の由諸をもって永久に拝借して税納して、請山としたのである。この山では、往古より若木を生育しても工業材としたので、勝手に伐採したりしないで繁茂をし、古くから現在に到るまで立木を減らさないようにし、大切にしてきた。万が一にでもこの地が他人に払下げるようなことがあれば、村民は営業することができなくなり、固有の物産も減少して村民は貧困になると心痛していたところ、七月に、官林については貸渡すので相当の借地料を村方で調べて差出すべき、という指令があったので出願したところ、これについての回答もなく、止むえず一一年四月中に長野県の御庁に官林の払下げを出願した。これにたいして、地所の払下げをすることはできないが、立木の払下げは認可するので、これの通知を待つようにとのことであった。しかし、依然として通知がなく、村民も日々の生活ができなくなったので、一〇月中に御局へ歎願したところ、願については官林の調査をするまで決することができない、という指令であった。これを村内に伝えると、村民は、嶮岨の場所で物産の加工に必要とする木材を伐採し、これを運送するには雪中時にしか行なうことができない。もはや、この時期に来たので、とりあえずこれまでの実情を考慮され検査をされて相当の料金で前記の場所を拝借し、従前のように稼業を続けたい。

以上のごとくである。

右のうち、「明治八年御改正」とあるのは、地租改正にともなう山林等の『官民有区別』のことであり、これによって沓野公有地が官林に編入されたことを示す。また、「士族方之御払下げ」とあるのは、旧武士にたいする殖産興業という名の救済措置のことで、官林を払下げる政策のことである。すなわち、明治六年一二月二七日、太政官達第四二六号『家禄奉還ノ者ヘ資金被下方規則』別紙『産業資本ノ為メ官林荒蕪地払下規則』(明治七年一月二〇日、太政官達第九号）である。しかし、この法律は、従来、村方に縁故関係あるいは権利関係の土地まで士族等に払下げるという趣旨ではないので、村ないし部落が反対すれば適用外となるのである。しかし、維新混乱期の新政府の施策については、不安定だったために危機感をもって受けとめられたのであろう。

この願書のなかで重要な点の一つに、延宝年間の村境の紛争が終結したあとで、裁決をうけた沓野村の土地を「献山」とすることである。この「献山」については、のちの文書において意味内容が分かるのであるか、ここでは、そのまま読み下せば官林（御林）となり、旧来からのいきさつでこの土地を「永久御拝借」にして税納し請山にしたことである。このままでは、松代藩の御林となり、これにたいして使用税を上納して利用してきたともとれる。御林の入会である。ということになると、明治初年の御林・官林の書き上げ（明治二年七月一〇日、民部省達。明治三年三月、民部省達。明治五年二月一三日、大蔵省達第一九号）において官林として報告したことにもつながる。ただし、この点については明らかではない。ただ、ここで通常の御林と異なるのは、「永久御拝借」ということと、これを裏書きするかのように、「往古より若木を生育」していたという点と、立木をみだりに伐採しないで「繁茂」を心掛けていたという点である。御林は、藩直轄林であって、明治政府によって、そのまま、官林として編入されるが、右の「永久拝借」と植林や手入れをして林木の育成を行なっているということは『派出官心得書』等に照らし合わせるならば、民有地に編入される要件となるからである。形式的な所有の処理ということになれば、旧松代藩においては書類上において御林と記載されていたために関係省庁にたいしてそのまま「御林」として書き上げ、それがために官有地編入となっても仕方がないが、その内容のおいては、民有地に編入されてもおかしくはないことになる。いずれにしても、旧松代藩・旧松代県時代において御林として書き上げをしてしまったことが官有地編入となった要因である。（また、これに対応するかのように、村方でも「御林」として書き上げたことも、もう一つの要因である）。

この「借山」についての願書は内務省地理局長野出張所において受取られたが、保留というかたちをとり、証拠書類の追加を求められた。借山願にとって――あるいは引戻し願書にとって――なにか有力な証拠となるものがないか。沓野部落では、文久三年に沓野村御林と沓野村持山として支配・利用している土地とを色分けした絵図面と沓野村の答書を求めている。この「村御林」というのは奥御林のことであり、藩の直轄林として官林に編入されても沓野部落では異議を申し立てていないところである。これにたいして、「村持山進退」というのは、「御立替御林」を含む村持のことであり、願書にいう「献山」を含む山林のことである。これについては、証拠資料とともに相当に説明しないとわかりにくい。このほかの資料として本租としての納税を示す『土目録』も証拠書類として重要視されている。

旧江戸幕府評定所ならびに旧松代藩が旧沓野村へ手渡した文書は、名主が最重要文書として一括して保管していたはずであるが、いずれもその存在をみない。明治維新という旧幕藩政治支配体制の崩壊と、これにつづく明治支配体制の下での新地方体制の確立などがあり、さらに町村合併などもあったり、名主制度の解体などもあったりして、村方文書は散逸したとも言われている。果してそうであったのかどうかはともかくとして、それら文書が旧名主宅で簡単に見つからなかったために、沓野部落が官有地の引戻し、ならびに借山の願書に添付することを要する公文書の本書を旧松代藩に求めたのである。

「借山」の願書が出されたのは、明治一二年一月二七日で、この出願と同じ月に、沓野部落が単独で同じ旧沓野村持であった土地の引戻しを申請しているのである。

「借山」は、林産物の払下げと違い、全山を占有してここでの林野物を単独で採取し、もしくは土地の利用ができるのであるから、林産物の払下げよりは利点が多い。借山は土地の引戻しができなかった場合の対案でもあるし、また、借山をすることができれば山林の引戻しをする必要はないということでもある。この借山に館三郎が関与していたかどうかは明らかではない。しかし、この後において報告はうけていたであろう。引戻しも借山も、ともに却下となっているために、引戻しならびに借山の出願文も手直ししなければならないし、さらに、民有であることを主張できる証拠書類の探さくと、これの解明をしなければならない作業を館三郎に求めているからである。

借山については、出願書に、出願山林においては、「往古より若木を生育」し、「工造用材外立木限ニ伐荒」すことを禁止して、山林の保護・育成に勉めていたことが書かれている。このことは、『派出官員心得書』（明治九年一月一九日、地租改正事務局）の所有認定のきわめてきびしい基準にも適合し、民有地となるべき内容であるから、これを立証することができればよいのである。借山願には、右のような所有を立証することができる書類、あるいは、排他的な利用権ないしは占有権を立証することができる書類が添付されていたかについては、これをみない。文中に、このことを示す文言がないからであるし、また、添付書類があったかについては明らかではないからである。

いずれにしても、借山は認められなかった。その理由については、文書形式においては木曽山林事務所は明らかにしていないし、願人惣代の竹節安吉と春原専吉に木曽山林事務所の係官がどのようなことを口頭で伝えたかもわからない。沓野部落にはそれらを示すものが残っていないからである。

第三章　沓野部落の山林引戻し

はじめに

公有地を経て、官有地に編入された旧沓野村持地と、旧湯田中村との共同入会地の岩菅山が、公有地編入直後に一等官林に編入され、旧松代藩の直轄林である御林と同じように内務省地理局の厳重な管轄下に置かれる。禁伐林となり、土地の利用はもちろんのこと草木の伐採・採取にも規制が行なわれる。沓野部落では、草木の払下げを申請するが、沓野部落が必要とする種類や数量も制限されるばかりでなく、草木の払下げの申請手続が繁雑になるばかりか認可されるまでに長期の日数が経った。さらに、払下げが認可されないこともあった。こうしたことによって、自家消費の材量に不足するばかりか、営業に必要とする材料にも不足するようになったのである。

こうしたことから危機感がつのり、官有地の引戻しを申請することが沓野部落の総会で意見の一致をみて、竹節安吉と春原専吉が山林引戻しの代表として内務省地理局長野出張所と接渉し、引戻しの出願の作成と提出にあたるのであるが、惣代として書証上において正式に委任されるのは明治一二年二月である。この委任は追認と同じである。竹節安吉は、すでに、前年の明治一一年には草木の払下げについて「願人惣代」となっており、明治一一年一月の土地引戻しを内務省地理局長・桜井勉に申請したときには、竹節安吉と春原専吉が「願人惣代」となっている。

明治一一年一月二七日に、惣代の竹節安吉・春原専吉と、用掛の竹節伊勢太が内務省地理局長野出張所へ山林引戻しの書類を提出したあと、惣代の二名は松代町在住の旧松代藩士の館三郎に土地引戻しに必要とする旧松代藩所蔵の書類の探さくを依頼しに行く。長野出張所の係官に、添付する書類は本書でなければならないと言われたためである。ここから、山林引戻しの惣代と館三郎との接触がはじまる。はじめは、惣代として、旧松代藩の所蔵庫にあると思われる山林引戻しに必要とする本書の依頼であったが、のちに、山林引戻しに関する全面的な協力の依頼となり、館三郎がこのときから全面的に関与するようになるのである。なお、館三郎の要請によって黒岩康英が惣代に加わる。

山林引戻し惣代（竹節安吉・春原専吉）と用掛・竹節伊勢太は、地理局長野出張所で、山林引戻しの申請書類が受理されずに保留というかたちになり、係官に旧沓野村の所有を立証することができる書類は本書でなければならない、と言われたときに困惑したであろう。旧松代藩・旧松代県から旧沓野村に渡された文書のうちで、旧沓野村の所有を立証することができるものはどれであるのか。そのような文書が沓野部落に保存されているのか、ということも重要な問題であったからである。それ以上に頼りとするのは、旧松代藩・旧松代県に所蔵されていると思われる文書である。明治維新に際会し、明治政府が廃藩置県を実施して松代藩を解体し、松代県としたばかりでなく、松代県は長野県に吸収合併される。思いもかけない、かつ、その内容がまったくわからない支配体制の変化である。とまどうのは当然のことである。さらに、沓野村も湯田中村と合併になり平穏村となり、解体して、地方制度も変化した。そのなかで、旧沓野村持山林と、旧湯田中村との共同入会地である岩菅山は、旧来からの権利を失うことになったのである。

明治初年における町村合併に際しては、旧村が所有していた財産は、新町村の財産に編入しないで、旧村（部落）の財産とすることになったのであるから、旧沓野村持財産は沓野部落有財産となり、岩菅山は沓野・湯田中両部落の共同財産（共同入会地）となる。しかし、この両者ともに公有地として編入されたが、ひきつづいて、明治七（一八七四）年一一月七日の『地所名称区別改定』（太政官布告第一二〇号）によって、公有地が消滅したので、『山林原野官民有区別』によって、公有地は官有地と民有地の、いずれかに分属され、その所有を決定されることになり、沓野公有地と岩菅山公有地は官有地に編入された。

これらの公有地は官有地に編入されたのちに、一等官林に編入される。なぜ、一等官林に編入されたのかは明らかではないが、一等官林であることによって、旧御林のような厳重な管理・統制下に置かれ、沓野部落の自由な林野利用はできなくなった。旧松代藩時代における沓野部落の林野利用は、自家消費材を得るためばかりでなく、営業に必要とする材料もえていたのであるから、この二つの面において重大な支障をもたらすことになった。こうしたことから、旧沓野村持地と旧湯田中村との共同入会地の引戻しが行なわれるようになったのである。

第一節　官有地の民有地引戻し

沓野部落が官有地に編入された旧沓野村地の引戻し（返還）を請求するのは、明治七（一八七四）年一一月七日の太政官布告第一二〇号によって『地所名稱区別』が改正（「明治六年三月第百十四号布告地所名称区別左ノ通改正候条此旨布告候事」、以下『地所名稱区別改定』とする）され、これまでに存在していた「公有地」という名称（所有）が消滅し、所有は、官有地と私有地に二大別されたことになる。旧沓野村持地は公有地に編入されていたからである。

旧沓野村村持が、なぜ公有地に編入されたのかは明らかではないが、公有地に編入される以前に官有地に編入されたという記述のようなものがあるとすれば、明治一二（一八七九）年四月二一日が引戻しの嘆願書である。すなわち、

「御官林之村持公有地」とあるのがそれであるが、これだけでは、明治初年に官有地に編入されていたということにはならない。むしろ、地租改正に際して、公有地として編入されていたというのが、より正確なのであろう。明治七年七月に「上帳」して、八月に「山地券」が渡されたとあるが、この地券の写しとみられるのは、七月の日付がある。右の八月という記述を正しいものとすれば、地券が沓野部落に渡されたのは八月だからであろう。この公有地が官林に編入されるのは、『嘆願書』によれば、明治八年八月二八日の長野県租税課地理係よりの「達」によってである。いうまでもなく、この公有地の官林（官有地）への編入は、明治七年一一月の『地所名稱区別改定』によるものである。『地所名稱区別改定』によって、土地の所有は官有と民有との二大別とされ、沓野公有地と沓野・湯田中公有地（共同入会地）は官有地に編入される。この官有地の編入については、その理由とするところが明らかではない。

村持地・共同入会地が官林に編入されることが沓野部落にとって衝撃的であったか、ということについては、それほどではなかったようである。平穏村吏員のいい加減な説明もあって、草木の採取等は払下げという形式でできるものと思っていたからである。官林に編入された沓野部落有地ならびに岩菅山共同入会地の引戻しを申請した『奉嘆願候』（明治一二年四月二一日）によれば、

同年七月中官有地の内追テ御貸渡し相成るべき趣御布達ニ付、村方山稼業凡そ年中大積り御書上仕り候、然ル上は御払い下げは如何歟、御貸渡丈は追々御沙汰次第御願立致すべきと村民一同え村吏より通達ニ付、銘々稼業ニは差し支えこれなき事と愚昧の者共心得罷リ在リ候

とあるように、官有地に編入されても「山稼業」に支障はないように草木の払下げが行なわれるということと、土地

の貸渡しが行なわれるというように説明されているのである。こうしたことは、なにも沓野部落にかぎったことではなく、一般的に聞かれることであるから、県から村にたいして、このような説明があったのであろう。この説明が口達であるかぎり、文書・資料に残されていることはほとんどないのであるが、こうした説明によって、沓野部落でも民有地への引戻しについて積極的にならなかったのである。つまり、旧松代藩と同じように「上意下達」のお上《かみ》が言うことを信じたからである。

しかし、長野県においては、官林編入の直後頃から、官林にたいする管理強化がはじまる。官林の所管は内務省となり、地方に出張所を設置して、草木等の払下げにあたるのである。これは、旧松代藩制での御林と同じものであると理解されてもおかしくはない。しかし、草の採取や木の伐採、竹の採取なども制限され、さらに採取料が課せられるとともに、草木払下願の形式と認可の繁雑さに加えて、手続きから許可にいたるまでに時間がかかるなどのことから、官林の状態に置くことの不自由さが生活面ばかりでなく、営業にまで影響するようになってきた。こうしたことから土地の引戻しということが論議され、引戻しの出願となったのである。

第二節　明治一二年一月の山林引戻し

沓野部落の山林引戻しは、明治八（一八七五）年八月に、公有地から官有地に編入され、さらに一等官林に編入されたときから始動する。明治一二年四月の山林引戻しの『歎願書』によれば、明治一〇年に山林の引戻しを申請して却下され、ついで、明治一一年にも山林の引戻しを申請して却下されたとある。明治一一年一月の『歎願書』は二通あって、一つは一月で日付を欠くが、引戻し願で、もう一つは一月二七日の日付がある、草木の払下げをともなう借山の願書である。ともに、沓野部落が単独で提出したものである。

明治一二年以後の沓野部落の山林引戻しに関する出願書には三種類あって、その一つは、明治一二年一月の『歎願書』であり、その二つは、明治一二年四月の『歎願書』であり、その三つは、明治一三年一一月に引戻しが保留となった岩菅山（沓野・湯田中部落の入会地）である。このうち、第一の明治一二年一月の『歎願書』には、館三郎は直接にかかわっていない。しかし、この『歎願書』が却下となった直後から、館三郎は沓野・湯田中両部落とかかわりをもつようになったことと、一月の『歎願書』の内容は四月の『歎願書』に引き継がれているので、館三郎が関与する下戻しの前史ともなったものであり、かつ、館三郎が『歎願書』に手を入れた四月のものとの対比ということでも重要なのである。この日付を欠いた引戻しの願書のあとの一月二七日に「借山」の願書が出され、これは証拠不足のために保留となり、新しく証拠資料を求めて、館三郎に旧松代藩の所蔵文書の探さくを依頼するのである。

この官林引戻しの『歎願書』が内務省地理局へ提出された理由は、つぎのようである。

一、明治九年一〇月に夜間瀬村ほか三五か村が、五輪・塩地・竜王・両館・赤石・東館・山神・大松・表岩菅・裏岩菅の山林にたいして、民有地への引直しを長野県知事・楢崎寛直に提出し、さらに、明治一〇年八月に同じ場所の「払下」を提出した。この二つには、いずれも沓野部落（ならびに湯田中部落）の支配地が入っていたのである。このことを知ったために、沓野部落は強い危機感をもった。夜間瀬村ほか三五か村の主張が通れば、沓野部落の従来からの林野利用（入会）はできなくなる。この夜間瀬村ほか三五か村の行動について反対するために沓野部落では代表者を選出して対抗することにしたのである。

二、旧沓野村の林野が官林に編入されたことによって、これまで旧沓野村の支配下に置かれていた林野は、「自由」に立ち入って林産物を採取することも、土地を利用することもできなくなった。林産物を採取したり、土地を利用するためには繁雑な手続を必要とし、さらに、高額の料金を徴収されるのである。産物の採取さえも禁止されることがある。

以上のことから、このまま官林としていては、沓野部落の生活の根幹にかかわり、生活が成り立たなくなるおそれがあるところから、窮余の策として官有地の民有地への引戻し願を出したのである。

以下は、明治一二年一月の日付の歎願書である。（以下、読み下しとした。『和合会の歴史 上巻』）

長野県下北第拾九大区七小区
高井郡平穏村之内沓野

歎願奉り候

当組の議は御官下の東高山の麓、南北深渓嵐強く薄地の場である。従来耕地に乏しく、人民大概山稼を以って生育罷り在り、明治七年地券御発行に付山野取り調べ、上帳済の上山地券証御下げ渡し済、従前の通り山稼を営業罷り在り候処、同八年御改正の際、石高上納ニこれなき山林は悉皆御官林と相成る旨御論達。よって村方一同愁訴仕り候えども、御規則の趣仰せ渡され、公用の御趣意を奉戴し、後年に至り山稼差し支えたる節は御支払下相成るべき哉の趣、村史より村方へ説論仕、余議なく黙止罷り在り。これによって隣村最寄の山林を買求め細々稼業罷り在り候へども、ほとんど頻年稼尽し、慣行の営業を失い、固有の物産を減して村民の疲弊が甚だしく、一同苦心仕り、よって昨年中しばしば御官林の竹木御払下、ならびに御拝借地願い奉り候えども、御採用御座なく、ますます稼業廃絶仕り、実々恐縮の御義御座候へとも、往々御収納にも相響き、しだいに飢渇にも及ぶべき体に付、一同悲歎の余り協議仕り候処、往古より御改正迄は村民共用の山林、御改正以来更に入山相成らざる以来は、既に活計覚束なく、有産の者共は格別、貧民共は日々炭焼、薪、平竹其他山業仕来りたる者共、今更他の業に基き糊口の手段これなく、其上、渋と湯田中両温泉旅舎営業の者共も、日々要用の炭薪等にも差し支え、小前一同挙て村吏え逼(迫)り候ニ付、やむを得ず往昔の書類を取調べ、在所古絵図面等に該山民有の証数種これ有り、殊に山券証御下済の所まったく当時の役員の不調法によって証書類穿鑿が不行届き、いわんや隣村接続の山地との比較も弁まえず、ただただ御論達に恐懼し、後日の村民の艱難を顧りみず、果して当今に至り村民土炭の艱苦旦夕に迫り、目下の状況にては窮民が益々増員仕るべきに付、何卒前件の通り民有地に御引直し成し下され、隣地比較の地代金上納仕り、一村人民相続相成り候様仕りたく、特別の御憐愍を以て御採用成し下し置かれ度、別紙地券証写ならびに絵図面裏書に御尊判がある写を相添え、此段願い上げ奉り候。以上。

明治十二年一月

右願人惣代　竹節安吉
同　断　春原専吉
代議人　山本専左ヱ門印
用掛　竹節伊勢太印
同　断　西沢寅蔵印
副戸長　吉田忠右ヱ門

地理局長内務権大書記官　桜井勉殿

『歎願書』の内容と問題点は、ほぼ、つぎのようなものである（なお、文意の足りないところは若干補足した）。

まず、沓野部落は、東の高山の麓にあって、南北は谷が深く、また、その風が強いので地味が悪いために農耕に適していない。そのために人民はたいがい山稼をもって生活をしていることを述べる。ついで、明治七（一八七四）年に公有地に編入されたが、山稼は従前のように行なってきた。ところが、明治八年になって、「石高」を「上納」していない山林は官林に編入することが達せられたので「村方一同」が官林編入を中止するように歎願した。ところが、村吏が村方にたいして、この法律を受け入れ、後年において山林稼ぎに支障をきたすことがあれば、官林地の払下げをしたらよい、という説諭があったので、沓野部落では近くの山林を買って細々と営業をしてきた。しかし、ほとんど毎年に産物の採取をするために資源がなくなり、慣行の営業もできなくなって、物産も減少して村民が困窮におち入った。そのために、官林からの竹木の払下げ、ならびに借地を出願したが、却下された。このままでは、営業もできなくなり、村民は飢渇となり、税納もできなくなる。官林となった林野は、往古から、「村民共用の山林」でありながら、官林へ編入されたことによって入山することができなくては、生活ができなくなる。いまさら、他に生業を求めることができない。渋温泉・湯田中温泉で営業している者達も、日用に供している炭薪等にも不足をきたしている。こうしたことから古い書類を調査してみると、当時の役員がただただお上を恐れて隣村関係も調べないでそのままにした。このような状況では、窮民が増加するので民有地に引直していただきたい。

このようなもので、この『歎願書』に地券証の写と、絵図面に裏書と印判がある写を添付した。ここにいう地券証とは公有地券のことである。公有地券は官林編入と同時に回収されるから本券は存在しない。また、絵図面というのは延宝七年の山論裁許状のことであろう。これは、紛争当事者に本書が渡されるので沓野村はこれを保有しているはずである。

この歎願書は、もっぱら、旧村持林野が官林に編入されたために沓野部落の者が困窮していることが述べられているだけで、旧沓野村所有、ないしは合村後の沓野部落の所有については具体的に明示されていない。「在所古絵図面等に該山民有の証数通」あることが示されているだけである。その内容については不明であるが、歎願書の「別紙」として添付されている「地券証写」、すなわち公有地々券と、「絵図面裏書」、すなわち、延宝七年の幕府評定所の判決絵図面と裏書であろう。地券状は公有地々券である場合、明治七年一一月七日の『地所名称区別』改定（太政官布告第一二〇号）で、所有が官有地と民有地との二大別になった際に長野県に引き上げられているので、本書はない。したがって写だけである。

右のうち、延宝七年の裁許状は、館三郎が関与した、明治一二年四月の引直し歎願書に再度添付されているが、そのときには、この地券状は添付されていない。公有地々券はさきに指摘したように三つ意味がある。その一つは、林持の山林で地価を確定することができないものは公有地とする。その二つは、数村入会の山野は公有地とする。その三つは、官林があって払下げを予定している林野は公有地とする。以上は、『地券渡方規則』（明治五年九月四月の追加）と、その指令によるものである。

明治一一年一月の歎願書に添付されていた公有地々券が、館三郎が関与した四月の引直し歎願書に添付されなかったことの理由については明らかではない。公有地々券が、旧沓野村（現在の沓野組＝沓野部落）の所有を証明する証拠にはならない、あるいは、その逆の結果として、所有を否定するようなものになりかねない、と判断したからであろうか。もとより、公有地々券状は、本書はすべて回収されていて、写があるのみであるから、証拠書類として提出することができない、と思われたからであろうか。

この『歎願書』の内容は、もっぱら、林野が官林に編入されたことによって旧来のように林野の利用ができなくなって家業や生活に困窮しているというのである。旧松代藩時代における慣行的権利、あるいは沓野村持、そうして所有の説明も実証もない。明治七（一八七四）年の地租改正（法律は明治六年）の際に「山地券」を渡されたとあるが、その性質については明らかではない。四月の『歎願書』と対比すれば、この「山地券」なるものは公有地券であるように思われる。持主の表示は「沓野」である。この公有山林は、明治八年になって「御改正」により官林となる。その理由は、「石高上納」がない山林についてはすべて官林とするというのである。明治八年の「御改正」というのは、明治七年一一月七日の太政官布告第一二〇号『明治六年三月第百十四号布告地所名稱区別左ノ通改定候條此旨布告候事』（『地所名稱区別改正』と略称する）という法律をうけてなされた山林所有判定の行政処置のことであろう。石高を上納していない場合には民有とならない、という所有判定規準は、明治八年には、『地所処分仮規則』（明治八年七月、地租改正事務局議定）第四条の「従前公有地ノ内検地帳水図帳名寄帳ニ人民名受及買得ノ証アルモノハ民有地ト定メ」・「人民名受及買得ノ証ナキモ他ニ人民所有地ト視認スヘキ成跡アルモノハ其事実ニ拠リ区有地ニ定ムヘシ」というものと、同じ明治八年一二月二四日の地租改正事務局乙第一号達にある、「啻ニ薪秣刈或者従前秣永山永下草銭冥加永等納来候習慣アルモノヲ概シテ民有ノ証トハ難見認ニ付」というもののほか法令をみない。『歎願書』にいう、「明治八年御改正の際、石高上納これなき山林は悉皆御官林と相成る旨御諭達」とあるのは、長野県で特別の達を出すのでなければ、たんに県官吏が口頭で言ったのであろうか。太政官ならびに地租改正事務局ではそのような「布告」や「達」を出していない。県官吏が口答で言ったにしても、その根拠となる法令はなんであったのか。右の「八年御改正」というのは、公有地を官有地にするという法令上においてはみないのであるから、前年の『地所名称区別改定』の適用年を示しているのであろう。さきの、明治八年の『地所処分仮規則』第四条にある「検地帳・水図帳・名寄帳」にある、公租（石高米）を納めていることが明確に記載されている場合には民有である、ということを適用したのであろう。本途として石高を納めていないものについて官有とする、という発想ができるからである。

公有地から官有地（官林）に編入された旧沓野村持の山林が石高を課せられ公租を納めていた、ということについて、官有地編入の時点において明らかにしなかったのであろう。一等官林に編入されてから、官有地編入の際に、後年にいたって山稼ぎに支障を生じるような場合には払下げるであろう、という村吏の説得があったとも述べられている。村吏というのは村合併後の平穏村の吏員のことである。官有地に編入され、一等官林となったために、草木等の払下げや土地利用が制限され、あるいは停止されたことによって、ことの重大さに驚いて、古書類を調査して「古絵図面等」に民有の証拠となるものがあり、「山地券」が発行されたときに「当時役員の不調法」があって、証拠書類を出していなかったからであると述べている。この「不調法」の意味が明らかではないが、沓野村持地を御林として書き上げて、官林に編入される前提としたことであろう。

「山地券」というのは、公有地地券状のことであろう。ということは、公有地に編入されるときに、御林（官林）ではなくて民有地として申請すればよかったというのであろうか。村吏ないしは沓野部落の役員は、法令の意味するところを理解しないで公有地に編入されたままに過したというのであろう。いずれにしても推測の域をでない。しかし、公有地は、明治五年九月四日の大蔵省達第一二六号『地券渡方規則追加』によれば、

第三十四条

一村持ノ山林郊原其地価難定土地ハ字反別而已記セル券状へ従前ノ貢額ヲ記シ肩ニ何村公有地ト記シ其村方へ可相渡置事
　但池沼ノ種類モ同断之事
第三十五条
一両村以上数村入合之山野ハ其村々ヲ組合トシ前同様ノ仕方ヲ以テ何村何村之公有地ト認メ券状可渡置尤其券状ハ組合村方年番持等適宜ニ可相定事

とあるように、村持の山林原野で地価を決定することはできない場合と、「両村以上数村入会」の山林原野に公有地地券状が渡されるのである。旧沓野村の村持地が第三四条に入るかどうかはともかくとして、旧湯田中村との入会地である岩菅山は第三五条に入る可能性があることは明らかである。もう一つの公有地地券状は、明治五年一〇月三日の租税寮改正局達第二二号である。

地券渡方規則一五条以下之内二十七条三十四条拝借地公有地之別疑惑之向も有之哉ニ付左之注釈《ママ》ヲ加へ置候也
三十四条公有地と唱候ハ従来官山官原或ハ村山林牧場秣場之類地価も難定且後来人民御払下等願出候節迄ハ持主難相定儀ニ付是を公有地と相定候儀ニ而右地券ハ規則之如ク其関係之村々へ相渡其地所預リ居候旨請書取置可申事
　但公有地タリ共人民多少之所得有之儀ニ付券状壱通ニ付証印税五銭収入可致事

右の「達」は、『地券渡方規則』第三四条の事実上の修正にほかならない。この公有地についての「注釈」は、これまでに公有地の概念を示さないで、この「達」において、いきなり、公有地というものは、「官山官原或ハ村持山林牧場秣場之類」というように公有地には官山官原がすでに入っていることを当然のこととしているのである。この規定は『地券渡方規則』の第三四条の規定にはないし、また、第三五条の規定にもない。ここにいう官山官原の公有地というものが、すでに法令上において存在し、そこには、官山官原を内容としている、というように規定していたのならば問題はない。村持地・入会地のみが公有地であるというように思っていた府県にとっては、法令上において、この、官山官原も公有地に入っているということを新しく指令されたことによって、公有地についての解釈も大きく変わらざるをえない。また、租税寮においても、公有地に官山官原を入れた——あるいは、すでに入っていたか、予定されていたかにかかわりなく——ことによって、その後における公有地についての処理も複雑化したし、変わったことは、のちに示すとおりである。さらに、この公有地についての法的解釈は、(イ)地価も定めることができず、(ロ)のちに、人民が払下げを出願するまでは持主を確定することができない、ということがつけ加えられただけなのである。この三四条についての前半をみれば、官山・官原であり、村持山林等であるのが明記されている。ここまでは、官山・官原が公有地のなかに新しくつけ加えられたといえる。また、後段では、地価も定めがたく、とあるが、この箇所に関するかぎり、第三四条でもそのように規定しているのでおかしくない。しかし、そのあとに、かつ、というようにあって、これにつづき人民が払下げを出願するまでは持主を確定することができない、とある。官山・官原についてはともかく、村持の山林原野について、人民が払下げを出願するまでは持主を確定することができない、というのはいったいどういうことを意味するのか。これだけについてみると、右の土地は、あたかも無主物のような印象をあたえる文言である。「払下げ」とは、官山・官原についてのものなのである。にもかかわらず、この点については、のちのちまでも地方庁に混乱を生じさせた規定となったことを指摘しておかなければならない。もっとも、政策上においては、早い時期から村持ならびに入会山林原野については個人に払下げることが指示されており、とくに、村持の山林原野については、山林・荒蕪地の開墾政策ともからんで、入札による一般払下げを指示している点で注目された。こうした延長線上に第三四条の村持地は公有として置かれたのであろう。官山・官原についても同じことがいえる。公有地として編入された官山・官原も払下げを予定している土地にほかならない。官林の払下げは、明治六年七月に原則として中止となるのであるが、公有地における官林の払下げについてはその適用をうけない。ここに示された延長上に置かれるのである。官山官原と村持の山林原野とは性質が異なる。しかし、払下げによる個人所有化を窮極の目的としているということにおいて同列に扱われる。いずれにしても、この目的のために、異なった性質のものが混在したのが第三四条にほかならない。なお、同じ公有地でありながら、第三五条の入会については、法令上の指示をみない。

沓野部落の公有地編入が、『地券渡方規則』第三四条によって、地価を決定することができないために公有地に編入されたのであるのか、または、御林の書上げによって官有地に編入され、これを払下げる予定があったために公有地に編入したのであろうか。この点については明らかではない。岩菅山についても同じことが指摘できるし、また、『地券渡方規則』第三五条の入会についての規定を適用されたことが考えられる。しかし、いずれにしても、沓野部落の山林と岩菅山の入会地が公有地に編入されたことは明らかである。

官有地は、しかも一等官林となった土地の引戻しをして沓野部落のものとすることは容易なことではない。一つは、不要存地として払下げるか、もう一つは、官有地編入が誤りであったために引戻す、という方法しかない。沓野部落では、引戻しの対象とする山林が沓野部落の生活と営業にとって絶対不可欠であり、これを官林として存置すれば部落が成り立たなくなるということと、官有地編入が村吏役員の手落ちから官有地にされたので誤りであったことを述べている。この「不調法」がいつの時点において生じたのかは明らかではない。また『歎願書』だけの説明では、所有を実証することにはならない。沓野部落では、所有を実証する根拠として延宝七（一六七九）年の山論裁許絵図と裏書を添付しているが、山論裁許絵図と裏書については所有を立証することができるためには一定の基準があって、地租改正事務局では、明治九年一月一九日に派出官員の所有の判定について『昨八年当局乙第三号第一一号達ニ付山林原野等官民有区別派出官員心得書』（以下、『派出官員心得書』と略称する）という指示を出している。これは、所有の認定にあたる派出官員にたいして出されたもので、派出官員はこれに準拠して判断するのであって、法令ではないために一般を拘束するものではないが、これによって派出官員は官民有区別にあたったのである。『派出官員心得書』の第四條で、「裁許状ニ甲村ノ地ニシテ甲乙が入会三ヶ村進退或ハ三ヶ村持ト明文有之類ハ其証跡顕然タルニヨッテ税納ノ有無ニ不拘従前ノ通之レヲ村持入会地ト定メ民有地第二種ニ編入スルモノトス」とある。

旧沓野村の場合、延宝七年の裁許状にこの派出官員の所有認定の基準をあてはめたらどうなるのか。延宝七年裁許の紛争は、他村からの入会を排除して、旧沓野村の単独入会（村持地）を主張したものである。これにたいして、幕府評定所の裁決には、村々の境界を確定したのち、沓野村について、境界確定内については、「雑魚川より東南は田中・沓野の山たるべく」と判断している。この、「沓野の山たるべく」という文言が、いったい、沓野村の所有を意味するのであるのか、地籍を意味するのかは明らかではないが、ことさら「山たるべく」という文言を使用したことは、沓野村持地（所有）であることを示したものであると理解しても誤りではない。『派出官員心得書』第四条の「甲村ノ地ニシテ」という文言じたい曖昧なのであるから、これに重ねても、所有と地籍の二様に解釈されるのである。長野県の地租改正担当官が、この証拠書類の裁許状をみた場合、村境を決定したものであって所有の権利を確定したものではない、と判断することができないでもない。しかし、この「沓野の山たるべく」というのを沓野村持ないしは「所有」というように読んだ場合は、『派出官員心得書』第四条の所有判定に重ねることができるのである。

延宝七年の紛争の裁決が、松代藩領の御林と天領との境界の紛争であったならば、沓野村とはかかわりがないことになる。事実は、松代藩領沓野村と天領（幕府直轄地）の夜間瀬村等との境界の紛争であり、それは同時に生活給源としての土地であり、使用・収益の範囲についての紛争である。訴訟は、たんに地籍という境界を争っているのではなく、領地の境界を争っているのではない。実生活に直結している村持地を争っているのである。

裁許状にいう、「沓野の山たるべく」という文言を、長野県官吏は『派出官員心得書』に照らしあわせたのであるのか。この解釈と適用によって、官有か民有かがわかれる。民有地への引戻し『歎願書』においても、所有の実証と論理は明確でもないこともあって、延宝七年の裁許状のみに頼っていた引戻し願は却下となった。

延宝七年の裁許状は、館三郎が関与する明治一二年四月二一日の『奉歎願候』という表題の『歎願書』に再びに添付される。延宝七年の裁許状は、幕府の公権力によって、沓野村と他の村々との村境が確定するとともに、その範囲において沓野村持が決定したと意識されている。延宝七年の裁決以来、沓野村では、岩菅山の湯田中村との入会地を除き、単独でこの村持山において使用・収益や利用を行なってきていたのであるから、延宝七年の裁許状は沓野村のもの（所有ないしは支配）ということが確定したとみても当然のことであったのである。いわば、法律上においても実態上においても村持（村所有）の原点であると意識されていた。

それが、官林を管掌する内務省地理局によって否定されたのである。そのときに、内務省地理局長野出張所の係官は、公租公課を上納している証拠等があれば、ということで再願の道を残している。館三郎と沓野部落とのかかわりの接点にはここにあったのである。

なお『歎願書』の末尾に、民有を主張する根拠資料として「別紙地券証写」という文言がある。しかし、この「地券証写」については、添付されたものがないので明らかにすることはできないが、文書綴のなかに、一枚の地券状の写があるので、これを掲出する。

地券之証

第六百三拾六号

信濃国高井郡湯田中村之内

字文六　志賀

一山反別三百九拾七町歩

此地代金百弐拾円也

右検査之上授与候也

長野県参事　楢　崎　寛　直　印

明治七年七月

権　大　属　中　西　美　再　印受

右の『地券之証の写』は、持主を欠く。また、公有地券状であるかどうかも、これだけではわからない。また、明治一二年四月二一日の『歎願書』によれば、「明治七年上帳仕り、翌八月山地券御下渡し相成り」とあるから、七月に地券が発行され、八月に手渡されたものである。『地券之証』の写には、七月とあるのは、このことを指すものと思われる。さきに述べたように、この『地券之証』は、のちの、四月二一日の歎願書には民有の証拠書類として添付されていない。

第三節　官有地の民有地への引戻しと館三郎

すでに述べたように、官有地の沓野部落への引戻しについて、竹節安吉と春原専吉・竹節伊勢太の三名は、一月二八日に内務省地理局長野出張所へ引戻しの書類を提出したが、証拠不十分ということで保留になったために、旧松代藩士で廃物利用係であった館三郎のところへ行く。竹節伊勢太は二九日に帰村するが、竹節安吉と春原専吉は三〇日に館三郎に会う。このことは、竹節安吉の『日記簿』にみられるが、館三郎の手記にもみられる。館三郎との関係における官有地引戻しの出発点は、この三〇日である。

内務省地理局長野出張所の係官によって、引戻しが正当であることを証明できる証拠書類の提出を求められ、これを旧松代藩士で旧沓野村とも旧松代藩地方掛りとしてかかわりがあった館三郎に接触したのは当然の成り行きであったと思われる。頼るべき縁故のあった旧松代藩士としては館三郎以外には存在しなかったからであろう。日記・手記などの文書資料をみても、旧松代藩士で名前が出てくるのは、館三郎が紹介した旧松代藩士だけである。したがって、山林引戻しに必要とする文書・資料の探さくは、館三郎を措いていないことになる。その館三郎でも、引戻し初期の段階である明治一二年二月においては、いったいどれが確実に引戻しの資料として有効なのかはわかっていない。これは、沓野部落の引戻しの惣代でも同じである。『日記簿』や文書・資料、ならびに館三郎の手記を見て推測されるのは、引戻しの出願書が出される前までは、大蔵省・内務省や地租改正事務局の法規・指令・あるいは『地租改正法』などについては、ほとんど知識がなかったようである。

三〇日に館三郎は、志賀・鉢は旧松代藩より長野県へ「引送」りになったが、立木を旧松代藩が伐採したあとは

「村方江返山」になることになを言い、これについては黒岩市兵衛（康英）が知っているので来るように伝えている。黒岩市兵衛は沓野部落の引戻しの惣代の候補にあがっていなかったが、この館三郎の発言で急遽、物代として選出される。もともと黒岩市兵衛は、旧沓野村では重立衆のなかへ入っていたのであるから、惣代として選出されても不思議ではない。しかし、黒岩市兵衛は健康状態が悪いということで辞退しているが、館三郎の要請と沓野部落の再度の要請があって惣代となる。

竹節安吉と春原専吉とが一月三〇日に旧松代藩の城下町の松代町で館三郎に会ったときには沓野部落の物代として会っているのであるが、物代として沓野部落から文書という形式で正式に委任されたのは二月である。黒岩市兵衛にたいする惣代の委任は、「日記簿」によると二月二五日で、「村内村吏一同集会協議之上黒岩市兵衛殿江委任状受取惣代三名ニ而」とある。

竹節安吉と春原専吉に惣代の委任状が出されるのが二月三日で、『日記簿』には「村方並湯田中両組ヨリ委任状受取」と記載されている。『日記簿』にあるように、この委任状は、「村方」、つまり沓野部落と沓野・湯田中両組（両部落）からの二種類である。この委任状が出された理由については明らかではないが、引戻し運動が沓野部落の単独の権益がある土地ばかりでなく、湯田中部落とも関係がある岩菅山共同入会地と湯田中部落の竜王との併合して引戻しが出願されたことによって、文書という形式で委任をして、正式のものであることを証明するためであったのであろう。それは、一つには、内務省地理局長野出張所へ山林引戻しの交渉ならびに出願書を提出する際に、両部落の正式代表であることを証明する必要があったことと、二つには、引戻しの惣代が沓野部落の竹節安吉と春原専吉の二名で、湯田中部落の惣代が入っていないために、委任を明確に文書化する必要があったことと、三つには、館三郎にたいして引戻しの惣代として全権を委任されていることを文書で示す必要があったためであろう。

沓野部落の委任状は、表題が『一札の事』であって、諸入費について村方（部落）において出費することを竹節安吉と春原専吉に約定したものである。これには、全「伍保長」のほかに、「代議人」・「用掛り」によるものである。「伍保長」とは、旧幕府時代の五人組制度をうけつぐもので、原則として、五戸をもって編成されている隣保組織である。伍保の隣人集団から選出された代表者は、組をまとめて組の意志を代表する。代議人ならびに用掛りは、公法的側面をもつものである。

この山林引戻しについて、竹節安吉と春原専吉が、沓野部落（組表記）と沓野・湯田中両部落から惣代を委任されるのは、さきに記したように、『日記簿』によると、二月三日である。一月三〇日に館三郎に両名は会って、文書の探さくを依頼する。翌日の三一日に両名は帰村するのであるから、その三日後には伍保長等による引戻しの委任状が出されたのであるから、きわめて急を要したことがわかる。

惣代が館三郎へ申入れたのは、文久三（一八六三）年の「境堺（界）色分絵図光答書」である。これについては、紛争の当事者である旧沓野村にたいして本書が「下渡」されているはずであるが、沓野部落の旧名主宅には見当たらないために、旧松代藩の「御宝庫」に探さくを依頼したのである。しかし、館三郎は、すでに「御宝庫」は火災のために焼失しており、旧松代藩にあった書類も長野県へ引継いだものもあって、探さくをするのは容易なことではないと伝えている。

惣代等は、沓野部落で引戻しに必要な「古書証穿鑿」したり、旧名主宅で「絵図光答書」を探したが見付からなかったために、館三郎へ「証書類」の探さくを依頼するために、五日に館三郎のところへ行く。このときに、どのような書類を持参したのかは記載されていないが、文久三年の絵図面の写と『土目録』（年代不明）は持参したようである。館三郎は、五日に竹節安吉と春原専吉が持参した「証書類」に目を通す（『日記簿』）。この日、惣代は、「志賀山」が旧松代藩より長野へどのようなかたちで「引送」られたのかを聞いたところ、館三郎はわからなかったようで、旧道橋の松本芳之助を呼び出して協議している。翌六日には旧松代藩士・野中軍兵衛と面会している。さらに、九日には旧郡奉行で旧松代県の小参事であった矢野唯見に会い絵図面を尋ねている（『日記簿』）。これによって明らかなように、沓野部落では、山林引戻しについて、旧沓野村持（所有）が立証することができるのは文久三年の国境絵図面と答書であるという認識をもっていて、沓野部落の主導によって文久三年の絵図と答書が最重要書類として探されているのである。『土目録』と文久三年の絵図・答書は、ともに四月二一日の『奉嘆願候』に添付されている。

二月一〇日には、館三郎・松本芳之助・矢野唯見が惣代と会合して「相談」し、引戻しの出願書類について協力することになった。一二日、惣代は「長野地理局」（内務省地理局長野出張所）へ行き、『皆済土目録』を提出したところ、「局長」（長野出張所長）は、「村方名寄帳山御年貢賦課帳」の持参の有無を尋ねている（『日記簿』）。この二つは、引戻しの出願書には添付されていない。

内務省地理局長野出張所長の奥津実は、惣代が年貢皆済『土目録』にある「籾八表四斗壱升八合」を田畑に課せられた年貢と理解しているのにたいして、「民地何山ノ上納何ノ誰ト」わからないようなものについては「悉皆官地」であり、明治元（一八六八）年以前は、「銘々旧所有ノ確証アル田畑スラ勝手ニ売買」ができなかった。「山野杯モ村持ト申モ皆官ノ地江入込下草薪等伐採ルモ夫々冥加ナリ運上ナリ稼丈ノ冥加也地バンハ志悉皆官ノ地也」と言い、山野については官有地であることを主張している。

これにたいして、惣代は、幕府評定所の『裁許絵図面裏書』に、「東南ハ田中沓野ノ山タルヘシ」とあり、これは「村持進退山」を示し、「御上ノ山地」であるならば「各村方入費ニテ公事」をするはずがないと主張している。これにたいして長野出張所は、「其村々ノ地籍成レハ村方ニテ論争致シ裁判」をするのであると返答し、これらのほかに

「証蹟」があるならば提出するようにと指示している（『日記簿』）。

　これによって明らかなように、物代が提出した証拠資料では旧村持で民有であることを立証することはできない、と判断しているのである。竹節安吉は、この経過報告をただちに館三郎にしている。この時期の館三郎にしても、どの文書・資料が所有を立証することができるものであるのか、それほど知識もなく、旧村方の文書・資料にも熟知していた訳ではないから、まだ、適当な指示を出せなかったのであろう。

　帰村した物代は書類等を調査して、一七日に長野出張所へ出頭し、「湯田中沓野村訳書類并御小役三役帳」を提出しているが、係官は、「是斗ニテハ弁別不仕村分絵図面品々持参」することを指示している。今回もまた、提出した書類と「御小役三役帳」での所有の主張は排除されているのである。物代ならびに沓野・湯田中両部落の重立《おもだち》衆が、いったいこれらの文書・資料を、いかなる理由があって所有を立証することができるものと判断したのかは明らかではないが、なかなか所有認定を書類のうえからでは判断することができなかったことと、地券制度ならびに『地租改正法』の関係諸法令と伺・指示については、ほとんど知らなかったのであろう。これは、残された文書・資料のなかに見当たらないことと、出願関係文書のなかにも掲出されていないことから推測できるのである。なお、このとき、係官は、「絵図面」の提出を求めた。絵図のなかには御林と村持地とが明確に示されている可能性があるからである。これは、物代としても同じことである。係官が、裁許状に「東南ハ田中沓野ノ山タルヘシ」という文言に物代が所有を主張したのにたいして、「村々の地籍」を示すものであって所有を示すものではない、と否定したことは、地租改正関係の諸法令について、いささかなりとも知識をもっていたためであろう。このことは、物代が安政三（一八五六）年の『粗絵図』を提出したときに、長野出張所長が、この絵図面では官民の区別か判然としない。「往古ヨリ民有地ニ於テハ山野ニ付何カ植付ニ付人夫ハ掛ルトカ其山ニ入金費ヲ掛」けないで、「一円定額籾年貢ニテ自由ニ進退」していただけでは所有は成り立たない、と言っていることによっても明らかである。

官有地に編入された山林原野等の処分」については、『地所処分仮規則』(明治八年七月八日、地租改正事務局議定)において、つぎのように基準が設けられている。これは、内部基準であって、一般人民が準則とすべき法令ではない。

第一章　処分方綱領

第四条　従前公有地ノ内検地帳水図帳名寄帳ニ人民名受ノ確証アルカ又ハ出金買得セシ証左アルモノハ民有地ト相定メ其他は官有地と定ムヘシ若シ人民名受ノ確証又ハ出金買得セシ証書ナシト雖トモ他ニ人民所有地ト看認ムヘキ成跡アルモノハ其事実ニ拠リ民有地ト相定ムヘキ事

第五条　地所名称区別ハ昨七年第百二十号布告ニ従フヘシト雖トモ其種類ノ如キハ大体ニ就テ区別ス譬ハ宅地内ニ菜園林藪池ニ就テ道敷ニ取調置申スヘキ事

第六条　都テ地処分ノ儀ハ下章ノ条例ニ照シ証跡ノ分明ナルモノト其名称ナルモノトノ処分ハ地方長官ヘ協議ノ上地方限リ処分ニ任スヘキコト

第七条　渾テ官有地ト治定セル地所払下又ハ貸渡等ノ儀ハ内務省ノ処分ニ帰シ本局ノ権限外ト心得ヘキコト

第八条　渾テ官有地ト定ムル地処ハ地引絵図中ヘ分明ニ色分ケスヘキコト

第三章　山林原野秣場処分ノ事

第一条　山林原野秣場等簿冊ニ明記セルモノハ勿論従来甲乙村入会等ノ証跡アルモノハ民有地トシ其明かし左ナキモノハ官有地第三種トサダメメ内務省ノ処分ニ帰スヘキ事

但証跡ハ本局乙第三号達ノ通可相心得事

右の『地所処分仮規則』は、つぎの地租改正事務局乙第三号達（明治八年）にもとづくものである。

乙第三号（六月二十二日　輪廓附）

各地方山林原野池溝等（有税無税ニ拘ハラス）官民有区別之儀ハ証拠トスヘキ書類有之者ハ勿論区別判然可致候得共従来数村入会又ハ一村持某々数人持等積年慣行存在致シ比隣郡村ニ於テモ其所ニ限リ進退致来候ニ無相違旨保証致シ候地所ハ仮令簿冊ニ明記無之共其れ慣行ヲ以民有之確証ト視認シ是ヲ民有地ニ編入候儀ト可相心得尚疑似ニ渉候モノハ其事由ヲ詳記可伺出此旨相達候事

地租改正事務局は、右の乙第三号達を出したのちの一二月に、右の内容を補正し、訂正する乙第一一号達を出した。

○乙第十一号（十二月二十四日　輪廓附）

本年当局乙第三号ヲ以山林原野池沼など官民有定方相達候処右達以前改正既済ノ地方ト雖モ右抵触ノ分者明治九年十二月ヲ限リ更ニ取調内務省へ可伺出此旨相達候事

但一旦官地ニ定リ還禄士族其他ノ人民へ払下処分済ノ分者此限ニ無之候事

一乙第三号之趣ハ従来之成跡上ニ於テ所有スヘキ道理アルモノヲ民有ト可定トノ儀ニテ啻ニ薪秣刈或者従前秣永山永下草銭冥加永等納来候習慣アルモノヲ概シテ民有ノ証トハ難見認ニ付如斯ノ類ハ原由慣行等篤ト取調経伺ノ上処分可致儀ト可能相心得事

この二つの達は、部落の所有を認定する基準であるために、いずれも沓野・湯田中両部落の山林引戻しに重要な関係がある。のちに、内務省地理局長野出張所のの係官が所有判定について述べたのは、これらを基礎にしているからである。

しかしながら、右の所有判定の基準については問題がある。すなわち、「啻ニ薪秣刈伐」していた習慣があるというだけでは民有之証拠とはならない、という文言についてである。ここには、かつて、福島県への指令で指摘しているように、売買の事実や労費をかけていることが民有地としての条件となっているからにほかならない。「啻ニ」という文言は、このことを示している。ただたんに人民が林野に立入って薪・秣を採取していた、というだけであったのであれば、これだけをもって土地所有の証明とすることは困難さがともなう。ここでは、ある意味では、自然の状態のなかで生活していた原始人に近いような印象をうけるからである。しかし、その「薪秣刈伐」というものが、多くの場合、原始的な採取のような状況ではなく、その林野にたいする村集団の強烈な支配と統制に支えられていて排他的・独占的なものであるのであるから、書証がなくとも、これを所有として認定することができる具体的な内容を証拠づける方法をどのようにしたらよいのか、ということに、地元の村々や地方官においてもとまどうであろう。地券制度・地租改正において所有を立証することができる具体的な内容というのは、林野に関するかぎりそれを書証上において証明することは困難なことであった。そのような文書・資料の存在をみないからである。これは、『検地帳』や『名寄帳』にも売買・譲渡等による土地所有の移動の状況が記載されない林野についても同様のことである。

明治九（一八七六）年一月一九日に、右の達の二つを総合して、地租改正事務局は新しい所有判定の基準とした『派出官員心得書』（略称）を出した。これは、すでに官林に編入されたものを拘束するのではないが、引戻しについての所有判定の基準ともなるものである。

昨八年当局乙第三号同十一号達ニ付山林原野等官民所有区別処分派出官員心得書

第一条

一旧領主地頭ニ於テ既ニ某村持ト相定メ官簿亦ハ内公証トス可キ書類ニ記載有之分ハ勿論口碑ト雖トモ樹木草茅等其村ニテ自由致シ何村持ト唱来リタルコトヲ比隣郡村ニ於テモ瞭知シ遺証ニ代ツテ保証スルカ如キ山野ノ類ハ旧慣ノ通其村持ト相定メ民有地第二種ニ編入スルモノトス

但一旦官林帳ニ組入タル分ハ此限ニアラス

第二条

一従来村山村林ト唱へ樹木植付或ハ焼払等夫々ノ手入ヲ加へ其村所有地ノ如ク進退致来ル分ハ他ノ普通其地ヲ所用シテ天生ノ草木等伐苅致シ来ルモノトハ判然異ナル類ハ従前租税ノ有無ト簿冊ノ記否トニ拘ハラス前顕ノ成跡ヲ視認候上ハ民有地ト定ムルモノトス

但一隅ヲ以テ全山ヲ併有スルコトヲ得ス

第三条

一従前秣永山永下草銭冥加永等納メ来リタルト雖トモ曽テ培栽ノ労費ナク全ク自然生ノ草木ヲ採伐仕来タルモノハ其地盤ヲ所有セシモノニ非ス故ニ右等ハ官有地と定ムルモノトス

但其伐採ヲ止ムルトキハ悉チ差支ヲ生ス可キ分払下或ハ拝借地等ニナスハ内務省ノ処分ニ付地方官ノ見込ニ任スヘシ

第四条

一先年甲乙ノ争端ヲ生スルニ当ツテ其領主或ハ幕府ノ裁判ニ係リ其原野ハ甲村ノ地盤ト裁許相成而シテ乙丙之レニ入会従来採薪秣苅等到来ルモノト雖トモ第三条ノ如キ地ニシテ外ニ民有ノ証トスヘキモノナキハ第三条ニ準

シ処分可致尤裁許状ニ甲村ノ地ニシテ甲乙丙入会三ヶ村進退或ハ三ヶ村持ト明文有之類ハ其証跡顕然タルニヨッテ税納ノ有無ニ不拘従前ノ通之レヲ村持入会地ト定メ民有第二種ニ編入スルモノトス

但裁許状ニ入会トノミ有之候トモ実際第一条第二条ノ如キ地ハ勿論旧来入会村外ノモノヨリ公然山手野手抔ト唱へ多少ノ米銭ヲ請取薪秣等伐採ニ為立入候慣習等有之其成跡入会村所有ニ帰シ相当ノ分ハ民有地第二種ニ定ムルモノトス

第一条は、村持地を民有地第二種として判定する基準についてのものである。すなわち、「領主が「村持」として認め、「官簿亦ハ村簿ノ内公証トス可キ書類ニ記載有之分」であり、「公証」という書証が求められる。つぎに、「口碑」であっても、「樹木草茅等其村ニテ自由致シ何村持ト唱来リ」たることを「比隣郡村ニ於テモ瞭知」し、これを「保証」する場合である。つまり、樹木の伐採や草・茅等を採取してきたことを「自由」に行なっているというその村限りのいわゆる独占的・排他性があり、かつ、村持であることを称しているのを「比隣郡村」において認めているという場合には民有地とするというのである。後者については、公簿のうち公証とする書証はないが、その実態において排他性があり、これを村々が認めてきていたことが民有地という所有認定の要件である。

第二条は、「村山村林」と称してきたものについてである。「村山村林」と村持との差はなにか、ということについては明らかではない。村持というのは、公簿に記載されている形式であることから、このように村が称しているような場合においては村所有というように即断することができるということからであろうか。これにたいして、村山・村林というのは村持にたいして二次的あるいは補充的な存在であるとみたのであろうか。村持という呼称ならびに記名よりも一歩後退したかたちで所有を認めている。その判定についての基準は、(イ)「従来村山村林ト唱へ」てきたこと、(ロ)「樹木植付或ハ焼払等夫々ノ手入加へ」というかたちの労力を投下していることが条件である。この「樹木植付或ハ焼払等」においては「及ヒ」と訂正されるが、訂正以前においては右の解釈は、「樹木植付」か「焼払」のいずれか、あるいはこれに準じた労働の投下があることを第一条件として、つぎに、(ハ)村が、「所有地ノ如ク進退」していたということである。これらは村所有の判定については、「租税ノ有無ト簿冊ノ記名」とには関係がない。つまり、書証を必要としなくともよい。

第三条は、第二条とも内容が同じであって「培栽ノ労費」がない場合には、たとえ、書証上において「秩永山永下草銭冥加永等」と納めてきていたことが明らかであっても、それだけでは村所有とは認定しない、というのである。「自然生ノ草木ヲ栽培」していただけの林野利用であるといっても、生活じたいがきわめて原始的なものであるのならばともかく、村を形成している場合には、その独占的・排他的な林野において、草木を伐採・採取しているからといっても、それだけで村所有としないのには問題が残るであろう。「培栽」を山林原野にあてはめた場合、いったい、具体的にどのようなケースが右の培栽にあたるのであろうか。天然更新というかたちの培栽もあるし、保護・管理をしている林野があるからである。

第四条は入会林野についてである。この第四条は、第三条をうける。すなわち、幕府・藩の裁判によって、(イ)甲村の地盤に乙丙が入会うことを判決されても、「第三条ノ如キ地」である場合には、第三条に準じて処理する、というのである。ここでも「培栽」の有無が所有判定の基準となる。(ロ)判決において「甲村ノ地」であり「甲乙丙入会三ヶ村進退或ハ三ヶ村持ト明文」がある場合には「税納ノ有無」にかかわらず(「民有地第二種ニ編入スル」というのである。内容的には前者と変わりないようであるが、後者では判決において「甲村ノ地」という所有を示す文言があり、さらに、同じく判決において「甲乙丙三ヶ村進退或ハ三ヶ村持」という文言がみられることをもって民有と判定するのであるから、「村持」という表記に相当なこだわりをみせている。このほか、(ハ)判決において、たんに「入会」とのみ記載されている場合でも、実際上において「第一条第二条」のような土地については民有地第二種に編入する。㈡「入会村外ノモノヨリ公然山手野手抔」といって「多少ノ米銭」をとって薪秣等を採取させていた慣習がある場合では、「入会村所有」にあたるとされる分については民有地第二種に編入する。(ハ)の例は(ロ)についての補足とともいうべきもので、判決上において必ずしも「持」という文字を使用しないことがあるからである。判決に「持」という文字がないことをもって所有の証拠がないと判断することは、あまりにも実情を知らないと指摘されても仕方がない。こうした点についても県官との間で問題があったからである。㈡は、売買に関するもので、売買は、土地そのものでなく地上産物について「公然」と、つまり、村々はもとより領主においてもこの事実を知っていることが前提であろう。こうした入会地については、入会村の所有と判定するというのであり、さきに、大蔵省租税寮による指令にある売買についてを、入会に適用したものである。これは、売買を広く解釈して所有の判定にあてはめた。

以上によって明らかなように、土地の民有地=私的所有認定の基準は、この、地租改正事務局官員ならびに地方担当官という山林原野官民有区別の実務にたずさわる者達への『派出官員心得書』が、きわめて唐突に出されたものではなく、これまでに大蔵省租税寮・地租改正事務局の指令にあらわれているものを集成したことがわかる。もちろん、私的所有の認定にいたる過程においては、その内容に若干の消長はみられる。『派出官員心得書』が人民一般を直接に拘束する法律でないことは当然であるが、これによって、官有地の拡大を意図して出されたとはいうことができない。問題は、実際において地方官がどのような意図を以て山林原野の官民有区別にのぞんだのであるのか。また、これに対応する村や人民がどのようなかたちでこの事業に対処したのであるか。人民側からみれば、地租改正そのものは旧幕藩時代におけるいっせい検地にほかならず、その徹底さにおいては歴史上他に類例をみないものであるから、とまどうのは当然のことである。県官吏は、帯刀もせず、武士ではないという点において旧幕藩の支配者とは相異するが、依然として支配者であることには変わりはない。人民が直接に土地所有の判定にかかわることなく、ただ、そこにいたる技術的な面において県官吏の指揮のもとで作業をするだけである。ここにも、法律上の問題面において問題を生ずる余地があった。

御林の書上げ、地租改正による公有地への編入、さらに『山林原野官民有区別』に、旧沓野村ならびに沓野部落がどのように対応したのであるのか。右の所有認定の基準をどの程度まで知っていたのであるのか、ということになると、資料がないので明確にすることはできないが、いくつかの『嘆願書』等についてみるかぎり、あまり認識していなかったことがうかがえる。さらに、官有地に編入された旧沓野村持の林野を民有地へ引戻すということになると、所有を立証することができる明確な文書・資料を必要とする。しかも、所有認定の基準は定まっているのであるから、これに対応しなければならない。沓野部落ならびに館三郎ともども、右の大蔵省租税寮と地租改正事務局の所有認定の基準を知っていたのであるのか、ということになると、少なくとも、その当初においては知っていなかったのである。内務省地理局長野出張所の係官の指摘によって、文書・資料の探さくを行ない、引戻しの出願書の作成にあたったといえるのである。

館三郎は、沓野部落の惣代が館三郎に依頼したのは、はじめは、御林と民林との色分け絵図であったが、次第に旧松代藩の公簿について探さくを依頼するうちに、山林引戻しについて本格的に関与するようになっていく。このことは、『日記簿』の記述によっても明らかであるが、つぎに掲出する惣代等の協力の依頼書（表記は『歎願書』と『村方困難の手続書』によっても明らかである。前者は沓野部落の単独のもので、後者は沓野・湯田中両部落のものである。この依頼書は、おそらく、館三郎の要求によるものであろう。

歎願書

当村内往古より年々籾八表四斗壱升八合山御年貢上納仕り来り候処、明治八年御改正に付、石高上納にこれなき山林は公用地に相成るべき旨、長野県御出役より御達しに付、当時役員の者共公用地の何者たるを弁えず、啻に御趣意を遵奉罷り在り候処、其後公用地は悉皆官有地と御改称相成り、然るに村吏始め村方一同山林の義は名称の変りたるのみにて、従前の如く山稼相成るべくと心得居り候処、追々御官林の御規則御公布に付、一同愕然として始めて山稼相成らず、驚き、一村の安危にかかわり候に付、今般協議の上地理局え歎願仕りたきに付ては、旧藩利用御掛り嘉永元年申年より明治三午年当村奥山林御境御改等に御掛り務め、古昔よりの情実明了に御承知ニ就き前件村方困窮の場合御洞察成し下され、旧来の地籍民有の確証旧御藩に於て御取り扱いの書類御教示成し下し置かれたく、右御助力を以って歎願御許可罷り成り、一村人民願意貫徹仕り候より、私共に於て応分の御受仕り御報恩仕るべく候、依て連署此段御含み仰せ立てられ成し下されたく、懇願奉り候以上

明治十二年二月

下高井郡平穏村の内沓野

願人惣代　竹節安吉印

同断　春原専吉印

用掛　西沢寅蔵印

同断

竹節伊勢太印

館　三　郎殿

村方困難の手続書

下高井郡平穏村の内
沓　野
湯田中

這度当組旧地附山往古より年々籾八表余上納、宝暦度御検地御改前後とも右目録存在、以来引続明治七年迄、長野御県庁之右山御年貢上納皆済罷り在り、既に明治七年中山地券証御下附相成り候処、同八年に至り御改正に際し籾上納の山林は公用地と称すべき旨、御派出官員より仰せ渡され、当時役員に於ては公用の区別をも弁えず、啻に御趣意たる御説諭に黙し、向後難渋に至るべきをも顧りみず、御受け仕り罷り在り候処、追て公用質は官有の名義に相成り、引続き御官林規則御公達に相成り、村民山稼相成らず、今更後悔悲嘆に堪えず、仍て明治十一年よりしばしば上願仕り候へども御採用これなく、村方一同活路を失ひ困難に立至り、止むをえず今般地理局へ上願仕りたく候、就いては旧御藩に於て御取り扱い相成りたる該山林村持の原因事実御取調願い上げ奉り、民有の証拠堅固に仕りたく、何卒旧御領地の御因縁を以って、御助力成し下し置かれたく、此段連署を以って願い上げ奉り候、以上

明治十二年二月

下高井郡平穏村沓野組
願人惣代

竹節安吉印
春原専吉印
用掛　西沢寅蔵印
同断　竹節伊勢太印
湯田中惣代兼
用掛　宮崎与助印

館三郎殿

右の、館三郎への文書・資料の協力依頼のうち、沓野部落の『嘆願書』では、「一村人民願意貫徹」が叶ったならば、「応分の御受仕り御報恩仕るべく」とあり、沓野・湯田中両部落の『村方困難の手続書』では、「応分の御受」という文書がない。「応分の御受」についての具体的な記述がないので、その内容については明らかではないが、引戻しに必要とする文書・資料の探さくについての謝礼という意味であったのであろうか。ということになると、のちの依頼書とは異なり、この時点においては、館三郎はそれほど深く引戻しにかかわっていないことになる。にもかかわらず、館三郎の引戻しへの関与は、ここが起点であったといってよい。

第四章　沓野山林の引戻しと館三郎

はじめに

現在、和合会の所有となっている志賀高原は、明治初年の土地所有権を表象する『地券』の交付が土地の売買にともなって行なわれ、ひきつづいて『地租改正法』において地券制度が強行法規をもって一般化された。明治七（一八七四）年一一月七日に、「公有地地券」の交付が開始されてのちの、明治八（一八七五）年に山林原野官民有区別が公布されて公有地の多くは官林（国有地）に編入された。藩直轄支配林の御林《おはやし》は、この地租改正以前に『官林書上帳』によって官有地として編入されたものが多いから、公有地の所有権の廃止による官民有区別によって官林に編入されるのは、官有地編入の第二段階となる。ここでは、藩の御林のうちでも、官林に編入されないで公有地となった山林と、民有地として払下げを予定している官林で、民有が立証できるものについては民有地に、そうでない場合には官林に編入された。

林野の官民有区別の基準とするものはなにか。もともと林野の多くは、書証によって所有を認定するものがないのが一般的実情である。(1) 耕地や宅地のように、領主によって面積と地位等級によって明確に貢租が課せられ、あるいは売買が行なわれている土地についてならばともかく、そうでない、売買の事例もなく、平穏に支配し利用してきている、事実上の確固とした支配権が所有を意味するものであっても、書証上において所有を確認することができない、そのような土地に所有を立証することができるはずがないのである。このことを考慮して、明治八年五月に地租改正事業を管掌する地租改正事務局（総裁・伊藤博文）が設置され、同年六月に乙第三号達が出された。

乙第三号（六月二十二日　輪郭附）
各地方山林原野池溝等（有税無税ニ拘ハラス）官民有区別之儀ハ証拠トスヘキ書類有之者ハ勿論区別判然可致候得共従来数村入会又ハ一村持某々数人持等積年慣行存在致シ比隣郡村ニ於テモ其所ニ限リ進退致来候ニ無相違旨保証致シ候地所ハ仮令簿冊ニ明記無之共其慣行ヲ以民有之確証ト視認シ是ヲ民有地に編入候儀ト可相心得尚擬似ニ渉候モノハ其事由ヲ詳記可伺出此旨相達候事

所有の立証については、書証はもとよりであるが、「従来数村入会又ハ一村持某々数人持」であって、「積年慣行」について「比隣郡村」において、その「進退」を認めてこれを「保証」する場合には、「民有地ニ編入」するというのである。(2)

この、乙第三号達が出されたときは、旧沓野村地ならびに岩菅山入会地は、公有地から官有地に編入されるときである。乙第三号達の所有認定の基準を補足というかたちで厳格にし、民有地への編入をきびしくしたのが同年（明治八年）一二月二四日の「地租改正事務局達乙第一一号」である。明治一二年四月の沓野・湯田中両部落の山林引き戻しの歎願書によると、乙第三号達が出された直後頃には官有地に編入されるようである。したがって、乙第三号達の適用はなかったということになる。同年（明治八年）八月二八日に長野県「租税課地理係」より、「旧奥御林改正岩菅御官林之村持公有地都て一等官林之組込」む、という通達が出されていることから、公有地が消滅した明治七年一一月七日の太政官布告第一二〇号『地所名称区別』の改正（「明治六年三月第一一四号布告地所名称区別左ノ通改定候條此旨布告候事」）をそのままうけて、沓野部落・公有地を官有地に編入したものであろう。その措置の前提となるのは、旧沓野村持地・入会地を「官林」として書き上げられていたことによるものと思われる。公有地に編入されるのも「官林」から公有地への編入であり、この公有地は、明治五年一〇月三日の公有地の注釈に、『地券渡方規則』第三四条にある「公有地」は、「従来官山官原或ハ村持山林牧場秣場之類地価モ難定且後来人民御払下等願出候節迄ハ持主難相定」とあるように、「従来官山官原」であって、「後来御払下等願出」て、所有を決定するものを含むというのである。

旧沓野村持地ならびに入会地が、御林から官林へ、そうして公有から再び官有地へという形式をたどったのであれば、公有地となったのは人民の払下げを予定しているものということになる。この公有地の注釈についてはきわめて曖昧なものである。いずれにしても、沓野部落の公有地はこの注釈による払下げの出願をしないうちに官林から、さらに一等官林に編入されたのである。その理由について歎願書では、「村吏」の誤りによると申述しているが、その誤りの詳細については明らかにしていない。地方の村々では村吏の認識不足や、法令についての理解は低いことから、こうした例はしばしば生じているので、歎願書の申述が実際に生じていたのであろう。

いずれにしても、沓野部落がこの後において多大の費用と労力を費やして旧沓野村持地・共同村持地の引戻しをしなければならなかった原因は、御林の書上げと、公有地の官民有区別にあることは明らかである。

沓野部落では、官林の引戻しの出願と借山が相ついで却下となった。

館三郎と沓野部落との直接のかかわりあいの始まりは、沓野部落の官有地の引戻し惣代（当初は、竹節安吉・春原専吉）が館三郎に援助を要請した文書、ならびに竹節安吉の官有地の引戻しを記録した『日記簿』によると、明治一二（一八七九）年の一月頃であることがわかる。その当初においては、引戻しを出願したが却下され、再願する前に旧沓野村の所有を主張することができる旧松代藩の書類の本書を求めて館三郎に文書・資料の探さくを依頼したことにある。

沓野組（部落）の惣代等（惣代・竹節安吉・同・春原専吉、代議人・山本専左衛門、用掛・竹節伊勢太、同・西沢寅蔵、副戸長・吉田忠右衛門）が、内務省地理局長・桜井勉に旧沓野部落の林野の借山の『歎願書』を提出し、これが保留になったときからである。その理由とするところは、山林引戻しの『日記簿』（竹節安吉）、ならびに同年四月に沓野組・湯田中組が共同で館三郎に出した山林引戻しの依頼書によると、内務省地理局は、願書添付の証拠書類を、写しではなくて本書を添付せよ、というのであった。さらに、竹節吉五郎へ立木の払下げが決定していることも引戻しの不許可の理由としてあげられた。この、竹節吉五郎への立木払下げがなぜ行なわれたのかは今のところ明らかではない。

内務省地理局への引戻しが不許可となり、また、借山が保留処分になったことにたいして、沓野組（沓野部落）では困惑した。内務省地理局（長野出張所が指摘した関係書類の本書は旧松代藩に所蔵されているはずであるが、旧松代藩士・矢野唯見（旧松代県少参事）によると、旧松代藩は、居城のある城下町の松代が大火によって消失し、さらに旧松代藩の宝庫も焼失しているからである。焼失したことについては後から知ったのであるが、引戻しに必要とする証拠書類の本書の提出を命ぜられ、こうしたことから、竹節安吉・春原専吉らは、旧松代藩時代に旧沓野村の山林境界の取調べにあたった旧松代藩士・館三郎（旧名、幸右衛門）を頼って、旧松代藩所蔵の文書の探索を依頼したのである。とりわけ、「文久三年亥年色分絵図面と答書御裏書の本書」を必要としたからである。しかし、さきに指摘したように、旧松代藩所蔵書類は、たびたびの火災によって焼失しているために目的とした本書は得られなかったのである。そのために、館三郎が所持している控書や重要書類に添書するなどして協力することになったのである。

沓野組より館三郎にたいして出された協力依頼の要請は、明治一二年一月二七日に、内務省地理局へ山林引戻しの歎願書が出され、これが却下された直後の、二月からである。二月には、館三郎にたいして『歎願書』と『村方困難の手続書』が出され、三月二九日には『御縋り歎願御請書』が出される。これらによって館三郎は沓野組――と湯田中組――官有地に編入された山林の引戻しを正式に援助することになったのである。

官有地に編入された志賀高原の旧沓野村の村持の土地――実際は、現在の志賀高原の面積よりも、はるかに広く、沓野区の土地なども含む――の返還（引戻し）に必要とする文書・資料は、そう簡単に得られるものではなく、まして、旧松代藩は松代町の大火のために所蔵庫を焼失しているということもあって、旧沓野村の村持であることを立証できる文書・資料はなかった。そのために、さらに文書・資料を探さくし、出願書の編成をすることが重要な課題となった。館三郎は沓野部落からの正式の依頼をうけて、これを主導した。具体的には、沓野部落有地の引戻しに必要な文書・資料も集め、引戻しの草案なども執筆した。引戻しの資料や、沓野山林の沿革、ならびに自ら執筆した文書の信憑性を高めるために、廃藩置県後に松代県の権大参事となった旧松代藩の上士・長谷川昭道ならびに矢野唯見に文書等の裏書きをさせた。こうした沓野部落の者達には思いもよらない方法と文章の力によって、林野の引戻しを実現させたのである。後年、館三郎は文書に「大参謀」とか「主謀者」とか書いたのも、この引戻し実現の自負から出たものである。それだけに、沓野部落有林野の引戻しは、通常であるならば困難をきわめたか、あるいは却下になるようなケースであった。

その後、館三郎は、水利権問題の解決にあたったり、沓野部落有財産の管理・運営などについて意見を述べ、叱咤したりなどもした。それらのほとんどは、沓野部落の人々によって受けいれられた。館三郎の指摘が妥当性をもっていたこともあったであろうが、なによりも引戻しの実現の功績を認めていたからにほかならない。換言すれば、館三郎あっての引戻しの実現であったからである。

館三郎と沓野部落との直接の接点はどこにあったのか。伝承では途切れてしまっているので、これを明確にすることはできない。館三郎は松代藩から沓野村と上州（群馬県）との国境調査を命じられた、とも言われていたり、松代藩士・佐久間象山のあとをうけて、沓野村・湯田中村の地方掛となったこともあって、沓野村の人々にとっては顔見知りであったところから、引戻し運動の途上において接触があったことは明らかである。明治一二年二月の『村方困難の手続書』の文書、ならびにその他の沓野部落の「惣代」が館三郎に出した文書によると、官有地に編入された沓野部落の土地の引戻し（返還）を求める際には、旧沓野村の所有であることを立証するために松代藩の文書が必要である、という官林を主管する内務省地理局の指示があったことから、旧藩士の館三郎に援助を求めることが記されている。このことは、山林引戻しの惣代の『日記簿』によっても確認することができる。館三郎は、沓野村所有の文書・資料を探すだけでなく、自ら筆を執って、沓野村所有の文書を作成し、これを長谷川昭道ならびに矢野唯見に確認させるという方法をとったりした。

短時日のうちに、引戻しに必要とされる藩の文書・資料を探し、あるいは引戻しに必用な文書を書くという作業は、館三郎によってこそ出来たのである。これに、松代県権大参事であった長谷川昭道が文書等を確認した。長谷川昭道が、沓野部落有地と、岩菅山共有地（沓野・湯田中共有入会地）にたいして出した確認書の効力は大きい。長谷川昭道は、松代県少参事・矢野唯見とともに沓野部落の官有地の編入は誤りであることを述べる。長谷川昭道と館三郎の関係は、旧松代藩の上士と下士であるが、面識はなく、矢野唯見を介して接触することになる。矢野唯見は、沓野・湯田中両部落の山林引戻しについて積極的に援助するが、明治一六年七月一七日死去する（『日記簿』）。矢野唯見は、その死去の前まで、病床にありながら竹節安吉らの惣代と面接し相談をうけ、指導をしていた。

なお、山林の引戻しは、終始、沓野部落の主導によって行なわれ、とくに、引戻しの惣代になった竹節安吉・春原専吉・黒岩康英の精力的な活躍によるものであつて、湯田中部落は、書類作成や内務省地理局（のち、農商務省山林局）、ならびに館三郎・矢野唯見・長谷川昭道らとの交渉について前面にでていない。すべては、沓野部落の惣代にまかせていた。

（1）宅地・山林については田畑のように原則的な売買の禁令の適用がないために、形式上においても売買が自由に行なわれていた。田畑については、寛永二〇（一六四三）年に田畑の永代禁止令が出たことをもって、かって大審院では、「人民」に土地所有権がなく、ただ、その「使用収益権」をもつにすぎない、という判決を出した（大審院大正七年五月二四日、『不動産所有権確認並保存登記抵当権設定登記抹消ノ件』、第一民事部判決・民録第二四編一〇一八頁以下）。この馬鹿化た判決の裁判官は、田部芳（裁判長・部長判事）。榊原幾久若・尾古初一郎・柳川勝二である。なお、代理判事は成道斎次郎である。

この判決の学問的な性質の欠如と、裁判官の知識水準の低いことについては、法典調査会民法主査委員であった梅謙次郎（東京帝国大学教授）が指摘しているところであり、また、中田薫（東京帝国大学教授）も指摘しているところである。とりわけ、中田薫は、その論文『徳川時代に於ける土地私有権』（中田薫『法制史論集第二巻』四九三頁以下、昭和一三年岩波書店）において、法制史学の立場から徳川時代の私所有権について詳細に論述し、大審院判決の誤判を指摘している。この程度が裁判官の私的所有権についての認識なのであろうが、問題は大審院判決をそのまま呑みにする裁判官はもとより、民法学者や歴史学者、とくに、民法学者にこの誤判をそのまま受け入れて概説書に転用している者が多いということであるから、この判決の民法解釈にたいする悪影響を否定することはできない。

大審院は、昭和一二年五月一二日の『所有権確認等請求事件』第四民事部判決において、徳川幕府即舊幕時代乃至明治四年正月五日太政官布告第四号ノ布告セラレタル当時ニ於テモ民法施行以来ノ土地所有者カ其ノ土地ニ対シテ有スルト同様ノ総括的支配権ヲ土地ニ対シテ有シタル者アルコトハ疑ナキ所ニシテ民法施行法第三十六條ノ規定ニ依レハ斯ル支配権ヲ有シテ民法施行ノ日ニ及ヒタル者ハ即其ノ土地ニ対シテ民法ニ所謂所有権ヲ有スルニ至リタルモノト解カルヲ相当トスと判旨して、所有権を明確に認めているのである。この判決は、少なくとも、梅謙次郎・中田薫の論文が出されたのちのものである。しかし、担当裁判官が、これらの論文を参照したのかどうかについては明らかではない。また、裁判資料がないために、弁護士が梅謙次郎・中田薫両氏の論文を援用したのかどうかについても明らかではない。

（2）詳細な法律的検討については、北條浩『明治初年地租改正の研究』（一九九二年、御茶の水書房）、同『日本近代林政史の研究』（一九九四年、御茶の水書房）を参照されたい。

第一節　明治一二年三月の山林引戻し

明治一二年二月に、願人惣代等（惣代・竹節安吉・春原専吉。用掛・西沢寅蔵、同・竹節伊勢太）より、館三郎にたいして、引戻しの協力要請の文書が二通出される。一通は『歎願書』であり、一通は『村方困難の手続書』である。この文書が館三郎に出された翌月の三月一二日に、沓野・湯田中の両部落の惣代によって、官有山林の引戻しの願書が提出される。この文書にたいして館三郎が直接に手を入れたかどうかは明らかではないが、すでに沓野・湯田中部落惣代からの協力要請がでていることから、なんらかのかたちで関与しているものと思われる。文中の表現や用語に館三郎独特のものがみられるからである。『日記簿』によると、一月三〇日以来、館三郎とは民有であることの証拠書類の検討に入っていて、この会合には、旧松代藩士（旧松代県少参事）矢野唯見も参加している。

まず、この文書をつぎに平易文で掲出する。

当組持山の儀は、往古より山御年貢を上納仕るところ、旧松代県より明治五年に長野県に御引渡しの節、正米にて御調べに相成り候ども、田畑同様の正米租に相成らず、山税であると長野県が取調べられた。ついで七年に扱所より右山税の山地は公有であるとの説諭に相成り、改正の御趣意を相弁えず、頑愚な者の不心得で、翌八年に官林の御達にて上帳仕り候えども、すでに願い奉り、拝借地または御払下、御冥加を上納して永請山にしなら聞き入れられるとの扱所の説諭によって、地方改正の御規則等かさらにわからなく、愚昧の者が思慮がなくて、御払下または拝借、あるいは御受山等について願い出たところ、願意がかなわず、年々苦辛し悲歎している。いかに御改正であっても、古来よりの土目録にて御上納皆済している山地を公有地にし、また、官林と云うのではどうしても氷解することができない。旧松代領ではいずれも同じことであり、同様に残らず御改正によって公有地になったかを調査したところ、明治七年の山林取調のとき、共有地に取調べの分は村持山で御年貢を上納していることがわかったので、村方が困難となっているので歎願した次第である。ところが、採用されなかったために、一同は当惑している。恐れ入り奉るが、格別のお許しをもって、さきの類例がある旧松代藩の土目録で皆納した分は共有地として村吏が心得し取調べて上帳した前例もあるので、沓野・湯田中両組の不心得についてはとくに特別のお情けをもって、官有地の取消を歎願する次第である、数年を歪てしまっているので重々おわびするが、村吏の心得違での誤りについては、どのような手続でもして歎願する次第なので、どのようにしたらよいか内々で御教示をしてほしい。

以上のような内容である。文意の不明なところもあるが、内容は、(イ)旧沓野村の村持地(と旧湯田中村の村持地)であることは、旧松代藩の山年貢を上納していることと、(ロ)このような例においては旧村の所有地になっている。(ハ)その山が公有地になったのは改正の際において村吏の誤りによるものである、というのである。

この、村吏による誤りということについては、さきにも言及したように、その内容が明らかではない。したがって、どのような根拠と、どのような形式と内容によって「上帳」したのであるか、ということが、すべての山林引き戻しの文書を通じて明確ではないのである。

明治一二年三月二二日と願書提出の日付があるが、竹節安吉の『日記簿』によると、三月二一日に「地理局同書ヲ差上ル」とあるから、二一日に提出したのであろう。また『日記簿』には、二二日に、「書面差上候処」とあり、ひきつづいて「局長」(出張所長)の説明として、「戸長用掛調印無之」ために、「請取事相成らず」、とある。たしかに願書には、戸長と用掛の印がない。内容はともかくとして、書類の形式を欠いているために受理されなかったのである。願書の末尾に、「此書面差上候得共御受無之」とあるのがこのことを示している。「局長」はさらに、「小前騒立に任せ、村吏不調法」のためとあり、「騒立に任せ」るのは村の指導者としての統率力を欠くと訓示し、再考をうながす。『日記簿』では、「書面却下」とあるが、書類の形式が整っていないので受理されないのである。

沓野部落の惣代(竹節安吉・春原専吉。三月二五日に黒岩市兵衛が惣代に委任)は、山林の引戻しについては沓野部落の委任をうけている惣代で資格があり、用掛の調印もあるために「往古よりの古書確証」をもって引戻しを出願することを述べている。

この山林引戻しの文書は、さきに、引戻しを却下された同年（明治一二年）一月の引戻しの出願書と、翌四月に出される引戻し出願書との間のつなぎを意味するもので、惣代としてはこの出願書によって山林の引戻しが認可されるものとは思っていなかったであろう。旧松代藩における旧沓野村の村持地（単独所有）について、旧松代藩の旧沓野村の『土目録』が「山年貢」を上納している本田畑と同じ貢租地であることを主張しているが、この文書にはそれ添付されていない。しかし、この文書を提出することに先立つ二月一二日に春原専吉は長野地理局へ行って、「局長」に「土目録」を見せている（『日記簿』）。『日記簿』に、「長野地理局」とあるのは、地理局長野出張所のことであり、また、「局長」ないしは「長官奥津実」とあるのも長野出張所長のことである。沓野部落の惣代らは、一月以来、館三郎をはじめとして旧松代藩の藩士に協力を要請し、旧沓野村の村持地であることが立証できる藩の公簿を探し求めているときである。しかも、所有の証拠書類を探さくし、これの検討にも入っているのであって、四月二一日の民有引戻しの『歎願書』の作成を準備しているときであるから、長野出張所へ行くためには、館三郎らと相当の打合せをしているはずであり、文書ならびに『土目録』などの証拠書類の提出や所有の主張についても館三郎と相談していることは『日記簿』によって明らかである。

これについては、『日記簿』にはつぎのような記述がみられる。

二月十日、館先生松本（芳之助）様両衆、矢野（唯見）様御宅江御集合有て御相談被下、長野県庁江書送方御聞合の趣御承知被下候

十一日、館様江同、松本殿御立寄有て、書面出来、この上は矢野様江御読に入て致申申聞

ここにある、「書面」とは具体的にどの文書をさすのかは明らかではないが、山林引戻しに関するものであることは明らかである。

三月二二日の山林引戻しの文書が提出される以前に、惣代は、二月一二日・一七日・二〇日・二二日と長野出張所へ行っている。このうち、一二日の長野出張所での質疑応答で、長野出張所長・奥津実（『日記簿』では「長官」）は、旧藩領山林についてつぎのような官有地にたいする認識を示している。

御維新以前は、村持と申て、官民の差別を不弁、元民有地成れば民地何山ノ上納何の誰分と不相分候分は、悉皆官地に、一体辰年以前は銘々所在の確証ある田畑すら勝手に売買が不相成、質とか書入とかにて譲渡のみ。山野なども村持と申すも皆官の地元入込み、下草薪など伐採るも、それぞれ冥加なり運上なり、稼だけの冥加なり。地盤は悉皆官の地なり。

長野出張所長・奥津実は、旧藩領時代においては、民有地であれば「何山の上納、何の誰分」とあり、このような土地支配がわからない分については、すべて官地である、というのである。しかし、他方においては、明治維新以前は、「銘々所有の確証ある田畑すら」と言い、本田畑での所有を認めているのである。にもかかわらず村持地については、「皆官の地に入込、下草薪等」を伐採して、「冥加なり運上なり」を上納して稼いでいるだけの冥加地であって、地盤はすべて官地である、と述べている。したがって、沓野・湯田中の両部落が、村持地を民有の証拠がある土地で

あることを主張するのは当を得ていないというのである。このような考え方は、『地券渡方規則』ならびに『租税寮』と『地租改正事務局』の指令、ならびに『派出官心得書』でも言っていない。だか、それにもかかわらず、このような理由もなく、根拠帳にもない考え方は、その後においても行政庁係官の間にも広く存在するようになった。これは、中央集権的な官僚の「お上《かみ》」意識によるものにほかならないが、この考え方は、さらに裁判官の間に存在するようになって判決のなかにあらわれているのである。(1) 長野出張所長・奥津実のこの発言にたいして、惣代はつぎのごとく述べている。

御裁許絵図面御裏書に、東南は田中・沓野の山たるべしと書載これあり候得ば、村持進退山と相心得。かつ、また旧御林改正御官林と申は、御裁許絵図面の外、奥山に御座候。かつ、御上の山地に御座候得者、各村方入費にて公事は致す訳はこれ無きや。

これにたいして惣代の言うところは、(イ)幕府評定所の判決に、「東南は田中、沓野の山たるべし」とあり、これによって「村持進退山と相心得」ていたというのである。ここに言う「村持進退山」は、村所有のことである。(ロ)官林というのは、「御裁許絵図面の外奥山」である。(ハ)旧松代藩の「お上の山地」であるならば、村が費用を出して裁判を行なうはずはないという。これは正論である。

この反論にたいして奥津実は、村々が「官地境界論において領主・代官は争論をしないで、村々の地籍内であれば双方が裁判をするのである、と答えている。したがって、支配達の村々が御林との境界を争っても、それだけでは民有地である証拠にはならないというのであろう。そしてまた、このほかに証拠があれば提出するように、と述べている。また、奥津実は、民有の証拠について「往古より民有地に於ては山野に付、何か植付ニ付、人夫ハ掛るとか、其山に入金費を掛」るとかすること、「定額数年貢にて自由に進退致すべき」道理はない、と言っている。これは、植裁、培養、入費をかけることをもって民有の認定基準とした『派出官員心得』と同じであり、これに拘束されている。

物代は、帰途、松代町へ寄って館三郎に報告している。館三郎と惣代（竹節安吉・春原専吉）との会合は、二五日に春原専吉が帰村したのちも、竹節安吉によって、二月二八日まで行なわれている。この間、所有の証拠となるべき書類の探索も行なわれている。惣代の松代町滞在中には、のちに証拠書類として山林引戻しに添付する、「文久度の絵図面並答書」はみつかっていない。この後、三月六日には春原専吉が松代町へ行き、ついで七日には竹節安吉が出張する。一一日には、沓野部落の惣代として竹節友蔵と佐藤哲治が見舞に来て、一二日に春原専吉・竹節安吉ともども館三郎に会ったのちに、竹節友蔵と佐藤哲治は帰村している。ついで、春原専吉が書面へ調印のために帰村する。調印とは、戸長等の奥印のことである。一四日に、帰村していた春原専吉が松代町へ来て、館三郎と会合したり、書類の探索にあたっている。一二日には、旧松代藩の「道橋御元〆」の中沢義市に会って「志賀鉢一件並絵図」についてたずねている。二〇日になって惣代は長野市へ出張して「地理局」（長野出張所）へ引戻しの願書を提出するのである。

右によって明らかなように、館三郎は、三月中には頻繁に惣代と会って協議し、山林の引戻しに深く関与するまでになっているのである。

（1）大審院判事の、無知と無理解による誤った判決は、大正七年五月二四日の第一民事部判決『不動産所有権確認並保存登記及抵当権設定登記抹消請求ノ件』（民録二四輯一〇一〇頁以下）である。ただし、この法的判断は、大審院・昭和一二年五月一二日の第四民事部判決『所有権確認等請求事件』（大審院民事判例集第一六巻第一〇号五八五頁以下）において否定される。なお、この大正七年の判決に先立ち、民法起草委員の梅謙次郎は、明治三九年二月の『法学協会雑誌』第二四巻第三号の掲載『維新後の不動産法』（二六九頁以下）において大正七年大審院判決について、つぎのような法律解釈で否定しているが、この梅謙次郎の学説は判決に考慮されていない。裁判官・弁護士もこの論文を知らなかったのであろう。知っていたとすれば、お粗末というほかはない誤判である。のち、中田薫も大正八年『法学協会雑誌』第三七巻の『徳川時代に於ける土地私有権』（中田薫『法制史論集第二巻』昭和四九年、岩波書店）において大正七年の判決を否定している。梅謙次郎はつぎのごとく指摘している。

或者説ヲ作シテ曰ク我邦ニハ維新後ニ至ルマテ人民ノ土地所有権ナカリシカ明治五年ニ至リ始メテ之ヲ認メタリト是レ謬レリ旧幕時代ニ在リテモ普通ノ土地ハ所有権ノ目的タルコトヲ得シト雖モ唯之ニ制限ヲ附シ其永代賣ヲ禁シタリ（尚ホ例外トシテ之ヲ許セル場合アリキ）然ルニ明治五年二月十五日ニ至リ第五十号布告ヲ以テ左ノ如ク達シタリ

地所永代賣買ノ儀従来禁制ノ處自今四民共賣買致所持候儀被差許候事

右ノ法文ニ拠ルモ決シテ新ニ所有権ヲ下與シタル跡ナク全ク従来所有ノ権利ヲ無制限ニ處分スルコトヲ許シタルニ過キス若シ夫レ無償讓與ノ制限ノ如キハ畢竟永代賣禁止ノ結果ニ過キサルカ故ニ一朝永代賣ノ禁解ケテヨリハ無償讓與ノ制限独り存スヘキ理ナク別ニ明文ヲ發セスト雖モ自ラ此制限モ廢セラレタルナリ故ニ右ノ第五十號布告ノ結果トシテ發シタル大蔵省第二十五號達（五年二月二十四日）ニハ

今般地所永代賣買被差許候ニ付今後賣買並讓渡ノ分地券渡方等別紙規則ノ通可相心得事

トアリ尚ホ其規則ノ標題モ「地所賣買讓渡ニ付地券渡方規則」トセリ

土地ノ永代賣買ヲ許スト同時ニ地券ナルモノヲ發行セリ是レ地租改正ノ豫備ノ為メ必要ナリトシテ發行シタルモノナルコトハ明治六年七月二十八日第二百七十二號布告地租改正條例ノ前書ニモ「今般地租改正ニ付旧来田畑貢納ノ法ハ悉皆相廢シ更ニ地券調査相

済次第土地ノ代價ニ随ヒ百分ノ三ヲ以テ地租ト可相定云云」トアルニ由リテ明カナリト雖モ亦土地所有権ノ證明ノ用ニ供セントシタルコトハ疑ナキカ如シ地券渡方規則第六ニ曰ク

一右地券ハ地所持主タル確證ニ付大切ニ可致所持旨兼テ相諭置可申候萬一水火盗難ニテ地券ヲ失ヒ候節ハ二人以上ノ證人ヲ立村役人連印ヲ以書替ノ儀為願出可申事

第二節　館三郎の旧松代藩・松代県への御林引戻し懇願書

館三郎の自筆で、明治一二年三月二九日の日付がある。『沓野旧藩林御引戻之儀ニ付懇願』（以下、『懇願書』と略称する）という表記の文書がある。願人は館三郎で、宛先は「旧松代県御中、旧松代藩御中」である。この文書の末尾には、旧松代県の権大参事であった長谷川昭道が明治一六年一〇月一〇日に奥書している。

この文書が出された日付の明治一二（一八七九）年三月二九日は、沓野・湯田中両部落が山林の引戻しを出願する一か月前である（四月二一日出願）。旧松代藩・旧松代県ともに明治初年の廃藩置県と合県によってすでに消滅しているのであるから、旧松代県・旧松代藩にたいして文書を提出しても受理するところはない。また、明治一二年四月二一日の山林出願は翌一三年一一月二五日に認可されている。したがって、長谷川昭道が奥書した文書は、明治一六年一〇月においては、岩菅山の引戻しのためのものであることがわかる。この文書の作成が、明治一二年三月であることを正しいものとするならば、沓野・湯田中の旧村持山と入会山が誤って御林として長野県へ引継がれることを正すための形式的なものである。

また、この『懇願書』が出されたと同じ日付で、沓野・湯田中両組（両部落）の惣代が館三郎にたいして、『御組り歎願御請』という文書を出している。以下に、読み下しで文書を掲出する『和合会の歴史 上巻』。

御縋り歎願御請

去月両組山林民有御引直しの義、旧松代御藩県え出願の処、廃藩置県九ヶ年を過ぎ、御取調べ不行届の次第、致し方これなき段御断りに相成り、方向取失ひ当惑仕り、御手え御縋り歎願仕り候処、旧藩林の義は事故の藩士え御払い下げ、御願い立て御取調べ中旁々御不都合等これ有り、殊に御手元にても嘉永度来廃物利用農事並びに蚕糸其外諸物産改良並びに硯川水源並びに大小雑魚川水源引水堰筋に係り、差支えこれ無き様藩林中幾多に拘わらず、開鑿場所御自由御見込の山林地開墾御出金にて、貯水方法御奨励竣功数ヶ所を奏せられたるを以って、文久元酉年改めて、永久受領御許可に相成り、其他種々別して戊辰戦争官軍松代藩出兵中、太政官金札民間に通せず御窮迫にて正金御借入等の義御尽力大勲労の事実多々に付き、御手の御添願書成し下され候えば、御取用相成る趣に承知候義にて、恐れ入り候えども、御換にて特別の御救助成し下され、沓野・湯田中両組興廃大難御憐愍、御添願書成し下され、御請付相成候様大急御縋り歎願仕り、速に御差し出し成し下され候に付、滞りなく御受附罷り成り、偏に旧故御恩沢重々有難く、永世忘脚仕らず候。此上両組願の通り御引直し罷成候上は、附属の旧藩林は永世御所持同様御自由にて、万々御目論見并に新道切開き公益の義は、聊カ違背仕らず候。且つ後年に至り候とも、旧藩林地の義は御手元え願上げ、御聞済これ無き内は売買并に譲与等の義は仕らず候。其上方端御差図を受け取り斗らい仕るべく候。此段御請申上候。以上

両組惣代

明治十二年三月廿九日

竹節安吉印
黒岩康英印
春原専吉
不参に付無印

松代
館三郎殿

この文書は、松代藩時代の館三郎の功労について記されているほか、沓野・湯田中両組の民有引戻しが成功した場合に、館三郎にたいして与えられる報酬について約定しているのである。その内容は、旧藩林は「永世御所持同様御自由」であり、後年にいたっても「旧藩林地の義は御手元え願い上げ、御聞済これなき内は売買並びに譲与等の義」はしないと約定し、さらに万事差図をうけて取りはからう、と約定しているのである。

ここにいう「旧藩林地」というのは引戻しの山林のことであり、旧村持ならびに共同入会地のことである。

この文書は、沓野・湯田中両組の惣代が書いたものであるが、内容ならびに骨子は館三郎の手に成るものであるのか、もしくは、指示によるものであると思われる。その理由は、まず、内容のほかに、旧沓野村・旧湯田中村にかかわりのない、知らない、しかも旧両村にとって関係のない館三郎の旧松代藩にたいする勲功、ならびに殖産興業について述べられているからである。つぎに、文体ならびに用語について、館三郎の表現の特徴がみられることである。いずれにしても、この約定書によって館三郎の権力は正式に決定し、さらに沓野部落との関係がつづくことになる。引戻しをうけたのちにも「万端御指図を受け」という文言がこのことを示している。

山林引戻しの惣代が館三郎に出した『嘆願書』と同じ日付の館三郎の『沓野旧藩林御引戻之義ニ付懇願』（以下、『懇願』と略稍）を、つぎに掲出する。この『懇願』の文章は館三郎独特の難解なものであり、意味内容がわからないところもあり、さらに、難解な文字もあるが、一応、読み下しで掲出する。

沓野旧藩林御引戻之義ニ付懇願

明治五申年、沓野山藩林と御引送り之義、旧松代県に於て全く御引継方行違の条、本県江御詑書を以御絹り被下度、村方より慶応元丑年確証書ノ明ニ因リ歎願仕候へ共、数年間経過し、今日不容易御採用難相成御断リ相成候へ共、此事たる、私ニおいて旧松代藩因縁により御救い呉候様申聞候節何分黙仕兼、重々奉恐入候へ共、三郎ニ於テ従来大関係これ有の義は、御取扱御承知被成下候義不得止、再三懇願仕候次第ハ、維新前旧藩政事務にて嘉永三戌年依頼数度山入境界不紛明之国境に係り、沓野奥御林は上州信州越州ニわたり繋分間測量方法に基き取調中、安政四巳年改て御林境立の義掛り御渡され、上州四万村の方御境立示談相整、翌午年十月中追双方取替し絵図面調印相済せ、なお萬延元申年六月、信州秋山より上州入山村まで御林中央測量山入数日ニ及ビ、嘉永度来元利金弐百両余りニ相嵩み、入費一切ヲ自弁出金、漸ク御払木等之境界荒々踏査見分行届罷義、其砌、実地色分絵図取調纒方御急き御入用ニ付、文久三亥年二月諸番出府御差留御渡され、実測壱枚絵図地理水源山脈不易の境界相極み、地元沓野村等より差出置候書面並山改湯田中六右衛門実地数年山入踏査絵図面等明確審査決定御払木相成候トモ御安心罷成候様取調方御達数十日間画工相扉入取纏め相綴り仕上差上候義ニ而即チ別紙写之如ク同年四月野口庄三郎ト御払木相成候条総而紙墨ニ至ル迄一切自費ニ以テ成功完全ニ勉強及候事ハ明治九年八月十日迄別紙三沢殿申立控自筆において確実明証之義、殊ニ今年迄利倍之者殆ント一千六百円余ニ嵩ミ可及是レ旧藩中より数度申立置候順序者其時々（宮島宗人殿三沢清美殿）之古書自筆ヲ以テ明証ニ御座候即チ別紙丙印宮島守人殿自筆名文山より出方相成候金ト申文言アリテ遂ニ御下ケ金無之連々相成候得共数年ノ今日ニ至ルモ世間断御手数ヲ煩シ御催促罷在候折柄之義ニ而此度沓野湯田中地元民有山ニ引戻し歎願ハ即チ三郎之歎願ニ御傚シ明治五年御引継方之誤リハ過チニ而旧藩林字名所区別之御引送リ方ハ御取消御縋リ書別紙草稿案之如ク御評決御承諾之上本県江御縋リ被成下度此條幾重ニモ御研究本県江御申立被成下度一向懇願仕候義ニ御座候

沓野旧御林之外ハ御藩領御朱印ノ七林（西条・倉科・森・八幡・山田・上原・羽尾）外モノニシテ人民労務有ニ御払下ケ相成候共御髄意之御所置可相成古来ノ例規ナルヲ伝承罷在候義加ルニ明治四未年同五卯年ハ旧松本御領所神林村野口庄三郎義ハ別紙六印御払木証書明文年季中殊ニ維新明治ノ大乱後手始メ休業之因故ヲ以テ沓野御林一円之事ニ申出旧藩之順席ヲ以テ証トシ官林地御払下ケヲ目論見ヨリ旧藩ニ対シ難事ヲ申込ミ種々御手数ヲ煩シ依テ別紙一二三四五六七八九合九通之次第ニ而御弁解相成候ヘ共清津川水流レヲ限リ野口庄三郎江御払下ケ一方ニハ中津川水流レ限リ東京深川木場信濃屋金三郎江三通ノ御払下ケ相成居候義両条種々大困難苦情申出候ヘ共事実証明ハ三郎主人ニシテ明納心得居タルヨリ其時々願人共ヨリ之受書等所持致し居詐偽願人ノ者共閉口致し速ニ退難事し御迷惑モ永解消滅（以下、数字不明）御都合ニ相願候次第モ全ク文久三亥年御払下之因故ニ而明治戊辰ノ五月官軍越州御人数会計方大逼迫必至ノ折柄野口庄三郎ヨリ御借入御軍用金壱萬円繰合御用弁相成候事実等ハ三郎義嘉永度来前条之如ク非常ノ丹誠創立資本自費ヲ以テ貫徹全ク始終ヲ勉強堅固ニ執行セシテ以テ即チ官軍御用金急場御借入御用立確実御用弁行届候義ニ付何卒特別之御勘弁御取成両組願意御承諾被成下度然ル上ハ沓野村地元御林ハ旧藩ヨリ三郎江御下金ニ為換と被成下候事同様ニ罷成積年不幸ノ苦情茂漸ク氷解相成萬々難有仕合最モ村方惣代ニ而歎願民有山ニ御引戻し願之通御許可罷成候上ハ応分ノ受報可相成申候即チ別紙三八九三通ニ而確実ナル有様御了解被下度其上地元両村ハ既ニ農業培養大一ノ秣苅場ハ勿論薪炭並平竹伐出白箸渡世ノ稼業日々活計入山古昔之稼場ニ候得共現今官林ナルヲ以テ地方之内ニモ旧藩時代沓野村竹節吉左ヱ門御払下相成居現時入山稼業数年間山入之因故ヲ申立是レ志賀鉢硯川等伐木致居三方願人何レモ各位ニ名誉手続キアル旧士族ニ依頼シ松代旧藩ヨリ御払木受タル確証ヲ以テ因故アルモ名トシテ実々官林タル以上ハ御払下ケ願意モ最モナリト士族之奉還授産ノ為メニハ御聞届ケ可相成勿論ナリト主張之折柄ニ在之実ニ危害ノ甚タ敷ニ在テ旧古来天下ノ変転ニハ奇々無量ノ不幸モ撓棒モ併セアリアルハ論モ俟タザルノ気運何レモ金力ニテ各位之勢力ノ少サヲ得ルモノナレハ実ニ地元ノ不幸ニ至ル事ハ筆紙ニ尽シ難キニアリ茲松代旧藩時代ニ在テハ三郎義利用掛リノ名義ヲ奉シ民間上下ノ中ニ立テ百事私財ヲ元本トシ特別民事撫育ヲ水理ニ取諸事発起目論見願人トナリ人民ニ約ヲ執リ旧藩政ノ允可ヲ受ケ始終ニ至ル創立資本総テ自費莫大負債支弁ヲ不厭出金以テ親密文書之古確証所持アルニヨリ何レモ御払木因故アル願人等モ閉口ニ至リ皆々消滅シ現在地元沓野湯田中両組出望成就ヲ得ヘキノ有様旁ニテ不得止総代より救助ノ依頼ヲ受ケ其筋々ニ内擦リ候得者旧県ヨリ事実ヲ以テ取消歎願書ヲ御差出相成候へ者三郎組織ノ如クシテ必ス民有御引戻シ之事相叶可申事ニ可相成御様ヲ探索即チ本県江願書案文試筆致候義ニ而幾重ニ茂三沢君ニ御打合事実ハ致条差出置候義ニ付一向御採用御聞届徐々御取成幾重ニモ本県江御詫御縋リ書御差出被成度伏而奉懇願候以上

明治十二年三月廿九日　　　　館　三　郎印

旧松代県御中

旧松代藩御中

逼般本文保々事実十数余通本証書ニ照シ御捺印被下度候然ル上　無之　御照覧御調済前書一同御下ケ置奉願度

候也
明治十六年十月十日　館三郎㊞
明治十六年十月十四日検閲

旧松代県権大参事
長谷川昭道㊞

（註。旧松代県権大参事以下は、長谷川昭道自筆）

館三郎が、旧松代県・旧松代藩にたいして出した『懇願』は、沓野・湯田中両組の山林引戻しについて、引戻しを正当とする証拠書類を旧松代藩の書庫から探さくするための依願書である。旧松代藩は、廃藩置県によって消滅し、これに代った旧松代県も長野県に統合されて消滅している。したがって、宛先は実在しない。その実在しない機関にたいしての依願なのであるから意味をなさないことになる。館三郎は、どうして、このような『懇願』を出したのであろうか。一つには、旧松代県関係者にたいする依願であり、二つには、館三郎之来歴を旧松代藩士に認めさせることにあったものと思われる。

『懇願』では、まず、「沓野山藩林」は「旧松代県に於て全く御引継方行違」いがあった誤りを是正することを長野県へ申入れることの願い出が村方よりあり、これの「確証」を求めて館三郎に歎願したことを述べている。館三郎は、数度にわたる村方からの懇願にたいし、自ら嘉永年度より旧沓野村の国境（上州・信州・越州）の調査にあたり、安政四（一八五七）年には、松代藩の「御林」の境界についての係を命ぜられ、上州（群馬県）四万村との境界を決定した。萬延元（一八六〇）年には信州（長野県）秋山より上州の入山村までの御林の測量にあたったが、この費用が多くかかり、二〇〇両ほどになった。これを自弁することによって調査をすることができた。こうしたことによって絵図面を作成することができ、野口庄三郎にたいして林木の払下げができたのである。すべて、筆墨にいたるまで自費によった。

館三郎は、右のような自費による山林調査について詳細に述べたあと、一六〇〇円を費したことをあげている。館三郎は、つぎに、沓野・湯田中部落の引戻しについて述べている。すなわち、沓野・湯田中部落の民有への引戻しの歎願は、また、館三郎の歎願でもある。明治五年の引継ぎは誤りであるので、御取消を草稿案のごとく評決していただきたい。沓野旧御林のほかは松代藩領御朱印の七林の外であり、御払下げになってもよく、古来の例規である伝承があり、加えて、明治四年・五年は、旧松本藩領の神林村・野口庄三郎についての別紙のように証書があり、明治維新後に旧来の縁固をもって官林の払下げを意図し、旧松代藩にたいして申入れてきた。野口庄三郎は、清津川の水流を限り、また、深川木場の信濃屋金三郎は中津川の水流を限ってということであったが、館三郎は、これが偽りであったことを明らかにした。明治元年五月に、旧松代藩は、官軍として越州に入ったが、会計が逼迫した際に野口庄三郎より軍用金一万両を調達したことは、嘉永年間より館三郎が丹誠したためであり、自費をもっていろいろなことをし、官軍の御用金の借入を確実にしたためであるので、特別をもって、沓野・湯田中両組の願意を承諾して欲しい。沓野村の御林は、旧松代藩より館三郎にたいして御下金に換えて下されたのと同様であるので、沓野・湯田中部落の惣代も、民有に引戻したときには、応分の報酬を出すといっている。沓野・湯田中両部落は、農業のための秣苅場を必要とすることはもちろん、薪炭材ならびに平竹を伐出し、白箸などの家業も行ない生活をしてきた。古くからの稼場であったが、官林であるために、地方では旧藩時代御払下げになり、現に入山し山稼のために数年間入山している縁固を申立てている。志賀・鉢・硯川等で伐木していた。士族の奉還授産のために聞届けられたいと主張していたときに、地元の不幸は筆紙に尽しがたいところがある。三郎（館）は、利用掛りとして私財をもって民事撫育を行ない、莫大な出金をしてきた。沓野・湯田中両組の総代から救助の依頼をうけて、嘆願書を提出した。

以上のようなものである。

館三郎の文章は難解であるばかりでなく、内容についてもわからないところが多い。結局は、旧松代藩・旧松代県にたいして、沓野・湯田中両部落の山林引戻しに必要書類の探さくと、官林の編入が旧松代県の誤りであったことを上申して欲しいというのであろう。

文中で、館三郎が旧松代藩にたいして自費をもって大きな役割をしたことを述べていたり、士族授産のために官林の払下げを受ける資格があるにもかかわらず、沓野・湯田中両部落の代表が懇願してきたために、両部落の引戻しに尽力した、とある。ここでは、明言はしていないが、のちに、士族授産のために館三郎が官林の払下げを権利として表現していることにつながる文言がある。館三郎が多大の私財をもって旧松代藩のために尽力したことにたいして、のちに、「御林」を下げ渡すという恩賜をしいたと主張することにつながるような文言も見られる。

館三郎が、すでに廃藩置県ならびに、長野県へ統合されて存在しない、旧松代藩と旧松代県にたいして『懇願』書を出したのは、沓野・湯田中両部落の山林引戻しに必要とする旧松代藩がかって所蔵していた文書の探さくの依頼のためばかりでなく、館三郎の勲功を旧松代藩の上級藩士にたいして証明させることにもあったのではないであろうか。沓野・湯田中両部落の引戻しがいかなるかたちにおいて正当なのであるのか、ということについては具体的に明示されていない。

この文書は、いったい、どこに提出されたのであろうか。もとより、松代藩・松代県ともに消滅しているのであるから、提出先は存在しないことになる。したがって、この文書は、沓野・湯田中両部落が探さくしている文書という点からみると、旧松代藩士にたいする要請を権威づけるための形式的なものであるということにすぎないものである。

この文書は、明治一二年三月二九日に出されたものであるのかどうかについて明らかにすることはできない。旧松代県権大参事・長谷川昭道が明治一六年一〇月一四日に「検閲」をしているが、本文の終りの「旧松代藩御中」のつぎに、明治一六年一〇月一〇日付の館三郎の追記があるために、明治一六年に作成されたとも考えられるからである。いずれにしても、この文書は、少なくとも明治一六年一〇月に長谷川昭道が見たことは明らかである。さきに述べたように、『懇願』書に長谷川昭道が「検閲」したことは、館三郎にとって意味のあることであっても、沓野・湯田中両部落の岩菅山の引戻しにとって、それほど重要な意味をもつものとは思えない。明治一二年四月の引戻しを出願したときには、この『懇願』書は提出されていない。ということになると、この文書は、館三郎の功績という面が強く出されている面を持っている。

『懇願』書の文書について推測するならば、いくつかの点で、のちに館三郎が主張する権利につながる。その一つは、館三郎が自費をもって殖産興業を行なっていることであり、とくに、沓野山林の上・信・越の国境踏査を行なっていることである。その二つは、旧松代藩が官軍として戊辰戦争に参加したときの軍資金の調達に奔走して成功させたことである。その三つは、これら勲功によって沓野地籍の御林を下賜されたということである。その四つは、明治初年の士族授産によって旧御林を縁故によって払下げをうけるときに、沓野・湯田中部落の懇願によって引戻しに協力し、権利を放棄したということである。これらについて明確な文言はないが、記述の上からつながるのである。そうでなければ、明治一六年に長谷川昭道にたいしてこの文書を提出し、確認という意味での「検閲」をうける理由がないからである。

館三郎の勲功について、それが正当であるかないかは旧松代藩の内部問題であるので沓野部落とはかかわりがないことである。したがって、この勲功に関連して、さきに、明治元（一八六八）年一一月二五日の松代藩の『御書付』

にある、「沓野山藩林地全部、古絵図面・古書類・証書相添エトシ置カル也」という「賞典」と、館三郎が明治三八（一九〇五）年に農商務省山林局事務官・井村大吉にたいして出した『陳情書』に、「其功労に依り明治二年二月、改めて沓野御林全部を下附し」という記述にみられる、旧沓野地籍の「下附」についても、すでに沓野部落へ引戻されたのであるから意味を失なう。しかし、館三郎が、いったい「御林」のどの部分を「下賜」されたのであろうか、ということも問題が残る。同じ「御林」といっても、名称上において「御林」と称した沓野村持地と、松代藩直轄地としての「御林」の二つが存在するからである。松代藩直轄としての「御林」で、ここには沓野村の入会がない場合には、館三郎が下附をうけたといっても、館三郎と内務省との問題であるが、沓野村持である「御林」（御立継御林）も含むものであるならば、沓野村之権利を継承する沓野部落に重大な関係がある。また、「下附」が領主的支配であり所有でないのならば、すでに領有は解除しているのであるから、その支配も解体しているから問題はない。しかし、所有を附与されたのであるならば、沓野部落の主張する下戻しの権利である所有と対立することになる。結果的には館三郎が「譲与」したと言っているので実際上の障害や問題はなくなっているが、実際としても法律論としても問題が残る。仮りに、館三郎が沓野村持の「御林」の所有をえても、入会権を否定することはできない。館三郎は、「御林」の所有をえたのであれば、明治二二年までに、なぜ、所有にもとづいて引戻しの申請をしなかったのであろうか。これも疑問が残る点である。

なお、沓野・湯田中両部落の引戻しの出願書には、「御林」を館三郎が「下附」されて所有していることについての記述はみられない。

第三節　明治一二年四月の官林の引戻しと館三郎

沓野部落の官有地を民有地に引戻す惣代の竹節安吉と春原専吉、ならびに用掛りの竹節伊勢太が、明治一二（一八七九）年一月、館三郎に下戻しに必要とする旧松代藩の書類の探さくを依頼してから、『歎願書』を提出するまで、わずか三か月である。民有地に引戻すために必要と思われる文書の本書は、旧松代の書庫が火災のために焼失していたので文書が存在しない。したがって、別のかたちで引戻し（返還）の理由づけと文書資料を提示しなければならなくなったのである。ということになると、これらを含めて『歎願書』の作成は二か月以内ということになる。このことが可能だったのは、館三郎の努力にほかならないし、惣代（竹節安吉・春原専吉・黒岩康英）に人を得たからである。

官林を管掌するのは、明治一二月五月までは内務省地理局で、明治一二年から山林局があたる。明治一四年四月以降は新設の農商務省山林局が所管となる。その長野県出張所長は、添付書類については本書であることを指示している。その本書が焼失しているのであるから、沓野村ないしは沓野部落の所有を示す公文書は失われた、と言ってよい。この点に関するかぎり、官林の沓野部落への引戻しは絶望的となったのである。しかし、焼失した公文書の写を村方において保存していて、これが本書の写であることを旧藩官吏が証明する場合には考慮することが内示されていた。これを沓野部落の者は知っていたのであろうか。これについては確かな証拠となるべきものが残されていないし、伝承にもない。沓野部落では、恐らく、地租改正事務局の諸法令ならびに「達」は見ていなかったのであろう。内務省の「達」についても知らなかったのであろう。

それでは、館三郎についてはどうであろうか。館三郎もまた、沓野部落から旧松代藩の所蔵文書の探さくの依頼をうけたときには、地租改正事務局ならびに内務省の諸法令や「達」については知らなかったのではないか、と思われる。これは、館三郎関係の文書をみても、それらの諸法令を参照したあとがみられないことからこう推測するのである。館三郎が水利について積極的に関与し、下流の部落を相手どって訴訟を行なう頃には、大審院の判決や法律を参照していることが顕著にみられる。館三郎は、一二年四月の引戻し願書に添付した文書について、旧松代藩の沓野村・湯田中村・佐野村「三ヶ村利用掛」ならびに「廃物利用掛」という职名をもって、これらの文書が確実であることを証明する。さらに、旧松代藩の奉行であり、明治初年の廃藩置県後の旧松代県権大参事であった長谷川昭道にも文書が確実であったものの証明のほか、申述でも確実であることを証明させた。

それでは、いったい、利用掛とはなにか。旧松代藩の职制上において、利用掛という名称のもとに、一定の権限をあたえられて開発等にあたるものであるとすれば、それは、藩士としての身分においてなのであろう。あるいは、町人・百姓・商人にも与えられるのか、ということも考えられる。利用掛というのは、佐久間家山の例にもあるように、開発を主としたものであるが、旧松代藩の职制上において一定の地位をあたえられた重いものではない。

館三郎は、いくつかの文書のなかで松代藩の「利用掛」に任命されたことを記している。たとえば、『陳述書』には、嘉永年間に「廃物利用ノ建言書」を松代藩に提出して、「物産ノ改良」や「農事」ならびに沓野藩林のなかにある水源池から引水するための堰を開さくして貯水をはかり田養水の確保による田畑の増収をあげることを述べ、それによって「利用掛ノ名称ヲ賜」ったとある。「利用掛」というのは、佐久間象山（修理）が天保一四（一八四三）年に「郡中横目役」に任命され、ついで「三村利用掛」として沓野村・湯田中村・佐野村の開発にあたったことをうけたのである。佐久間象山は、「郡中横目付」に任命されると、松代藩財政の立て直しのために、今日、志賀高原とよばれている山林の調査を行なった。このときの調査結果を『興利祛弊意見書』として藩に提出した。佐久間象山は、林木の利用と植林の必要性や農産物としてのジャガイモの栽培のほかに、それが本来の目的であった鉱物資源の探さくとこれに関連する開発資源の探さくであった。これは、松代藩の近代的軍事力の拡充に対応する。しかし、この地方一帯の山林には、佐久間象山の求めた鉱物資源はあっても、それほど豊富な埋蔵量ではなかったようである。佐久間象山は、興利事業の実施の途中で、沓野村の本郷・新田組（渋組は入っていない）によって、いわゆる「沓野騒動」・「佐久間騒動」という騒動を起こされて事業調査の中断をよぎなくされた。佐久間象山が調査のために賦役を課したり、温泉地の締めつけをおこなったりしたためであるが、とりわけ、調査のために繁忙期であっても人員を徴発したり、加税したためである。騒動という一揆は、当然のことながら死罪をはじめとする刑罰をかくごしなければならない。それほど、沓野村では経済的に追いつめられていたのである。

館三郎は、佐久間象山が原因で引き起こされた騒動も知っていたであろうし、さらに、佐久間象山の殖産興業策も知っていたであろう。館三郎が「三ヵ村利用掛」として沓野山林の再調査と、鉱物資源の再調査にのぞんだのも、佐久間象山の道をたどっているからである。「三ヵ村利用掛」というのは特別の职制であり、藩制上において重要な位置を占められているのでもなければ、藩の制度的統括上においても制度化されたものではない。三ヵ村という限定された村落の興産にあたるわけのものであるが、藩は、もとより、この興産に期待しているものではない。うまくいけばそれでもよい、というようなものなのであるし、また、うまくいかなくとも、藩としては損失にもならないからである。館三郎は、佐久間象山の鉱物発見について、佐久間象山よりもこの資源の埋蔵量に期待したのであろうか。館三郎は、佐久間象山のような鉱物資源の知識もないから、ただ、三村利用掛ということで、現在の志賀高原に「金銀亦銅鉱其地硫黄」等の鉱脈があるということだけで（『陳述書』明治三九年）、実際に探査は行なっていない。しかし、館三郎は、鉱脈を発見して松代藩銃砲器や火薬の製造に充て、松代藩の軍備の強化に資することが、藩財政の一助であることを上申して、大阪の実商・炭屋竜彦五郎に鉱山開発を申入れるところへこぎつけた。この交渉掛りとして藩士・松本嘉十郎があたったが実現しなかった。炭屋竜彦五郎が志賀高原の開発にあたらなかった理由については明らかではないが、志賀高原にたいしてそれほどの優良な鉱脈があるとは判断しなかったからであろう。

ところで、この「利用掛」について、旧松代藩で地方代官を勤め、旧松代県で権大参事を勤めた長谷川昭道は、つぎのように述べている。

一　同人ハ佐野沓野湯田中ノ利用掛申渡サレタルカ甚タ軽キモノニテ役ト申程ニハ無之候利用掛トハ池へ水ヲ堪へ或ハ扠ヲ設ケ田地等作ルモノニテ同人ヨリハ私財ヲ以テ致度トノ申出ニヨリ藩主ノ之ヲ許シタリ池ハ藩ノ所有ナリ又池ヨリ利益ハ同人所行トナス事ヲ許シタリ琵琶池ニ付沓野村ヨリ苦情申出テタルカ三郎ト該村ニテ示談ヲ致シ其后ハ苦情不申出候藩ニテ該利用ヲ同人ニ許シタルハ嘉永年度ナリ

一　利用掛ハ役人ニハ無之候得共沓野村トノ談判并其他萬事取扱上便利アルトノ事ニ付名称ヲ付シタル次第ナリ

長谷川昭道の陳述によって明らかなように、「利用掛」というのは、旧松代藩の职制ではおいて、制度上の一定の位置づけがない名称であり、役人ではないと述べている。村方との交渉などに肩書きがないと、村方に信用されないことから、便宜上につけられたものである。旧松代藩の职制上において、公职とは認められないにしても、「利用掛」と名称を使用することは認められているのである。したがって、「利用掛」は、藩命を帯びて、藩の事業として行なわれたものではなく、個人の責任において行なわれたものであるにしても、藩が「利用掛」という名称を用いて開発することを認めたものであるから、普通一般の者が開発するのとは異なって、なんらかのかたちで藩とのかかわりがあるとみなければならないのである。開墾にしても、水の利用にしても、個人が自費を投じて行なうことが原則であることが、この「利用掛」の内容なのである。しかし、村方においては、「利用掛」は松代藩の藩士がその名称を使用するのであるから、藩命による支配として意識しても不思議ではない。

佐久間象山の例においては、「郡中横目役」という松代藩の耻制のもとで「利用掛」となっているのであるから、藩の「役人」である。しかし、沓野村の者からみれば、「利用掛」として村方にのぞんだ館三郎を佐久間象山と同じようにみていたであろうから、館三郎もまた、松代藩の役人なのである。そのときの館三郎にたいして、どのような印象を沓野村の人々はうけたのか明らかではないが、明治一二年の引戻しの出願に際して館三郎をたよったことをみると、悪印象は与えていなかったのであろう。館三郎が黒岩市兵衛を名差ししたことによっても、佐久間象山ほどの悪印象を与えてはいなかったことがわかる。黒岩市兵衛が沓野部落の代表の一員となったのも、館三郎の名差しがあったことも一因であろう。かくして、官林に編入された沓野部落の旧村持（部落有地）となり、旧湯田中村との共同入会地である岩菅山の引戻しも兼務して、山林引戻しの実現に努力することになる。

沓野部落の者が館三郎と接触するのは、竹節安吉の『日記簿』によると、明治一一年一月三〇日である。もう一つの『山林御願下日記』（黒岩康英・春原専吉・竹節安吉）にも、一月三〇日に館三郎と接触したことが記されている。『日記簿』・『山林御願下日記』とも、その書出しは一月二〇日に始まる。沓野部落の山林引戻し惣代と館三郎との接触は、竹節伊勢太・春原専吉・竹節安吉の三名が二七日に長野へ出張し、内務省地理局出張所へ「借山」の願書の提出に行なった帰りの二九日に松代で宿泊し、翌日の三〇日に館三郎と面談したのである。これ以前に沓野部落の者が館三郎に会ったかどうかは明らかではない。

一月二九日、長野市の郷宿・近松与五朗宅を出立した日に、春原専吉と竹節安吉はそのまま沓野部落へ帰る竹節伊勢太を見送って松代町（のち、長野市に編入）の梅田屋に着く。

「惣代春原竹節両人旧松代藩士族館三郎様江伺出ル事」（『日記簿』）という記述がある。あらかじめ館三郎に連絡はしていたのであろう。

『日記簿』上において、沓野部落代表の春原専吉と竹節安吉が館三郎に会うのは、翌日の三〇日の早朝である。

早々館様江御伺志賀鉢旧御藩ヨリ長野県へ御引送ニ相成趣局長より被御聞候義ハ如存ニテ御引送リ相成哉ト伺候趣御掛被御候ハ右立木之儀ハ奥御林と立替林ニ面立木伐採跡村方江返山ニ相違無之趣被御候尤右件ハ黒岩市兵工存知居義ニ付同人ニ出張可致様被仰下

一文久三年亥年当村御林ト村持山進退之境堺色分絵図並答書差上置候御詮議之上拝見仕度尤当村江御裏書之絵図面並答書御添書御下渡御座候処御改正前ノ書類散乱仕旧名主先前相勤候総々方相尋候得共探尋ル事不得依之当惑仕旧御藩庫町尋被下度相願候処御掛リ仰ニ当御藩御宝庫焼失ニ付御用書類無之趣被仰聞仍之先帰村之上取調仕ル

沓野部落の代表が館三郎に頼んだ用件は、旧松代藩に収蔵されていると思われる沓野村が提出した文書のことであり、とりわけ、文久三（一八六三）年の絵図面のことである。この絵図面は、旧松代藩御林と、沓野村持山との境界が色分けされているために、官有と民有との区別が判定できる有力証拠となるとみたからである。つまり、御林は官有地となっても、これと明確に色分けされている沓野村持の方は、現在の沓野部落の所有地を示すことになる。この区別を旧松代藩が認めたのであるから、山林引戻しの重要な証拠書類となる、と判断した。もともと、この文書は絵図裏書とともに沓野村へも下附されているはずであるが、この文書を保管してある旧名主宅では、旧制度が解体し、町村編成も変ったために、書類が散乱していて見当たらないというのである。しかし、館三郎が言うには、旧松代藩の宝庫は焼失しているために書類はないとのことであるが、取調べてみる、ということであった。この答えをえて、春原専吉と竹節安吉は三一日に沓野へ帰る。翌二月一日に、代表達が用掛り宅に参集して下戻しに必要と思われる書類を調べるとともに、委任状を作成する。三日に、「古書穿鑿村方並湯田中両組より委任状受取（『日記簿』）と記載されている委任状とは、つぎのものである。

委任之証書

下高井郡平穏村沓野組

一旧民有山字文六志賀之義御改正以来官有ニ相成候ニ付民有ニ御引直之願之件

一御官林字岩菅之内竹木御払下亦ハ御拝借成共御願立ノ件

同村湯田中組

一旧民有山字竜王御改正以来官有と相成候ニ付御引直之件

右歎願之義村方困難ニ迫リ候ニ付一同協議之上今搬貴殿方江前権限り委任候処実正也然ル上ハ右上願書ヲ以御申立候事柄ニ付向後村方ニ於テ異儀申間致候後証委任仍テ如件

（二月三日）

委任状は日付を欠くが、『日記簿』によって二月三日であることがわかる。

この委任状には、「沓野組」(沓野部落)の「伍保長」が連判している。「伍保長」というのは、旧幕府制度の五人組に系譜を引くもので、明治政府は、これを隣保組織として再編したのである。「伍保」は、隣人(家)を数軒ないし一〇数軒を一つの地縁組織として編成していて、部落ないしは町・村の重要事項の伝達や日常生活のとりまとめ、ならびにつき合いの社会的基礎単位である。

委任状は、もう一つあって、『一札之事』と題され、さきの『委任之証書』の条項についての経費を「村方」において調達し支出するというもので、形式は同じで「伍保長」と「代議人」・「用掛」が署名している。したがって、この委任状では、「村方」、つまり、沓野部落が経費を負担するのである。

二月四日に春原専吉と竹節安吉は松代町へ行き、翌五日に館三郎に会う。館三郎に書類を見せて、志賀山が旧松代藩より長野県へ引送られたことをたずねる。館三郎は、これについては知らなかったようである。館三郎は旧松代藩の道橋奉行下にあった松本芳之助を頼んで聞いている。ここでは、「奥御林壱ヶ所」と長野県へ書き送ったことが知れる。七日には、湯田中村と沓野村の『土目録』(年貢関係書)が絵図面の写を館三郎と松本芳之助に見せる。八日になって、道橋奉行下の野中軍兵衛をたずねるが、野中軍兵衛はすでに亡く、当主の野中治右衛門が書類の探さくを約束している。

九日になると、旧松代藩の郡奉行で旧松代県の小参事であった矢野唯見に会う。館三郎の紹介である。矢野唯見が言うのには、御林は道橋奉行所が管轄である。しかし、書類は廃藩置県のときに長野県庁へ引渡したが、旧松代藩の重要書類は宝庫に入れた。だが、そのときは、混雑していたので取紛れているかも知れないので、調べてみる、ということであった。

これにたいして沓野部落が知りたいのは、どのようないきさつで沓野の山林が長野県へ引継がれたのであるのか。

ことに、志賀・鉢の立木の払下げを沓野の竹節吉五郎に行なっているが、志賀・鉢の山林は「奥御林御立継」であって、伐木したあとで、返山することになっており、受書も出して承知しているにもかかわらず、長野県へ引渡すときに「御林」として書き送ったのでは、民有に引直す願書にも差支えると言い、これにたいして矢野唯見は調査すると答えている。

翌一〇日には、館三郎・松本芳之助が矢野唯見宅で会い、相談のうえ長野県庁にたいして沓野の山林を書き送ったことを聞くということになっている。

一一日に、館三郎に会い、松本芳之助へ立寄り、書面をつくり、できたら矢野唯見に見せるということになった。

以上のように、春原専吉と竹節安吉は松代で四日から一一日まで、館三郎を中心にして必要とする書類の探さくにあたっている。

明治政府による「御林」の書き上げは、明治二（一八六九）年六月十七日の版籍奉還のあと、七月九日に大蔵省が「関東筋御料御林旧旗下」の書上げを命じた達はともかく、翌七月一〇日に民部省が府県にたいして「支配地官林総反別何ヶ所ト申議国限り」提出せよ、という達は旧松代藩にも該当するであろう。さらに民部省は、明治三年三月に「御林」調査書の雛形を出して詳細調査を命じた。

「御林」（官林）の調査は、地方体制を管轄する民部省と、財政を管轄する大蔵省の二系統において行なわれていて、この調査に旧松代藩・旧松代県は報告しなければならない。御林の調査については、さらに、明治五年二月一三日に、大蔵省は未提出の府県にたいして「御林帳」の提出を命じている。旧松代県ならびに長野県が未提出であったかどうかは明らかではない。

旧松代藩・旧松代県が、この両様の「御林」の書き上げを提出したのかどうかについては明らかではないが、矢野唯見は「御林」については道橋奉行の管轄であるから調査すると答えている。恐らくは、「御林」の書き上げは旧松代県から民部省ないしは、大蔵省へ送られ、さらに、長野県への引継ぎ文書のなかに入っていたのであろう。「御林」という名称が付されていただけで「御林」の内容について理解することなく一括して「御林」として書き上げたのであろう。沓野部落の言うように、「私立御林」とか「建継御林」(立継御林)とかいう名称の「御林」は、その由緒内容において本来の「御林」と異なっていて、領主に借財した肩替りとして抵当に入れ、返済が終了したならば返地してもらう、というのである。抵当期間中は「御林」となるのであるが、また、沓野村持地にたいして隣村の天領支配地の夜間瀬村等が侵入し、盗伐・盗採を行ない、あるいは入会地であることを防ぐために「御林」という名称をつけて、この山林、立入ることは松代藩にたいする挑戦であり犯罪であることを人々に意識させるねらいがあったのである。いわば、沓野村は領主権力を利用したことになる。それが、「御林」の書き上げ、地租改正の所有区別による官有地への編入につながったのである。

ひきつづき、一二日に松代町を立った春原専吉と竹節安吉は長野事務所(『日記簿』では長野地理局となっている)へ行き、山年貢を明治八年まで上納した『皆済土目録』と、明治七年の湯田中・沓野両村分、ならび文久年度の分村前の『土目録』を提出している。

これにたいして、長野出張所長(『日記簿』では、「局長」となっている)は、地租改正前までの『土目録』ならびに『村方名寄帳』・『山年貢賦課帳』の提出を求めている。さらに、長野出張所長(『日記簿』では「長官」となっている)の奥津実は『土目録』に目を通して、「籾八表四斗壱升八合」の「山御年貢」を提出しているが、これは「志賀・文六・竜王限り」であって、外に山名がないことを指摘している。これにたいする春原専吉と竹節安吉の答えは、「右字三名ニ縮メ」たのは、地租改正の際に字を縮小したためであり、地租改正掛りがその方が「弁利」であるということから「三字」としたのであって、籾の八俵四斗一升八合は山全体にたいする年貢である、と説明している。

奥津実が、『土目録』等の年貢関係資料にこだわるのは、地租改正の諸法令において、土地所有の帰属を官有か民有かに認定するにあたり、規準となった「指令」の解釈（例えば、『派出官員心得書』）において、年貢を納めている場合には本田畑と同じように所有となるからである。したがって、奥津実は、「御維新以前ハ村持ト申テ官民ノ差別ヲ不弁」えなかった。民有地であるならば「民地何山ノ上納何ノ誰分」としたことがわからない土地については、すべて官有地となる。明治以前においては、個人の所有ノ確証アル田畑スラ勝手ニ売買」することができなかった。「質トカ書入トカニテ譲渡」をしていただけであった。山野においても、「村持」と言っても、すべて官有地に入って「下草薪等伐」しているが、それらは「冥加ナリ運上ナリ」の稼だけ「冥加」であって地盤はすべて官有地である、ということを述べている。

奥津実のこの発想方法は、のちの大審院判決（徳川時代に土地所有権は存在しない）が一部学説にひきつがれていく官僚的発想にほかならない。奥津実は、「村持」について「皆官ノ地」（領主の土地）へ入って「下草薪等」を伐採しているが、この対価として「運上ナリ冥加ナリ」を上納していると言う。これは、『派出官心得書』において「従前秣永山永下草銭冥加永等ヲ納入来リタト　トモ営テ培養ノ労費ナク全ク自然生ノ草木ヲ伐採仕来リモノハ其地盤ヲ所有セシモノニ非ス」（第三条）という派出官への所有認定の基準を知っていたからであろうか。林野に立入り使用収益をするために冥加等を上納しているだけの関係では、これらは雑税ないしは雑租であるために所有にたいする課税ではなく、したがって所有を認定することはできないが、「山年貢」として用雑に課せられる本租と同じ種類の年貢を上納していれば、所有と認定されるからである。

沓野部落の惣代は、奥津実にたいして、「町載許絵図面町裏書ニ東南ハ田中沓野ノ山タルヘシ」と記載されていて、

「村持進退山」であることを述べ、さらに「官林」というのは「奥山」のことである、と指摘している。そうして、民有を主張して下戻しを求めている山林が「御上ノ山地」（旧松代藩）であるならば、村が訴訟費用を調達して裁判をするはずがない、とつけ加えた。

これにたいして、奥津実は、「双方官地境界論」が生じても、裁判をすることができない。村の地籍であるから村々が裁判をすることになる、と説明している。奥津実は、ほかに証拠書類があれば提出するように言っている。

これらを経て、二月一日に沓野代表は帰村するが、竹節安吉は松代町へ行き、館三郎に会って報告している、さらに、所有を立証する証拠書類の必要なことについて館三郎に伝えたのであろう。

一七日には春原専吉が長野出張所へ行き、「沓野村訳書並御小役三役帳」を提出するが、この資料では所有がわからない。絵図面を提出することを求められる。これは当然なことであって、この書類では所有の証明にはならないからである。奥津実が裁許絵図の本書を強く求めたのは、沓野部落代表が旧松代藩の「御林」と沓野村の村持地とが絵図面上において明確にわかれているかどうか、ということと、裁許絵図「裏書」（裁決文）によって、所有の文字が存在するか、あるいは地盤を認めているか等の判断をつけることができるか、できないかを判定するためである。いったい、このときの沓野部落では、いかなる基準と根拠をもって所有を立証できる資料を集めようとしていたのか。一般的にいって所有認定となるべき法律的知識――地租改正についての知識、とくに、法令と所有認定の基準（『派出官員心得書』と、府県への指令――がなかったのであろう。また、このときには館三郎は資料の探さくを依頼されただけで、下戻しについて全面的に関与していない。

一八日に、関係者が集り、協議のうえ、一一日に長野出張所へ行って、「分村山訳粗絵図」を提出する。

これにたいして係官は、これは「分村極之図面」であるから、これの写をつくって「両村持ノ区分」と「官林ト」

を「色分」けして提出することと指示している。ここでも沓野部落側では、長野出張所の意図するところが明確にわかっていないのである。長野出張所の奥津実が求めたのは、官林（旧松代藩町林）と村持ちを明確に示した色絵図なのである。

二二日に代表らは長野出張所へ行き村分けの色絵図を提出するが、そのときに奥津実は、「立木払下等の願出成しハ御採用向も」あるが、土地を民有に引戻すという出願に応ずることはできない。所有の確証といって「村控状」を出しても、これだけでは民有地であることの区別はつかない。住古より民有地であるならば、「山野ニ付何カ植付けるとか、「人夫」を入れて費用を掛けるとかならばともかく、山林全体に「定額籾年貢」を納めて、「自由ニ進退」していただけでは所有は成り立たない。よってこれまでの書類を返して、確証があったならば出願することと指示した。

同日、沓野部落の総代は松代町へ行き館三郎に会って報告する。

地理局長野出張所の係官は、林野所有の認定として明治九年一月二九日の地租改正事務局議定『派出官心得書』ならびに、明治八年一二月二四日の地租改正事務局達乙第一号に準拠して発言しているのである。

つまり、係官は、林野において「培栽ノ労費」があることを所有の基本条件としているのである。

沓野部落の代表は、館三郎にたいして文久年間の絵図面と沓野村の答書の探さくを依頼している。これらの本書が沓野部落にないためである。この探さくは矢野唯見にも依頼した。そればかりではない。絵図面について、「肴町住ウラナイ」にも、その存在の有無を見てもらっているのである。沓野部落の代表が、いかに絵図面について固執しているのかがわかる。

この後、館三郎にしばしば会い、絵図面の探さくは、さらに、館三郎を介して旧松代藩の道橋奉行所に属していた中沢義市にも依頼する。

二一日に、沓野部落惣代は地理局長野出張所へ行き『伺書』を提出する。この『伺書』がいかなる内容のものなのかは明らかではない。これにたいして係官は二二日に代表を呼び出して、戸長と用掛りの印判がないものは受取れない。「小前」（一般百姓）が騒ぎ立てるために、当時の村吏が不調法のために民有とすることができなかった、という理由では済まされない。「小前」の者へよく言い聞かせよ、と言う。

これにたいして代表（春原専吉と竹節安吉）は、用掛りではないが、沓野部落より委任をうけていて、用掛りの印判も受けている。村吏が住古からのいきさつを知らないで証書も取調べないでしたことであり、そのために私共に願書の提出を任せたのである。よって、古書を探さくして出願する、と答えている。

その後において、ただちに村内の村吏が旧用掛りを招集して協議をするとともに黒岩市兵衛を代表として委任し、これによって、春原専吉・竹節安吉・黒岩市兵衛の三名が民有引戻しの総代となってあたることにしている。

二九日には、館三郎に会っているが、この日の項目に、「文久古絵図見出ニ付写ヲ取」と記されているが、この古絵図は館三郎が見つけたものなのか、沓野部落にあったものかは明らかではない。古書の探さくには、佐藤喜惣治も加わり旧松代藩士にあたっている。

この、二月の古証書探さくのあわただしさのなかにおいて、沓野部落では、館三郎にたいして、古証書探さくの依頼を出している。

二月に入って古証書の探さくは急速に進められ、沓野部落の者の松代町への出張も多くなるが、松代町では、館三郎がその中心となって協力している。つぎの文書は館三郎への協力の正式な依頼である。二月とあるが日付を欠いて何日に出されたのかは明らかではないが、惣代が竹節安吉と春原専吉の二名であるところから、右の両名が沓野部落と湯田中部落の民有引戻しについて総代を委任された二月三日以降であることは確かである。一八日、一九日に沓野・湯田中両部落の幹部が集っているので、この席において決められたものであろう、というのは一つの推測である。

歎願書

当村内往古より年々籾八表四斗壱升八合山御年貢上納仕り来り候処、明治八年御改正に付、石高上納にこれなき山林は公用地に相成るべき旨、長野県御出役より御達しに付、当時役員の者共公用地の何者たるを弁えず、ただに御趣意を遵奉罷り在り候処、其後公用地はすべて官有地と御改称相成り、然るに村吏始め村方一同山林の義は名称の変りたるのみにて、従前の如く山稼相成るべくと心得居り候処、追々御官林の御規則御公布に付、一同愕然として始めて山稼相成らず、驚き、一村の安危にかかわり候に付、今般協議の上地理局え歎願仕りたきに付ては、旧藩利用御掛り嘉永元申年より明治三午年当村奥山林御境御改等に御掛り務め、古昔よりの情実明了に御承知ニ就き前件村方困窮の場合御洞察成し下され、旧来の地籍民有の確証旧御藩に於て御取り扱いの書類御教示成し下し置かれたく、右御助力を以って歎願御許可罷り成り、一村人民願意貫徹仕り候より、私共に於て応分の御受仕り御報恩仕るべく候、依て連署此段御含み仰せ立てられ成し下されたく、懇願奉り候以上

下高井郡穏村の内沓野

明治十二年二月

願人惣代　竹節安吉印
同　断　春原専吉印
用　掛　西沢寅蔵印
同　断　竹節伊勢太印

館　三郎殿

右の『歎願書』は、館三郎にたいする、「旧来の地籍民有の確証旧御藩に於て御取扱いの書類」の探さくの依頼書である。これによると、館三郎は旧松代藩の利用掛りとして、嘉永元（一八四八）年から明治三（一八七〇）年まで一二年の間、沓野村の奥山の山林境界等にたずさわっていたことになる。そのため、民有地への引戻しを出願している旧沓野村持地の実情を知っているということで、民有の確証がある文書の探さくを依頼したのである。この『歎願書』には、沓野部落の民有引戻し惣代の竹節安吉と春原専吉のほかに、用掛りの西沢寅蔵と竹節伊勢太が連印している。用掛りが入っているのは、村方の役人という性質をもっているためで、書類形式上において村役人がこれを保証するものである。いわば公証のようなものである。したがって、公証人としての村所有を確認したことを意味するものではない。この『歎願書』は、沓野部落が自発的に出したものか、もしくは館三郎の要求によるものかは明らかではない。『歎願書』の末尾に、「私共に於て応分の御受仕り御報恩仕るべく」とあるのは、館三郎にたいする謝礼のことである。「応分」ということだけで謝礼の金額の記載はないが、相当の金額ということであろう。

委任状には、別に沓野・湯田中部落の共同のものがあって、表題は、『村方困難の手続書』であり、内容はほぼ同じである。この二つの委任状において問題なのは、明治七年に「山地券証御下附」ということと、これにつづいて、八年に「籾上納の山杯は公用地と称」することを派出官員に言われたといい、さらに、「公用地は官有の名義」になったということである。ここにいう『山地券証』なるものの性質が明らかではないが、私有地地券だとすると、いったん私有地になったあとで「公用地」（公有地）となり、つづいて官有地になったのであろうか。あるいは、『山地券証』が公有地地券なのであるのかは明らかではない。また、別に、官有地から公有地、そして官有地という過程も考えられる。いずれにしても、山林原野官民有区別によって官有地に編入されたようである。

沓野・湯田中両部落が館三郎に委任状を出したときには、両部落が求めている絵図面と裏書だけでなく、引戻しに有効な文書ということになっている。したがって、どの文書が民有地を立証するするのに有効なのかを判定しなければならないことになり、館三郎としては、そこから沓野・湯田中両部落の民有地への引戻しに深くかかわりをもつようになった。

文久年間の絵図面について館三郎は、「絵図面外書面ハ調印ノ上村方」、渡すことになっているので、そのときの村役人のところを探さくするように、と指示した。その結果、この絵図面を探し出して、矢野唯見・三沢刑部・松本芳之助の旧松代藩士と館三郎に報告している。

この後において、沓野部落の惣代は、館三郎と矢野唯見を中心にしながら、引戻しの願書の作成に入る。地理局長野出張所では、「志賀御立替林」について、「旧官林」として引継ぎをうけているので官林であるという。しかし、旧松代藩とは「志賀立継立木御払下伐木跡地民地ニ付村方へ御返山」という約定があり、これについて旧松代藩より地理局長野出張所へ引送りされているのではないか、ということを館三郎に相談して願書を提出することになった。

『日記簿』によると、三月から四月に入ってからは、矢野唯見が参加して館三郎との会合では、なぜ「志賀山御立替林」が長野県へ「引送り」になったかが問題になっている。これについて、「旧藩大参事長谷川様」（旧松代県権大参事・長谷川昭道）を矢野唯見が紹介して書面を出すことになった。矢野唯見が引戻し運動に参加したことによって旧松代藩体制による強力な中枢が形成されたのである。

ところで、明治一二年四月の日付がある、館三郎が関与する文書は二つあって、いずれも日付を欠く。文書の内容からいえば、竹節安吉と春原専吉が館三郎に出した文書があとで、農商務省へ出した文書が先ということになると思われる。しかし、実際にはどちらが先なのかはわからない。すでに、館三郎にたいしては、明治一二年二月に沓野部落の願人総代等から『嘆願書』がでているし、同じ二月にも願人総代等から『村方困難の手続書』という表題の嘆願書がでている。ついで三月には、沓野組・湯田中組両総代から『御縋り嘆願御請書』を出している。ここでは、沓野部落（組という表示）の惣代が館三郎にだした四月の『請書』（『書付を以って御請申上げ奉り候』）掲出する。(1)

書付を以って御請申上げ奉り候

湯田中・沓野両組山林現今一等官有山林と相成り候義は、御布達奉載明治七年御書上仕り候義にて、一体公有地は村民入合稼山、入山自由進退所有地同様相心得、上帳の処地券則公有地にて御下附に相成候次第、同八年に至り再御改正にて、公有地は都て官有地に相成り、木品立木取調御書上仕候、全く御趣意の事実一同不案内の取調べ上帳に依て一等官林に編入相成り、追々参入禁止の御規則にも立至り候趣承り及び、往々山稼の人民行立ち難く必至と難渋に及ぶべき事柄、一同心配役場に於ても等閑に相成る間敷説諭これ有り、彼是の内地理御掛り官椎名殿御派出、禁足入山御差止種々御達の趣これ有り、打ち驚き村史一同心配嘆願数度に及び候えども、さらに御採用これなく、学校永続の名目を以って同十年御払下願い奉り候へども御採用相成らざる折柄、同拾壱年四月二日、五月十日限り引戻し願これ有る分は確証相添え出願致すべき旨御達に付、延宝七未年山論裁許絵図を以って出願の処、同年八月に至り官民の区別判然の証拠には不都合の趣にて、御採用これなく御下戻し相成り、村吏、村方一同心痛方向取失ひ其儘に打過居候節は村民活計相立難く、これにより村吏并に旧頭立、重立、山見、山改等へ集会に及び、惣代撰名委任の事相定、同十二年一月中内務省地理局長野出張所へ民有御引戻しの確証相添へ出願仕候処、局長奥津実殿仰せの趣き、民有引戻し証書には山林にたいする書類并に従前の上納賦課帳差出すべき事御口達に付、帰村仕り組内協議仕候処、旧藩御林境立御掛り館孝右衛門様文久三亥年御達にて官民色分絵図面御調の砌、村方心得書御答書相添差上置候処、古来の履歴御書入御裏書の上、慶応元丑年閏月御調の写村方にこれ有り、然るに本書は相見え申さざる次第、多分旧藩え差上置候と覚これ有り、先づ以って村方扣絵図并に答書其他古証書数通相添え、地理局出張所へ出願候処、局長御説諭にて先般上願の趣民有地に引戻し呉候義は容易ならざる義、剰さえ確証と申す中にも村扣写杯差出候迚も確証には相成らず、都て本書差出す事且つ本書たりと雖も不正の義は鑑定方にて明了検査の上、採不採は夫々理由に生し申すべし、本書と雖も延宝度裁断絵図面にて書御添書成し下され候上、両組印形日延落印の分調印御用序を以って差出申すべき御達の受書御見出に相成り、必ず旧名主役の内には所持致すべき段御教示成し下され、直様帰村取調候えども相見え申さず、殊に当名主松右ェ門死失にて、何方に差置き候哉村方写絵図のみにて本書は知れ兼ね、数ヶ年相過ぎ聢と覚えこれなく候えども、本書落印日延調印の上御掛り様へ御用序に差上候様仰せられ、旁に同人之申す通り絵図答書相渡し候、其節同人病気中失念候哉、折柄の上引続き外国事件并に長州征伐等にて御掛方様方御不在に相成り、其上松右ェ門事高之助と改名の砌にて字違の義伺不行届、彼是の内徳川様大政返上、維新の御引継間違御取消願の義御聞届に相成り、仍って旧県に於ても御引直し相成候様権大・少参事御両方数日長野御止宿御歎願成し下され候て、本県に於ても御聞届に相成り侯義に御座候、茲に於て確証取揃え、再四地理局へ願い奉り、御採用に罷成候義前条の次第にて該本書此上願の通り御聞届迄御下渡成し下され、有難き仕合に存じ奉り候、願の通り成就仕り候上は、改めて順序を以って願上奉り候へば、文久三亥年御取調掛地元名主へ御下渡下さるべく候段、御承諾成し下され、御情の御意有難き仕合に存じ奉り候、此段御受書差上奉り候処、仍て件の如し

下高井郡平穏村

沓　野
湯田中　両惣代

明治一二年四月

竹節安吉
春原専吉

館　三　郎殿

右の『請書』は湯田中・沓野両組総代から館三郎にたいして出したものであるが、両組の惣代（総代）には、沓野部落の竹節安吉と春原専吉の二名がなっていて、湯田中部落からは惣代としての参加がない。その理由については明らかではないが、湯田中部落では山林引戻しの惣代を沓野部落の二名に委託しているからであろう。また、沓野部落の黒岩康英の名前がないが、この文書が出されたときには、黒岩康英はすでに他の文書では惣代に両部落から委任されていて名前がでているのであるから、なぜ欠落しているのかもその理由は明らかではない。

この内容は、これまでに山林引戻しについての経緯であり、内務省地理局長野出張所に引戻しの出願をした際に、民有地への引戻しを請求するならば、証拠書類の本書を提出することを指示されたために、本書の探さくを依頼したものである。とくに、御林と民有との区別を示す色絵図の探さくの依頼である。この文書には、館三郎に文書の探さくを依頼するまでのいきさつが述べられている。

以下に、その内容と要点を記す。

湯田中・沓野両組の入合（会）地が「公有地」になり、この「地券」が渡されて、会詠、入山が自由におこなわれたところ、明治八（一八七五）年に官林に編入され、さらに一等官林に編入されて入山禁止の措置がとられたために、山稼ぎができなくなって生活が困難になっていることがまず述べられている。沓野・湯田中両組はそのために明治一〇年に「学校永続の名目を以って」・「御払い下げ」を願い出たが許可されなかった。明治一一年四月二日に、同年五月一〇日限りで、もし引戻し願いを出したいならば確証を添えて出願するようにとの「達」があったので、延宝七年の山論裁許絵図を添えて官林の引戻し願を提出した。しかし、同年八月になって「官民の区別判然の証拠」にはならない、ということで却下された。そのために村史・旧頭立・重立・山見・山改などが集まって相談して「惣代」を選び、彼等に民有引戻しのことを委任して、一二年一月に内務省地理局長野出張所へ確証を添えて民有引戻しを出願した。この下戻しの願書にたいして内務省地理局長野出張所の奥津実は、民有引戻しには「山林に対スル書類並に従前の上納賦課帳」が必要であるから、それを出すようにと云われた。沓野組で協議したところ、去る文久三年に松代藩の館孝右ヱ門（館三郎）が『官民区分絵図面』を作成し、それに「古来の履歴」などを裏書として書き加えて慶応元年に村方に下付した写しがあることがわかったが、本物は見つからなかった。そこでとりあえずその控絵図やその他の古証書を添えて再度地理局長野出張所へ出願した。しかし、奥津実がいうには、民有地引戻しの証拠には控書類ではなく、本書でなければならないし、たとえ本書でもあやしいものは鑑定し吟味する。延宝の裁許絵図は官民の区別を判定するには十分な証拠とはいえない。しかも調査したら、志賀山は松代藩から長野県へ移管され、官林に編入されていることが判明した。ことに官林は竹節吉五郎に立木の払い下げが許可されているので、詮議にはおよび難い。したがって過日受理した民有引戻し願いは却下するつもりである、というのであった。これに驚いた村方では、旧松代藩に問い合わせて出願し、本書も調査するということで猶予をしてもらった。しかし、村中で色分け絵図と答書の本書を探したが見つからなかったので、旧松代藩の掛りであった館三郎先生に救助を願い出たのである。しかし、旧松代藩では、度々の出火によって書類が消失しているために、館三郎先生が書留められていた控えを調べたところ、慶応元年の「色分絵図」ならびに「答書御裏書に添書きしてもらった。そのうえ、沓野・湯田中両組の「印形日延烙印の分」について差出すようにとの「達」も見つけ出されたので、旧名主が持っていることを敎示された。しかし、名主宅を探しても種々の事情から発見することはできなかった。そのうち、徳川家が大政奉還し、「維新の御引縦間違」によって、これを取消し、「引直」することに、権大参事（長谷川昭道）・少参事（矢野唯見）が数日間にわたり長野へ出張されて「御歎願」をしてくれたために、長野出張所が引戻しの願書を受け取ることになった。そのために「確証取揃え」て提出した。引戻しの出願の通り許可されたならば、「改めて順序を以って願上げる」ので、文久三年の「御取調掛地元名主へ御下渡下さる」ことも承諾された。

このようなものであるが、文意がわからないところがある。館三郎と惣代の間では、内容はわかっていたのであろう。しかし、それにしても、この『請書』がなぜ出されたのかが今一つわからない点がある。それは、すでに二月に、館三郎にたいして沓野部落の惣代（竹節安吉・春原専吉）・用掛（西沢寅蔵・竹節伊勢太）から『歎願書』が出されており、また、沓野・湯田中両部落の惣代連署の『村方困難の手読書』という協力要請の歎願書が出されているからである。もっとも、内容については、右の二つの文書よりも長く、かつ、同じ四月に内務省地理局長にたいして出した引戻しの出願書の内容に近いものである。この『請書』は、その内容において、四月二一日に内務省地理局長へ出した引戻しの出願書（『奉歎願候』）について触れているところから、四月二一日以降に館三郎にたいして出したものであろう。ということになると、出願書が内務省地理局長野出張所で受理されたことから、それまでのいきさつを記したものを再度提出したことになる。それにしても『請書』を出さねばならなかった真意が今となってはわからない。館三郎が要求したものか、惣代が自発的に出したものかも明らかではない。いずれにしても館三郎によって、提出する書類の重要部分が整ったことを示しているのである。

四月中旬までに、惣代らは館三郎と矢野唯見と協議をして出願書の草案を作成し、一五日・一六日になって引戻しの出願について沓野部落・村吏の関係者が集会をもち、出願書を書いて、一七日に、春原専吉・黒岩康英・竹節安吉・児玉仁助が地理局長野出張所へ行くために長野へ行く。二〇日には佐藤喜惣治が加わって、二一日に地理局長野出張所へ引戻しの願書を提出した。このときの出願書には、戸長の吉田恩右衛門が出張中で不在であったために押印がされていない願書を提出している。したがって、四月二一日の『奉歎願書』には、日付はそのままで、のちに副戸長・吉田忠右衛門の印が入ることになる（読み下し。『和合会の歴史 上巻』）。

奉歎願候

当平穏村は、御維新後に旧幕府天領の上条村と旧松代領の湯田中・沓野両村とが合併したものです。右の内湯田中・沓野両村は御管下の東に当り、上州・信州国境にある横手・赤石の両高山続谷間にあって薄地であり、とくに沓野組は、少高ニテ多人員耕作のみニテは引足らず、大概山稼営業相続罷リ在り候、然ル処明治五年地租御改正ニ付耕地はもちろん山野地検取調べ、上帳仕り候様御達これ有り候ところ、素より地方不案内で御布達の御廉々弁えず心得違不調法別紙の次第御訴訟申し上げ候。且村方人民末々の者共公有地と申すは村民入会稼山御年貢上納進退自由の場とのみ相心得、旧松代藩野山と相唱え来り候、他村入会山とは異り従前の山御年貢上仕納り候ハヽ、山入稼罷リ成るべき義と相心得罷リ在り候程の僻地で頑愚候ところえ御趣意の御規則これ有る事ニ付、明治七年七月上帳仕り翌八月山地券御下渡し相成り同年九月中御達ニ付境界ならびに木品何々種、木数何本書書上ぐべき旨仰せ付けられ候ニ付、村吏ニテも広大嶮岨の山地急速取調べ御書上仕り兼ね候趣申立候処、凡そニテ宜敷候間御雛形ニ応シ書上候様仰せ渡され候ニ付、余岐（義）なく大概木品之名称并に木数坪割ニ見做シ、其節の村吏実際ニ渉らず候えども、凡その処取調べ、同年九月十一日差上げ奉り、猶亦同八年ニ至り公有地の分すべて官有地と仰せ渡されこれ有り、同年七月中官有地の内追テ御貸渡し相成るべき趣御布達ニ付、村方山稼業およそ年中大積り御書上仕り候。然ル上は御払い下げは如何か、御貸渡だけは追々御沙汰次第御願立致すべきと村民一同え村吏より通達ニ付、銘々家業ニは差し支えこれなき事と愚昧の者共心得罷リ在り候処、同年八月二八日租税課地理係より御達の趣キヲもって旧奥御林改正岩菅御管林之村持公有地すべて一等管林え組込み仰せ渡され、改正の御規則これ有る御趣意と扱所の説諭これ有るニ付、一同驚入り段々の御規則も相弁え兼ね、御布告の御廉々闇愚ニシテ後悔の至リ恐れ入り奉る御儀ニテ、従来村持進退自由の山地ひとまずは公有地、再びには官有地、再三ニは一等官林組み入れに相成り候儀誠に難渋の至り。古昔ヨリ山御年貢上納其外先年中由縁の古書証蹟確乎タル品々これ有る義ヲ御改正村吏ニテは実蹟取調べ不行届。村民一同ニテは御一新の有難き御改正の御規則、御趣意ヲ守リ、御達の通り堅ク相心得候義はもちろんニ存じ候処、古書証蹟も申し立てず故、御官林の御趣意ニ相成り、実にもって活計相立たざる次第、村吏え相迫り候処、村吏の心得モ永ク拝借山ニモ相成るべし、容易ならざる有難き仕合せ御改正御達の通り相調べ差し滞りこれなき様勉強取調べ候えば、永続村吏ニテ有り難き御時節と愚民の人情世評のみ精神ヲ相奪わレ御規則或は御趣意と申す事は必ス御達ニ基キ差上げ候様仕り度く、一ト筋ニも陥り、此の如く御手数歎願書奉り候次第ニ罷リ成リ、加ルニ村持山秣場迄一等官林と罷リ成リ歎ケ敷次第、活計相立がたく旨重て村吏え相迫り候ニ付、止むをえず同十年四月中御官林中御払い下げ等願い奉リ候処、地所は払い下げ難く、立木は追て何分の沙汰ニ及ぶべしの御指命ニ付扣え罷リ在リ候処、右願意相叶わず、追年痛心歎悲仕り詮方なく途方に暮れ罷り在り候折柄、明治十一年四月二日乙番外御布達五月十日限り右御布達五月中到来ニ付、日切日限ニも相成るべく候得共、従来僻地御達事遅延勿論ニ候えども、日限切ニ至リ申さざる様大ナル証蹟書ニテ尤も実正の確書ニ付、延宝七未年山論御裁断御裏書絵図面裏書写書ヲ以って願奉り候処、同年八月中ニ至リ御採用相成らざる趣仰せられ、猶亦引続き歎願仕るべき処日限後に罷リ成リ愚昧の人民彼是歎願仕るべき哉と昼夜心痛仕り実に方向取失ヒ、村民日々活計立兼ねる族塗炭の苦痛見ルニ忍びず、これに依り旧頭立・重立・名主・山見・山改等え止むを得ず一同協議仕リ候処、古来より譲渡等致し候民地ニテ一村申談の上は、勝手ニ名主役元ニテ取扱い進退仕り山御年貢往昔ヨリ上納仕リ候山林秣場、公有地ニナリ官有地ニナリ遂ニ一等官林え組み入ニナリ、村方進退耕作栽培養や産物工造の営業既ニ絶え、必至行き立ち難き場合ニ至リ一同驚き入り、旧村吏ニテは従来の確証取調が、不行届であり、地租改正村吏同様此上は一同歎願古来の証書類穿鑿取揃え、不都合千万の廉御取消の御縋り歎願奉り度一同決心仕り候

一古書証書類絵図面由縁等之儀左の通り

一延宝七未年十二月十二日山論御裁断御裏書絵図面壱枚。右由縁寛文年中同国旧御料所夜間瀬村外三拾五ヶ村入会の由ニテ、当村持山え盗木伐仕り候ニ付、旧幕府え出訴仕り、此出訴仕り候書類焼失仕り候続テ延宝年中ニ至リ旧幕府御裁判え出訴仕り候処、数年ヲ経テ同七年未年十二月御裁断御裏書絵図面之通り上条村外二ヶ村等境界判然タル上は、全ク民地ニテ村持進退相違これなき義ニ御座候、然ル処素ヨリ山稼極難の村方ニテ数年の出入中雑用多分ニ付、旧領主ヨリ御恩借金の義手段も不行届、これに依り願い奉り表裏岩菅山は奥御林続ニ付引当ニ差出し、然ル処夜間瀬村組合の者共先年盗入候悪習ニテ入山仕り候得共、手遠の場所防ぎ難く、これにより私立御林の名義申立て、御威光ヲ以って右村盗山入禁足罷り成り、尤村持山先規の如く山御年貢相納り且つ御恩借金御元金返納仕り候上は村方え御返山成し下され候段、勿論御聞済し相続罷り在り候義ニ御座候

一安政二卯年七月湯田中・沓野両村土目録并に山地訳一条差し縺ね出訴相成り、其節済口証書并に略絵図面共確証、右は湯田中・沓野両村土目録并に山地引訳ニ付済口証書の通り山地惣体の内ヒト通り沓野村ニテ山多分引受け、右趣意代金百両差出し、湯田中村ニテ受取り、其上沓野ニテ土目録引訳ニ付金六両宛永久湯田中村へ差し出すべき義は、山地自由進退且つ譲渡并に質地年季ナリ勝手ニ致すベク趣意ニテ悉ク示談相整い、旧藩御奉行所済口証文差し上げ方今ニ至ル迄自由進退稼ぎ且つ村方非常困窮力余岐なき次第の時々は、立木年季ヲ以って譲渡の義は一村申談、従前村方役元ニて決着取り極め罷リ在リ候義ニ御座候

一文久三亥年三月信州・上州・越州の国境ならびに奥御林と山御年貢上納進退自由山ト境界色訳絵図面并に村方ヨリ差上げ候答書添確証

右は奥御林改正以来岩菅御官林元禄年中ヨリ度々御見分、続テ文化度ヨリ安政ニ至リ御取調べ往昔ノ古絵図御引合の上御林と村方入会自由混淆の義ニ付、文久三亥年ヨリ慶応元丑年迄細々御取調べ相成り、絵図裏書の上村方え御下ヶ成し下され、公私境界判然と罷り成り居り候義ニ御座候

一旧松代藩皆済土目録　弐通

一長野県皆済土目録　弐通

右は山御年貢従前ヨリ上納、明治七年迄の分土目録ニこれ有リ同八年分納切手旧大区ヨリ受取りこれ有り候、九年ヨリ以来は山野税御調中ニ付山野税都テ上納仕らず候

一文久三亥年琵琶池佐野村代水流末数ヶ村示談書写壱通

一文久三亥年琵琶池佐野・湯田中両村代水ニ差出し取り替し証書　壱通

右証書の通り旧藩ヨリ金三十両御手充湯田中村より金三十両金六十両沓野村受取り、代水ニ差し出し候義ニ御

座候

一大沼池并に長池、丸池、沼池の義は、文政年中村方用水引入土堤樋立方今永続畑直し増上納相続罷リ在リ候右の趣手続并に古書類等追々尋ね出し、御　に入れ奉り候処相違御座なく候、且つ旧村不行届ニテ右の如ク村持証蹟これ有る義ヲ粗忽至極ニテ、御改正の御趣意心得違い仕り、是迄御書上等仕り実以って不調法至極の段は深厚恐れ入り奉り、一言の申上方これなき儀ニ候えども前書段々申し上げ奉り候通り山間僻地田畑狭少一村活計相立ちがたく候ニ付、従来山稼ヲ以って今日の営業罷り在り候者多分ニ付、相願意叶わざる節は一村半ば廃絶ニも罷り成るべき哉と実々以って恐れ入り心痛至極ニ存じ奉り候のみニこれなく、僻地頑民如何様心得違仕るべきもはかり難く、是亦別テ心痛の限ニ御座候間、何卒特別の御憐　ヲ以って是迄御書上仕り候心得違の義は、御取削成し下し置かれ、民地御引直し御調べの程深ク歎願奉り候　以上

明治十二年四月二一日

右村惣代　春原専吉
〃　竹節安吉
〃　黒岩康英
代議人　山本専左衛門
〃　山崎要吉
村用掛　西沢寅蔵
竹節伊勢太
宮崎善右衛門

宮崎与助
副戸長　吉田忠右衛門

地理局長
内務権大書記官　桜井勉殿

右の『歎願書』においては、まず、沓野部落（旧沓野村）と山林とのかかわりについて、沓野部落では土地が「薄地」（劣悪）であるために、耕作のみでは生活することができず、多くの者は「山稼」ぎの「営業」をもって生活していたと述べる。つまり、日常の生活用品や肥料にする採草ばかりでなく、山林で得たものをそのままないしは加工して販売するというのである。したがって、そのために木も伐採する。旧沓野村では、「山年貢」を上納していた。この山林が公有地に編入されたときに、沓野部落では、「公有地と申すは村民入会稼山御年貢上納仕候ハ、山入稼罷り成るべき義と相心得罷り在り」とあり、旧松代藩時代と同じように山稼ぎが行なわれていて、「他村入会山とは異」なっていることを述べている。これは、公有地が村ないしは旧村（部落）所有であることによるのである。明治七年八月に「山地券」が渡されたとあるから、これは、公有地地券が渡されたことを意味するのであろう。同年九月になって、林木の詳細な調査が求められるが、九月一一日に大雑把な数量調査を報告する。ところが、翌八年になって、公有地が官有地に編入されることになり、七月に官有地を貸渡すことが通知される。よって、山稼ぎに必要とする数量の大体を書き上げて提出し、払下げについて打診したところ、貸渡しについて後日に通知するということであったが、八月二八日にいたって、租税課地理係より「御官林之村持公有地」はすべて「一等官林」にするという通知があった。このようになったのは、古くから本田畑同様に山年貢を上納し、その証拠書類があるにもかかわらず、地租改正にあった村吏がそれを調査しなかったのである。ついで山林は一等官林に編入されたために旧時のような山稼ぎができなくなり生活に差支えるようになった。明治一一年四月二日に乙番外という布達が出され、五月一〇日を限って払下げの申請を出すことになったが、この布達は五月中に来たもので、申請に必要な証拠資料の探さくをする隙がなく、「延宝七未年山論御裁断御裏書絵図面裏書写書」をもって申請したところ、八月に申請が却下となった。払下げを申請した山林は、「古来より譲渡等致し候民地」でもある。また、「一村申談の上」で、「勝手ニ名主役元ニテ取扱い進退」してきて「山御年貢」も「往昔ヨリ上納」してきたのである。

右のような趣旨である。文章は、館三郎が書いたこともあって難解であり、具体的に意味することがわからないところがある。官有地に編入された山林の返還要求であって、しかも、地租改正（御改正とだけあって、必ずしも地租改正とは限らない）の手続上に、これを担当した村吏に誤りがあった、というのであるから、所有を証明する証拠類と、地租改正の法令に示された私的所有に照応した論理でなければならない。しかし、そのことが前面に出され主張されているとは言い難いのである。

さきに、山林の引戻しに沓野部落の所有を証明する証拠書類として添付した。延宝七未年十二月十二日、『山論御裁断御裏書絵図面』は所有を証明する証拠能力がない、ということで却下されたが、今回の引戻しの申請書（『奉歎願候』）では再び添付された。館三郎は、はじめ、沓野部落の代表による引戻しに必要な旧松代藩の資料の探さくから、矢野唯見等の有力旧藩士の協力を得て、次第に深くかかわりをもち、引戻しの歎願書の作成にもかかわるようになる。そうして、さきに提出して保留となった山林引戻しの申請書に新しく所有の証拠書類の補充を行ない添付を必要とするために資料を探さくして追加した。

かくして、館三郎がかかわりをもった引戻しの申請書（『奉歎願候』）は、明治一二年四月一一日に、内務省地理局長内務権大書記官・桜井勉のもとへ提出された。この歎願書に添付された証拠書類はつぎのごとくである。

一、「延宝七未年十二月十二日、山論御裁断御裏書絵図面」
一、「安政二卯年七月、湯田中・沓野両村土目録」ならびに「済口証文」
一、「文久三亥年三月、信州・上州・越州国境絵図」ならびに松代藩「奥御林」についての「村方答書」
一、「松代藩皆済土目録」
一、「長野県皆済土目録」
一、「文久三亥年、琵琶池佐野村代水流末数ヶ村示談書」
一、「文久三亥年、琵琶池佐野・湯田中両村代水取替証文」

このほか、「大沼池・長池・丸池・沼池についての古書類を追々提出する」と記されている。

これだけの書類をそのまま提出しただけでは、国有地（官林）の引戻しを担当する内務省地理局が、容易にその内容を理解し、それによって所有を判定し国有地の引戻しを行なうとは考えられない。すでに、官有地と民有地の所有権の区別については、明治六（一八七三）年三月二五日『地所名称区別』（太政官布告）が出され、ついで七月二八日には『地租改正法』（地租改正条例、上論・太政官布告）が出され、さらに、明治九年一月二九日に、地租改正を管掌する地租改正事務局から各府県へ派出する担当係官にたいして『昨八年当局乙第三号同十一号達ニ付山林原野等官民有区別派出官員心得書』（通称、『派出官員心得書』）という所有認定の業務にあたる地租改正事務局の派出官吏にたいする基準を示す厳格な指示書が出される。これらに照し合わせてみるかぎり、証拠書類の表題からだけでは、所有確定の証拠とすることについては不足である。これを補って、所有を認定する証拠としたのは、館三郎の文章力であり、提出した文書についての確認ならびに保障であり、資料解説なのである。

『歎願書』に添付された、旧沓野村の所有を示す証拠書類のうち、「延宝七未年十二月十二日山論御裁断御裏書絵図面壱枚」とあるのは、さきの一月に地理局長・桜井勉に提出したものであり、却下となったものであるが、ここで再び証拠書類として提出している。その「裏書」は以下のごとくである（裁決文はわかりやすくした）。

なお、この延宝七年の裁決書を再び添付書類として提出したことについて、つぎのごとく説明している。

（裁許状）

右由縁、寛文年中同国旧御料所夜間瀬村外三拾五ヶ村入会の由ニテ、当村持山え盗木伐仕り候ニ付、旧幕府え出訴仕り（此出訴仕り候書類焼失仕り候）、続テ延宝年中ニ至リ旧幕府御裁判え出訴仕り候処、数年ヲ経テ同七未年十二月御裁断御裏書絵図面之通り上条村外二ヶ村等境界判然タル上は、全ク民地ニテ村持進退相違これなき義ニ御座候、然ル処素ヨリ山稼極難の村方ニテ数年出入中雑用多分ニ付、旧領主ヨリ御恩借金の義手段も不行届、これに依り願い奉り表裏岩菅山は奥御林続ニ付引当ニ差出し、然ル処夜間瀬村組合の者共先年盗入候悪習ニテ入山仕り候得共、手遠の場所防ぎ難く、これにより私立御林の名義申立て、御威光ヲ以って右村盗山入禁足罷り成り、尤村持山先規の如く山御年貢相納り且つ御恩借金御元金返納仕り候上は村方え御返山成し下され候段、勿論御聞済し相続罷り在り候義ニ御座候

信州高井郡田中村（湯田中村）・沓野村と、同国同郡夜間瀬村並びに上条村、三方山境の紛争について判決する一田中・沓野よりは、竜王・風原・剣之峯が境であることを主張する。これにたいして夜間瀬村は、五輪峯・乙見沢・やせ痩小根・長つる弦根が境であって、里方三十五ヶ村より入山金を取り入会っていることを主張する。

また、上条村は双方の間に位置していて、五輪峯・しお塩じ路・とかげ蜥蜴池・乙見・竜王岩・焼額・ひる蛭の倉七ヶ所がすべて内山であって、両村が主張する論所の奥山とは、峯切り・水流切りに堺を定めた処、双方が論地にたいしてその権利を申出て訴えた。そうであっても、夜間瀬村より上条村を境の内へ引入れ、その後において度々その境筋の主張が異なるのは理屈が成り立たない。また、上条村より古道並びに木の伐りあと迹をもって証跡として主張するが、その主張が相違ないもであっても、是れもまた地境がはっきりとしない。ただ、沓野・田中が主張する湯宮より竜王峯までの境の確かであっても、風原・剣之峯の論所について明らかではない。その外三方共に証文と証跡についても正確ではない。

一今度糺明の上、西は湯宮・弥勒峯・聖岩より五輪峯の平を下り、沢を越え、また、塩路より竜王峯にいたるまで沓野・田中が主張する境を用い、それより南方へ峯続き奥山、東の方へは大洞沢まで見通し、かつ東北へは雑魚川を隔てて堺を立てることにする。したがって、雑魚川より東南は湯田中・沓野の山とする。西北は夜間瀬山として上条村が入会うとする。

其外山手を出し入り来る村々これある旨、夜間瀬村これを申すの間、いよいよその通りとする。もちろん、新開発・新林一切してはならない。ただし、五輪峯より塩路山の間、後のちまでの証拠として境塚を五ヶ所築くべき事

一上条の内山堺は、湯宮・弥勒峯、聖岩より峯通り猿岩・城山・雀山を限り、これを支配・利用し、その外は夜間瀬一同の入会とする事。

一論地である山峯の名前について、三方より主張するところに相違はあるが、検討した上で絵図の面に書記すので、これに随うべき事。右、検使として梶四郎兵衛・内藤弥市郎へ派遣し、見分の上、これを評定衆が協議を遂

げ、絵図に裏書きして、堺通りに墨筋引き廻し、各々印判を加え、三方え下し与える。永く違犯してはならない。

延宝七未十二月十二日

喜右衛門　㊞（甲斐庄正親）（勘定奉行）
五兵衛　㊞（徳山重政）（勘定奉行）
内蔵允　㊞（杉浦正昭）（勘定奉行）
若狭　㊞（宮崎重成）（江戸町奉行）
出雲　㊞（島田守政）（江戸町奉行）
山城　㊞（松平重治）（寺社奉行）
石見　㊞（板倉重種）（寺社奉行）
備中　㊞（堀田正俊）（老中）
能登　㊞（土井利房）（老中）
加賀　㊞（大久保忠朝）（老中）
美濃　㊞（稲葉正則）（老中）

それでは、いったい、『裁許状』にみられる、幕府評定所へ出訴した側の沓野村と湯田中村の主張は、どのようなものであり、相手側の夜間瀬村と上條村の主張はどのようなものであったのか。

まず、（イ）沓野村と湯田中村の主張である。

夜間瀬村との境界は竜王・風原・剣の峯である。

これにたいして（ロ）相手方の夜間瀬村の主張は五輪峯・乙見沢・やせ痩小（尾）根・長弦根が湯田中・沓野との境界であり、里方三五か村から山手を取って入会わせている山もこの境の内である。

つぎに（ロ）右両村の間にある、上条村の主張である。上条村は五輪峯・塩路・蜥蜴沢・乙見・竜王岩・焼額・蛭の倉、の以上七カ所はいずれも上条村の内山である。湯田中・沓野村と夜間瀬村との争いになっている沓野村の奥山とは、嶺限り・水流限りを境としている。

このようなものである。

これらの主張にたいして、まず、幕府評定所は、上條村の主張について信憑性がないことを指摘して斥けた。しかし、地境を確定するとなると、双方ともに、この地境を明確にした文書ならびに、境界を明確に示す証拠物を欠いているいると判示したうえで、つぎのような内容の判断をしたのである。

一西は湯宮・弥勒峯・聖岩より、五輪峯の平を下って沢を越え、また、塩路より竜王峯にいたるまでは湯田中・沓野が主張する境界を認める。それより南方へ峯続きの奥山、東の方へは大洞沢まで見通し、かつ東北へは雑魚川を隔てて境界を定める。よって雑魚川から東南は湯田中・沓野の村山とし、その西北は夜間瀬の山とし、上条村は夜間瀬の山内へ入会うこと、また夜間瀬村へ山手を出して入会っていると言う村々（三五か村）は、右の山内でこれまで通り山稼ぎすること。ただしその山内での新規開発と、そこへ新林を仕立てることは一切禁止する。五輪峯から塩路山までの間には、後々の証拠として境塚（境界標識）を五ヵ所に構築することを命ずる。

一上条村の言う内山（村持山）の堺は、湯宮・弥勒峯・聖岩から峯通り猿岩・城山・雀山を限りとする。上条が村中としてこの内山で使用・収益することを認める、そのほかは夜間瀬の山に入会って毛上を採取すること。
一論地の山峯の名称は、村々において相違があるので、評定所が評議して定めた地名を絵図面に書き記すから、
今後は、これに随わなくてはならない。

この湯田中村（当時、田中村）と沓野村が、夜間瀬村と上條村の村境をめぐる紛争は、村と村との村界を決定する、という行政上の問題ではなく、村境によって林産物ならびに土地支配の権利関係の確定を決着するための私的権利の紛争であった。

しかし、判決では、沓野村・湯田中村の、この村境内における権利が、いったい、どのような内容の権利なのであるのかを具体的に示していない。

訴訟が幕府評定所で行なわれたのは、沓野村・湯田中村が松代藩領であり、夜間瀬村と上條村が幕府直轄領の天領だからである。もっとも、単純に村境を確定するのであるならば、中野代官所と松代藩との間で協議をして決定すればよいのである。それが、幕府評定所へ持ち込まれたのは、支配違いの村々が、権益をめぐって争ったからにほかならない。そこで、この点について判決をみると、「西は湯宮・弥勒峯・聖岩より五輪峯の平を下り、沢を越え、また、塩路より竜王峯にいたるまで沓野・湯田中が主張する境を用い、それにより南方へ峯続き奥山、東の方へは大洞沢まで見通し、かつ、東北へは雑魚川を隔てて堺を立てることにする。したがって、雑魚川より東南は湯田中・沓野の山とする」とある。右の範囲が、沓野村と湯田中村の地籍であることは、この判決によって明らかとなった。そのことが、ただちに所有を意味するのか、あるいは入会を意味するのかは明らかではない。しかし、村境を決定したことは、右の地域内は、沓野村・湯田中村の排他的権利があるものとみてよいであろう。なんとなれば、夜間瀬村・上條村は、

右の地境にある村野に無断で立入り、草木の採取をすることができなくなったのであり、池沼・川についても同じことが言えるからである。この点については夜間瀬村の入会とかかわりがある。

右の沓野村と湯田中村にたいして、上條村は西北の夜間瀬として決定された地域で入会うことができる。つまり、他村入会である。また、上條村以外の村々の入会については、夜間瀬村がこれを認めるのであるから入会地とする。ここでは、明確に入会権の存在を認めているのである。これにたいして、沓野村・湯田中村の地籍にたいして、判決には夜間瀬村・上條村ほかの村々の入会という文言はない。入会地ではないからである。

延宝七年の幕府評定所の判決は、評定所一座が加判した。その本書は、当事者（複数村の場合は代表）に渡される。この判決は、たしかに、沓野村・湯田中村にとって、幕府天領の村々との村境が明確に決定され、同時に入会地ではないことが判示されたが、それではいったい、沓野村内の土地にたいする権利の内容はどのようなものであるのか。これについては明確にされていない。それは、村境（山境）についての紛争なのであるから、村内の権益について判示する必要がなかったからであると判断されたからであろう。したがって、この判決は、少なくとも、夜間瀬村・上條村と、その入会村々にたいして対抗要件の確証となる。明治維新に際して、夜間瀬村・上條村と入会村々が、沓野村・湯田中村にたいして、同じ延宝度の紛争をくり返し、土地の払下げを策動したときに、延宝七年の右の判決が有力な証拠となった。

しかし、それだからといって、この判決がただちに沓野村（と湯田中村）の土地所有を示す証拠とはならない。なぜならば、山林原野の所有を決定する地租改正事務局の派出官員にたいして、明治九（一八七六）年一月一九日に出された事務の手引書である。『昨八年当局乙第三号同十一号達ニ付山林原野等官民有区別処分派出官員心得書』（以下、『派出官員心得書』と略称する）によると、その第一條では『官林帳』に組入れた山林原野については、官林であることの基本原則を適用するからであり、さらに、同第三條・第四条では、つぎのように指示しているからである。すなわち、第三条では、「従前秣永山永下草銭冥加永等ヲ納ムルモ曾テ培養ノ労費ナク全ク自然生ノ草木ヲ採伐シ来タルノミナルモノハ其地盤ヲ所有セシモノニ非ス故ニ右等ハ官有地ト定ムヘシ」とある。つまり、ここでは、所有認定について、領主に「秣永山永下草銭冥加永等」というのは、雑租であるという認識に立っていて、これらを上納しているだけでは田・畠のようにその上納が本租としては認められない、というのである。その認識には問題があるが、ともかく、所有判定の基準としているのである。所有認定には、「培養ノ労費」がなければならない、というのである。第四条では、紛争によって「領主或ハ幕府ノ裁判ニ係リ其原野ハ甲村ノ地盤ト裁許相成而シテ乙丙之レニ入会従来採薪刈秣等ヲ到来ル者ト雖トモ第三条ノ如キ地ニシテ外ニ民有ノ証トスヘキモノナキハ第三条ニ準シ処分可到」とある。この意味するところは不明瞭であるが、裁判において、「甲村ノ地盤」と判決されても、この「地盤」というのは、地籍という意味であって、所有とは認められないのであろうか。乙丙がこの地に入会っていても第三条に準じて「処分スヘキ」というのであるから、「培養ノ労費」を適用せよというのであろうか。これにたいして、「甲村ノ地ニシテ甲乙丙入会三ケ村進退或ハ三ケ村持ト明文」がある場合には、民有となる。判決に「進退」もしくは「三ケ村持」という文書があるだけが所有（民有）認定の基準となると認識しているのも問題がある。この例では、数村入会についての判定の基準であるから、一村の場合においては、その村が「進退」もしくは「村持」という文言があれば良いことにもなるが、裁判が行なわれていない、平穏無事に長年月を経てきている村支配には、文書がないことが一般例である。したがって、そのほとんどが適用外となってしまう。

延宝七年の幕府評定所の判決は、官林を民有地に引戻しを申請した、明治一一年の文書に添付されていた。これについて、官林を管掌する内務省地理局長野出張所は、延宝七年の判決が、官有民有の土地を区別する証拠とすることはできない、という判定をしている。しかも、証拠とすべき文書は藩の本文書であって、写しではいけない、というのである。したがって、すでに明治一一年の段階においては延宝七年の判決は所有を立証する効力がないことが明らかとなっているのであるから、本書を提出しても無意味ということになる。沓野部落にとっては、この判定は大きな衝撃であった。にもかかわらず、館三郎が関与した明治一二年四月二一日の、沓野・湯田中共願の民有地へ引直しの申請書には、再びとりあげられた。

館三郎が、沓野・湯田中の民有地引戻しに関与するのは、明治一二（一八七九）年からで、竹節安吉の『日記簿』によると、一月三〇日となっている。館三郎が、これまでに山林引戻しについて直接に関与した形跡はないから、官林引戻しについて直接に関与したのは、このときが初めてであろう。したがって、館三郎は官林の民有引戻しや、その根拠となる明治初年の地租改正の法令などはまだ知っていなかったものと思われる。沓野・湯田中組の惣代――この三〇日は、沓野部落の惣代は竹節安吉と春原専吉の二人――が、館三郎に申入れたのは旧藩記録の探さくであった。しかも、内務省地理局長野出張所・奥津実に、それらの記録が、旧藩時代に沓野村・湯田中村の村持（村所有）を立証する本書でなければならないことを指示されたのであるから（明治一二年四月の館三郎への竹節安吉・春原専吉への依頼書）、当然、旧松代藩記録・探さくということになる。旧藩記録といっても、まだ、明治政府の中央官僚体制は、その地方体制を完全に確立していないから、旧松代藩記録をどのように保管し保存するかの実際に着手していない。そのために、旧松代藩士である館三郎を頼って、旧松代藩記録の探さくをしなければならなかったのは当然のことである。依頼を受けた館三郎は、沓野・湯田中組惣代の言う、文久三年の『官民色分絵図』ならびに、「裏書」の本書をはじめとする証拠文書を探したが、これらは松代町の火災によって失われていた。いずれにしても、沓野・湯田中部落が求めている文書の本書はなかったのである。

山林引戻しの『歎願書』に、旧沓野村所有を立証する資料として掲出された『土目録』があるが、このうち、徳川時代のものをつぎに掲出する。長野県が発行した『土目録』については見当たらない。

なお、この『土目録』は、『歎願書』に添付されていた「旧松代藩皆済土目録弐通」のうちの『土目録』であるかどうかはわからないが、年代が異なっていても内容・形式ともに、ほぼ同じものであることには変りはない。

酉御年貢土目録

一高三百四拾四石四年七舛七合　　沓野村

内

五石五年　右御手取未三年引

三ツ五分

残三百三拾八石九年七舛七合

取米百拾八石六斗四舛弐合

一高壱石九斗弐舛七合　　無役本田

取米七斗七舛八合

一高七拾弐石五舛　　同所新田

内

五斗八合　　右荒屋敷高請家作無之分未三年引

九年壱　舛五合　右川欠押掘石砂入未三年引

弐川五分
　残七拾石六年弐舛七合
　　取米拾七石六斗五舛六合八勺
一高七拾五石四年四舛三合
　内
三拾石九斗三舛
拾四石五斗
弐ツ三分
　残三拾石壱舛三合
　　取米六石九斗三合
取米百四拾三石九斗七舛弐合六勺
　本口籾〆五百九拾三表八舛三合六勺　籾納
　外
一籾六表九舛弐合六勺
一籾壱俵弐斗
一籾壱俵
　右川欠未三年引
一籾拾五俵三斗五舛

同所新田
右川欠押堀石砂入未三年引
未川欠石砂入申弐年引
但諸役御免ニ付稗荏大豆無之
山御年貢
同所地附山
開発冥加籾
田直改年延冥加籾

内四俵壱斗当酉より増
改役懸り口作之冥加籾
一籾三斗壱舛
内
未押堀申壱毛引
八舛
残弐斗三舛
田直冥加籾
外八俵弐斗五舛
右堰形未三年引廣土方江別段上納
内弐表
合籾六百拾六表四年五舛六合弐勺
右之通御年貢免租差引担極候此目録を以人別明細名寄帳面相仕立上納可当皆済候也
文久元酉年十二月
中　嶋　渡　浪㊞
沓野村

右の『酉年御年貢土目録』（文久元年）に「籾六表九舛弐合六勺　山御年貢」とあるのは本年貢としてであり、冥加・雑租・山役などと異なり、本租であることを立証するもので、その前提には、本田畑と同じように、旧沓野村の下戻しを求めている山林が村持地であって、所有にもとづくものであることを立証するために出したものである。この、『土目録』記載の山年貢についての主張は、明治一二年一月二七日の願書にはみられない。

地租改正の地券発行といい、山林の引戻しといい、いずれも徳川時代における所有の形式と事実を立証しなければならない。土地が『検地帳』（水帳）に登載されていることは所有を証明する絶対的な要素であるが、これに準じる公簿に記載されることも同じである。所有の判定ということになると、実際上においていろいろな内容があるために地租改正を担当する派出官にたいする所有判定の内部基準を示した『派出官員心得書』においても、その第一条で、

一旧領主地頭ニ於テ既ニ某村持ト相定メ官簿亦ハ村簿ノ内公証トス可キ書類ニ記載有之分ハ勿論口碑ト雖トモ樹木草茅等其村ニテ自由致シ何村持ト唱来リタルコトヲ比隣郡村ニ於テ瞭知シ遺証ニ代ツテ保証スルカ如キ山野ノ類ハ旧慣ノ通其村持ト相定メ民有地第二種ニ編入スルモノトス

とあり、第三条の、

一従前秣永山永下草銭冥加永等納メ来リタルト雖トモ曽テ栽培ノ労費ナク全ク自然生ノ草木ヲ伐採仕来タルモノハ其地盤ヲ所有セシモノニ非ス故ニ右等ハ官有地ト定ムルモノトス

と、所有認定作業の基準が異なることを示している。すなわち、「秣永・山永・下草銭・冥加永等」の名称の雑租については、その名称が附されているだけでは所有とは認めないのである。したがって、公簿上において「山年貢」と記載されているものは、右の第三条以外のものであり、所有を示すことになる。『歎願書』において、「山御年貢上納」をしているとくり返し言っているのは、山林が村持地であり、本田畑と同じような内容であることを主張しているからである。

『土目録』については、『歎願書』に、「古昔ヨリ山御年貢上納」とあるのがこのことを示しているのである。「旧松

代藩皆済土目録」ならびに「長野県皆済土目録」と記載された説明には、「右は山御年貢従前ヨリ上納」とある。「山御年貢上納」については、本文中にも資料説明にも、その内容についての説明はないが、「山御年貢」を上納していることが正租であり、所有を示すものとして意味することを示しているのであろう。正租であることは、たしかに、『派出官員心得書』の所有基準にも合致するのであるから、民有地であることの要件ともなる。したがって、沓野部落が引戻しを申請した山林は、旧沓野村持であり、沓野部落の所有地ということになる。

このほかに、添付書類の『土目録』には記載はないが、「山御年貢」と同列に置かれているものに「地付山御年貢」というのがある。これは表題が、

『明治二午年　　　　沓野村
御年貢高名寄帳
十二月　　　　名主　黒岩市兵衛』

という公簿の一つのなかにみられるもので、ここでは、「籾六俵九舛弐合六勺」の隣りに「改役籾壱俵弐斗　地付山御年貢」と書かれていて、「冥加」とは明確に区別されている。書式としては、右の「山御年貢」と「地付山御年貢」の二つが並記されて年貢であり、つづいて以下は「冥加」となっている。明らかに山御年貢と冥加とはその性質が異なっている項目である。これもまた、沓野村持を示すものである。

『歎願書』に添付されている、「文久三亥年二月信州・上州・越州国境並に奥御林と山御年貢上納進退自由山と境界色訳絵図面並に村方より差上げ候答書添確証」ある文書をつぎに掲出する。この文書には、つぎの提出内容が付され

ている。

一文久三亥年三月信州・上州・越州との国境並に奥御林と山御年貢上納進退自由山と境界色訳絵図面並びに村方より差上げ候答書添確証

右は奥御林改正以来、岩菅御官林元禄年中より度々御見分、続て文化度より安政に至り御取調べ、往昔の古絵図御引合の上、御林と村方入会自由混淆の義に付、文久三亥年より慶応元丑年迄、細々御取調べ相成り、絵図裏書の上、村方え御下け成し下され、公私境界判然と罷り成り居り候義ニ御座候。

恐れ乍ら書付けを以て御答え申上げ候

奥御林続き岩菅山の当村御林と、山御年貢上納村持山境の儀、古来の証拠取調べ明白に申立つべき旨先般仰せ渡され、村役人左に申上げ候

一奥御林続き岩菅山の儀は、字雑魚川を境、北東魚野川落合温泉場・秋山境に至り、山御年貢納め、魚野川筋へ水切り流れ御林境にて、信・上・越三国峠に及び、沓野奥野御林と遺訓を以て境に相心得、文化度上州入山と取り換わし絵図両村示談相済み、全州四万村とは安政五午年十月、絵図面取り換わし調印相済み、総て御林御境、嘉永年中より数度御見分、山改め六右衛門・唯吉、惣代善左衛門・万蔵、其の外人足数人御案内山入仕り、なお引続き其後、古跡に因って数度山入り、尽力取り調べ申立て仕り置き候次第、然るに、村方山御年貢上納進退場、御林境界混交の姿、判然に至らず候儀に付き、明了に申立つべく仰せ渡され候趣き畏れ入り奉り、村方頭立ならびに山見、山改め等へ承り合い候えども、此度の如く実地御改めの儀、是迄手遠の場、明細行き届かず候えども、前条の通り相決め罷り在り候義に付き、左に申上げ候、

但し、字長弦根より表・裏岩菅山の儀、手遠隔地の儀に付き、同国同郡夜間瀬村のもの共盗み入り、竹木伐い取

り、既に村近山迄賊等進入、止むを得ず寛文年中より度々出訴、遂に延宝七未年、御裁許絵図面御裏書の事にて相済み、数年来莫大の雑用金に難渋仕り、御恩借金願い奉り、金百弐拾壱両弐分拝借仕り、其の后返上の手段行き届かず、歎願奉り候処、表・裏岩菅山は御林続きに付き、引当てに差出し、諸木御用相勤め、御伐出し仕るべき段、御聞き届け、無利足御据え置き成し下され、村方永続罷り在り候義、然るに従来入会と号し、寛文年中より大出入に相成り、延宝七未年御裁断に罷り成り候次第に付き、手遠の山奥何分盗人来り、夜間瀬村外組合入山の儀止み難く、手遠の山地当惑仕り、殊に御拝借金引き当ての場所甚だ以て諦らず、之に依り、雑魚川東一の瀬迄の間、御用木私立て御林の名目御許容願い奉り、右御威光を以て漸く里方盗み山入り禁足に罷り成り、只今以て相続有難き仕合せに存じ奉り候、村方山御年貢の儀は其儘弁納仕り、永く御請山の事に願い出奉り、出品産物相当の御運上相納め、山稼ぎ罷り在り候、

一前々入会と号し、盗み入り候村方、御林の名目にて取り締り罷り成り、入山全相止み候えども、素より小前難渋の者多く、山稼ぎに差し支え、夜間瀬村内須ヶ川組合より無心申し来り候間、山手を取り、明白に入会稼ぎ候事に相極め、引き続き方今に至る迄、年々沓野役元にて山手を取り来り居り候義に御座候、

一御拝借金無利足御据え置き成し下され候御冥加として、殿様年々御参府・御皈城の節、御休泊御関板拾枚づつ上納仕り罷り在り候、尤も御都合に寄り、代金上納仰せ付けられ候義も御座候、

一当村添山の内、字横手山と志賀山辺は、上州通行道路の辺、往来の旅人手過ちにて、春秋の砌りは毎年野火の愁いにて、一村心配仕り、村方山廻り油断無く見廻り、非常の節は一村尽力消し留め仕り、火事の儀は方今に至る迄、所々焼け跡の証判然の儀にて、数百年の心配容易ならず、入料且つ人労相掛け、諸木生い立ち候義に御座候、尤も右志賀・鉢両山之儀は、御年貢上納村持山にて、宝永二酉年中御申立て、御建継御留山願い奉り候、所

謂御用材の儀は、奥御林御伐出しは勿論の処、深山手遠の道路、数谷嶮岨の場多くして、村人足相労し、其の上村弁え少なからず難渋仕るに付き、右両山村方申談じの上、御建継ぎ御聞き届けにて、御用材伐り出し相勤め罷り在り候、尤も御用材数年伐り荒らし、一と先ず村方へ御返山に罷り成り、数年手入れ仕り、諸木生い立ちに付き、文化十四丑年御留山に願い奉り、御用材伐り出し御用相勤め罷り在り候儀に御座候、尤も山御年貢の儀は、村方出精弁納仕り、相続罷り在り候、

前書の通り、当村奥御林御境界御見分御改めに付き、山御年貢上納村持ち山境の儀、申立つべく仰せ渡され候に付き、村方自由進退の境、名所色分け麁絵図取り調べ仕り候処、明白に御座候、尤も先年御拝借金皆済仕り候節は、御返山成し下され度く願い奉り候、御尋ねに付き、此段両前条村方心得認め取り、御答え申上げ候、以上、

文久三年亥年三月

沓野村

山見頭立惣代　専　吉㊞

小前惣代　万　蔵㊞

㊐小改惣代　助　治　郎㊞

名主　安　吉㊞

組頭　弥　五　兵　衛㊞

長百姓　市　兵　衛㊞

仝断　松　右　衛　門㊞

湯田中村

名主　九　左　衛　門㊞

組頭嘉右衛門㊞
全断与五兵衛㊞
長百姓喜右衛門㊞

奥御林御境界御掛様

この文書には、慶応元（一八六五）年五月に、「沓野奥御林境立掛」の館考右衛門（三郎）と、「道橋奉行」の三沢刑部丞の奥書と押印がある。奥書には、「此の書後日の亀鑑、尤も別紙絵図色分け、沓野山林境立て伝記に属して分明の証、由て添書せしめおわんぬ」とあるが、なぜ、慶応年間に奥書がされなければならなかったのは明らかではない。

『歎願書』の資料説明には、村方で年貢を上納していた私有地と松代藩の御林との境界が明確されたことを示す文書である、と述べられている。沓野村と湯田中村が共同で松代藩の奥御林御境界御掛様に答書したものである。

文書の大要はつぎのごとくである。

奥御林続きの当村御林と、山年貢を上納している村持山との境について、古来の証拠を調査して明らかにするように命ぜられたので、村役共はつぎに申し上げる。

一、奥御林続きの岩菅山については、字雑魚川を境に、北は奥野川の落合温泉場から秋山郷の境にいたり、山御年貢を納めている。奥野川筋の水切り流れ御林境で、信州・上州・越州三国峠におよび、沓野奥野御林と遺訓をもって境と心得、文化年度に上州入山（村）と取り換わした絵図で両村の示談が相済み、上州四万村とは安政五年一〇月に絵図面を取り換して調印も済み、総て御林境とした。嘉永年中より数度にわたり見分があり、沓野村では山改めの六右衛門と唯吉、惣代の善左衛門と万蔵、ならびにそのほかの人足数人が案内して山へ入り、なお、引続きその後において古跡に困って数度山に入り、尽力取り調べを上申した次第である。然るに、村方山御年貢を上納して利用していた場所と、御林の境界とが入り交って明らかでないので、これを明確にすることを命ぜられ村方の頭立ちならびに山見や山改め等へ相談して、今回のように実地調査をし、これまでに遠隔であったために詳細を調査することができなかったが、境界を決定することができたのでこれを報告する。

ただし、字長弦根より表裏岩菅山については、遠隔地であり、夜間瀬村の者共が盗みに入り、竹木を伐り取り、すでに村近くの山まで賊が入って来るようになったので、止むを得ず、寛文年中（一六六一～一六七二年）よりたびたび幕府評定所に出訴し、ついに延宝七（一六七九）年に判決をうけた。しかし、この訴訟によって数年来の莫大な雑用金がかかって困却したために、松代藩にたいして恩借を願いでて、金一二〇両二分を借用したが、その後においてこれを返金することができなくなった。そのために、表裏岩菅山は御林続きであったので、これを引当てにして差出し、諸木御のため伐出することを了承した。そのために、借金は無利足ということになり村方は困難を脱した。ところが、寛文年中より大紛争になり、延宝七年に判決があったが、遠隔の山奥に盗人が入ったり、夜間瀬村外組合が入ってきたりしたが、遠隔の山地であり取締りをすることも容易ではない。ことに、拝借金の引当ての場所の取締りも不十分でできないために、雑魚川の東、一の瀬までの間は、御用木のための私立御林の名称をつけることを願いでて認められ、松代藩の威光をもってようかく盗伐・盗採が行なわれなくなった。村方の山御年貢はそのまま上納し、永く御請山にして、産出する物産も相当の運上を納めて山稼ぎを行なってくることができた。

一、前々より入会と称して盗伐・盗採をしてきた村方も、松代藩の御林という名目にしたために入山する者がなくなったが、もとより小前共は貧困の者が多いために山稼ぎに支障し、夜間瀬村のうち須ヶ川組合より申し入れがあったので、山手を取り、入会稼ぎをすることを認め、現在にいたるまで沓野村の役元に収納している。

一、御拝借金を無利足にしてもらった御冥加として、松代藩の殿様が年々江戸へ御参府され、また、御帰城のときに、御休泊になるところの御関板を一〇枚づつ上納してきた。もっとも、松代藩の都合によって金納ということもあった。

一、当村の地付山のうち、字横手山と志賀山あたりは、上州直行道路にあたり、旅人の過ちで毎年の春秋には野火の災難が生じるために、村方では油断なく山の見廻りをして、非常の際には一村が尽力して消大にあたった。火事については、現在にいたるまで所々に焼け跡があってはっきりとわかる。数一〇〇年にわたる間の心労は容易ではない。費用や人力で諸木の生立ちにあったていた。もっとも、志賀や鉢の山については御年貢を上納して、宝永二（一七〇五）年に松代藩に「御建継御留山」を願いでた。御用材については、奥御林での伐出しはもちろんのこと、遠隔地への道路はいくつもの嶮岨な谷があり、村の人足は苦労し、村の費用も少なくないために困難し、そのために村方では相談のうえ、「御建継」を聞き届けられて御用材の伐り出しも勤めてきた。もっとも、御用材は数年伐り荒したために、ひと先ず村方へ返山となり、数年手入れをして諸木が生い立ってきたので、文化一四（一八一七）年に、「御留山」を願いでて認められ、御用材を伐り出して御用を勤めてきた。山御年貢については村方で上納してきた。

前書の通り、当村奥御林の境界の御見分改めについては、山御年貢を上納している村持ちの山境について書き上げるように命ぜられたので、村方の自由進退の境を色分けした絵図にして明白にした。もっとも、先年に御拝借した借金を皆済したときには、返山して下さるようお願いする。

以上のごとくである。この文書は、館三郎の言説からいうと、館三郎が御林の境界調査にあたっていたときに出されたものである。したがって、文書が宛てた「奥御林御境界御掛様」というのは、館三郎のことを示すものである。

館三郎は、『戸籍簿』によれば安政四（一八五七）年に家督相続をしているから、右の沓野村と湯田中村の共同の『答書』がでたときも、慶応元年の『奥書』を書いたときも、松代藩士であった。文書の宛先が「奥御林御境界御掛様」とあるだけで、館三郎の名前はないが、慶応元年五月の『奥書』に「沓野奥御林境立掛館考右衛門」とあるのを正しいとみると、文久三年の「奥御林御境界御掛様」が館三郎であってもおかしくはないのである。館三郎はまた別のところで境界の調査にあたっていることを示している。それは、『沓野奥山林境界伝記』で、さきの『奥書』に、「沓野山林境界立て伝記」とあるのが『沓野奥山林境界伝記』と同一のものであるとすれば、この文中には境界調査が「君命」をうけたものであることが記されているので、松代藩士として調査したということになる。

館三郎の『沓野奥山林境界伝記』は、きわめてわかりにくい文章なので、わかりやすくした。

沓野奥山林境界伝記

かつて沓野奥御山林境界混交たるは、もと摸々として高山遠隔であり、古来大極在るのみにして、高大の山地、加うるに東北は三国峠に至る。元禄度以来山入実地検査を行なうに至らずして空し。然るに文化度爾来数度其の境界の事、君命屢々におよびて此の極に至る、然りといえども、加うるに村持山林自有の山脈は境界混交の姿であって、是非を決する能わず。止むを得ずして山改や村役人並びに老翁の遺訓を問い、また衆議を聞くこと数年となったが、もっとも其の当を得ることは無なかった。ここにおいて安政四巳年改めて御林境立ての命をうけたまわり、よって藩評定所御蔵入の古絵図を見るに、延宝七未年山論裁断の写をもって証明たるべきに決議を採り、地元村役人を尋問し、別紙帳連印答書並びに麁絵図を仕立て、山名をただ糺すに、南北東名所志賀並びに横手・鉢・赤石・長弦根（西に向いて東ダテと云う）・表岩菅・裏岩菅と往古より名附けて、大名所一名文六と号し、落合温泉場迄。それより川筋雑魚川を上え登り、字一ノ瀬に至り、大洞沢迄を薄墨色、山年貢古来より相納め、進退の山地たるべき事に議決す。然りといえども恩借金並びに私立て御林並びに建継ぎ林の名義等、即時に消滅せざるの由縁在り。なお再三決議を得て名所横手・赤石・東ダテ（一名を長弦根）に至り、嶺切り山谷窪におよぶ。雑魚川筋上に向って、水切り流水の左右を分かち、字一ノ瀬・大洞沢迄、古来からの伝承に基づき朱丸点を画し、其の右をもって村持山の内、一村稼ぎ活計取り失なわざる様、進退自由を存ずべきの事衆議に決し、其の余色分は、山嶺切り東北三国に至るをもって公私の境界を証し、悉皆村役人尤も申し答うる旨なすべき事、後日分明の証、沓野山林色分け境立て伝記と号し、裏書きせしめおわんぬ。

右によると、沓野御林の境界は村持山と入組んでいたので、文化年間（一八〇四～一八一七）に調査を行なったが明確にすることはできなかった。安政四（一八五七）年に館三郎は松代藩の命をうけて藩の評定所所蔵の古絵図を見ると、延宝七（一六七九）年の幕府評定所の判決の写を証明することができると決定し、村役人を尋問して山の名前をただし、南北東の志賀・横手・鉢・赤石・本館（長弦根）・表岩菅・裏岩菅と名称し、大きくは文六とも称して落合温泉場まで。それから雑魚川に沿って上へ上り、字一ノ瀬にいたり、大洞沢を薄墨色にする。これらは、古来より山年貢を納めて利用している山であることを決す。しかし、恩借金ならびに私立て御林ならびに建継ぎ林の名称があるのを即時に消滅させることができない。再三の決議を得て、横手・赤石・本館にいたって嶺を横切り山谷窪におよび、雑魚川筋を上に向って水切流水の左右を分け、一ノ瀬・大洞沢までを古来からの伝承にもとづいて赤丸点で記し、その右をもって村持山とする。

以上の説明によって明らかになったのは、松代藩の御林と、村持山との境界を明確にしたことである。村持山には「私立御林」と「建継御林」という名称が付されているが、この名称を削除することができないのでそのままとする、とある。これはまだ拝借金の返済が完全に終っていないということと、夜間瀬村等からの盗伐・盗採・侵墾を防止するために「御林」という名称を付して、あたかも、松代藩直轄の「留山」(とめやま＝禁伐林・立入禁止)として防止したこともあるからである。松代藩の御林に入った者には厳罰が課せられる。特別の領主法制と行政に支えられる領主権力が直接に発動する「留山」に無断で入り盗伐・盗採を行なうのと、村持山に他村の者が入って盗伐・盗採するのとは問題が違うのである。沓野村では、この御林の制度を利用したのである。この『沓野奥山林境界伝記』は、慶応元年の「奥書」にみられるのであるが、その成立年代については問題の余地を残している。

『歎願書』には、このほか、『文久三亥年琵琶池佐野村代水流末数ヶ村示談書』と、『文久三亥琵琶池佐野・湯田中両村代水ニ差出し取替し証書』の水利関係の文書が添付されている。これらは、館三郎の指示によるものであろう。

第四節　岩菅山の山林引戻しと館三郎

明治一三年一一月二五日に、沓野部落の旧村持地——と湯田中部落の旧村持地——の返還が決定した。しかし、同時に引戻しを出願していた沓野・湯田中部落の入会地である表・裏岩菅山の返還は認められず、保留というかたちになったのである。文言上では「追テ可及何分之達」となっていて、岩菅山については、後に返還するかもしくは官林に決定するかの処分を決めるというのである。

岩菅山の引戻しは、沓野部落の旧村持地との併願であるから、沓野部落としては、同時に返還が行なわれるか、あるいは同時に返還が行なわれないか（すなわち、官林のままとなるか）、ということを想定していたであろうし、引戻しの経過からみれば、同時に返還されるものと思っていたであろうから、失望感があった。

岩菅山の処分――民有か官有かの判定――については、追って通達するというのであったが、その後の通知はなかった。

明治一四年六月九日に、山林局木曽出張所から派出官員の一〇等属・小林が来て、表・裏岩菅山の旧松代藩の拝借金について調査にあたる。このときに応待したのは、竹節安吉・春原専吉・吉田忠右衛門・黒岩康英である。このときに、つぎに掲出した『記』という表題の回答書を提出している。日付が同じところから派出官員に手渡したのであろう。

記

今般御出張被成下表裏岩菅山拝借金引当ニ差出且永御請山年歳月日等御尋問ニ付左ニ御答申上候

一表裏岩菅山旧藩ヨリ拝借金引当ニ差出永請山等之年月日不詳今般古書写差上右ニテ御取調奉願度候

一該請山ニ係ル年貢金之儀者年々引続金五円並御関板拾枚上納仕来金円之儀者請取切手御座候ニ付裏ニ御局江差上右ヲ以御取調奉願度候外御関板之儀者受取切手無之候

前陳之次第ニ御座候間先般願書ニ添差出タル書類之外別段証蹟無之ニ付右ヲ以御取調奉願候以上

長野県下高井郡
平穏村内　沓　野
湯田中
惣　代　春　原　専　吉
同　断　竹　節　安　吉

明治十四年六月九日

山林局木曽出張所御中

これによると、旧松代藩に借用した「拝借金」については、その「拝借」した年月は明らかではないが「永請山」とし、年々「金五円」（五両）を「上納」しているほか、「関板拾枚」も納めていて、「五円」については請取証があると記されている。「関板」については請取書はない、ということである。

九月一九日になって、東京から帰村し長野市に止宿している館三郎に黒岩康英が会い、岩菅山については、明治四年に「御早達金差上切御拝借悉皆被下切」（『日記簿』）ということを伝えられた。

一〇月四日になって、松代町に居住している館三郎から関秀三郎を介して手紙と伝言があり、岩菅山の引戻しについては、なるべく早く引戻しの出願をすることとあった。また、松代町出身の渡辺中が「木曽山林局長」（出張所長）となっていることと、松代藩士族の水野清右衛門が土木方（長野県庁）で出仕しているために木曽山林事務所の局員で知っている者があるということであった。こうしたこともあって、竹節安吉と黒岩康英は木曽山林事務所へ出向し、さらに、松代に帰っている同人に会う。

また、拝借金一二一両二分について、旧松代藩士・矢野唯見と会い、木曽山林事務所へ引戻しの願書を提出することについて相談している。矢野唯見は、旧松代藩の上司であり、旧松代県では管理職である、旧松代県の権大参事・長谷川昭道にも伝えることを約束している。館三郎の指導によって、惣代等は山林引戻しの願書を書いて一四日に山林局出張所へ提出する。『日記簿』によれば、このときの内容は、「古証書御下願書」と「岩菅山引戻シ御才足書面」とある。これが、のちの一二月に提出する『再願書』であるのか、もしくは別のものであるのかは明らかではないが、別のものであっても内容としてはほとんど変わりはないものであろう。

山林局木曽出張所では、出願書の提出に理解を示したが、規則上において、郡役所を経由しない書類は受付けないことになっているために差し戻されている。このいきさつについて東京在住の館三郎に手紙で伝えた。

『再願書』は、明治一四年一二月で日付を欠くが、『日記簿』によると、一二月六日に、黒岩康英と竹節安吉で「書面絵図面認正副弐通郡役所へ壱通」とあり、七日に郡役所へ竹節安吉と黒岩康英が出張して書記・近山勝右衛門に手渡し、木曽主張所へ送る手配をしている。『日記簿』には、つぎの記載がある。

一民有引戻シ反別七拾五町弐反分
依之テ私立山林右ニ準シ同ニテ計へ　三十一万千四十町歩内
凡反別七百五十町歩　　御書上帳下ニ仕差上候」

引戻しの出願書は、七日ないしは八日に郡役所経由で木曽出張所へ提出されたものと思われる。つぎに、これを掲出する。

御官林民有御引直し再願書

長野県下下高井郡平穏村　湯田中

沓　野

謹て上申奉り候。私村深山私立山林の儀は、地租改正の際誤て官有地に取調べ上帳仕り候に付、去る明治十二年四月中民有たる古書類数確証相添え、民有御引直し上願奉り、明治十三年十一月廿五日付、左の通り御指令を降され候。

書面願の趣、旧字表裏岩菅山林を除くの外は総て願の通り聞届け候事

但、表・裏岩菅山の儀は、追て何分の達に及ぶべし。且つ古書類は右両山処分済の上下げ戻すべき候事。

これにより、表・裏岩菅両村御処分御沙汰相待ちおり候処、本年六月中御局員御派出成し下され、岩菅山林に関する書類差し出すべき旨仰せ聞され候へども、右書は嚮きに御局へ差上げ置き候まま、御下付これなく、其旨陳述候処、然らば帰局の上取調べ、不日郡役所を経て何分の沙汰に及ぶべし。而して受書仰せ付けられ候間、別紙の通り書面差上げ奉り候。抑も表・裏岩菅林の儀は、私立山林に候処、旧藩御林に接続し、故に総名字岩菅御官林反別一体に書上奉り候義にして、前陳の如く御改正の際全く取調方誤謬に出たる儀に御座候間、実施御検査の上何卒官民分裂御引直し仰せ付けられたく、且つ該山林に対する旧藩拝借金の儀は、明治四年を以って悉皆相済み、然る上は私立旧御林と唱え候迄の儀にて、民有山に相違御座なく候間、前陳の次第御洞察成し下し置かれ願書御採可、伏して懇願奉り候。以上。

明治十四年十二月

右総代　春　原　専　吉㊞

黒　岩　康　英㊞

戸　長　吉田忠右エ門㊞
竹節安吉㊞

農商務省木曽山林事務所御中

『再願書』では、「私立御林」である表・裏岩菅山は、旧松代藩の「御林」に接属し、総体を岩菅山と言っていたために、当時の村吏が誤ってこれを官林として書き上げたことと、この山林を引当に旧松代藩に「拝借金」をしたのであるが、明治四年をもってすべて返済していることが述べられている。また、「私立旧御林」（私立御林）というのは、たんにそのような名称をつけたものであり、旧松代藩の「御林」とは本質的に異なる「民有山」にすぎないと述べている。

この、民有地である主張は、これまでの山林引戻しの主張と変わるものではない。

明治一五（一八八二）年になって、二月二五日に突然、湯田中の熊井九左衛門から書状があって、官員五等属の根岸直之が出張して止宿しており、至急出頭するようにとのことであった。竹節安吉と春原専吉が面会する。

根岸直之は、さきに木曽出張所にたいして出した『追歎願書』（再願書）について、岩菅山の「拝借金」を明治四年に皆済したと言うが、この証書が存在するのか、と聞く。

これにたいして山林引戻しの惣代は、拝借金は残らず返済して、旧松代藩の検印を受けているが、戸長が長野県へ行っているのでただちにこれを提出することができない。したがって、戸長が帰村次第、郡役所を経て山林局木曽出張所へ提出する、と答えている。

二七日に、惣代は『手続書』・『旧藩江願出ノ下ニ添書』・『古書写』を根岸直之に提出しているが、これらについてはどのようなものであるのかが具体的に明らかではない。

二八日に、竹節安吉は松代町へ行き、矢野唯見に会い、検印受について「明治三年七月中」に書類を出しているこ

とをたずね、矢野唯見から長谷川昭道に問合せて下附されることを依頼している。

右によると、この時点では、「拝借金」の完済についての旧松代藩ないしは松代県の書類を手にしているらしいが、

現在、沓野区ならびに和合会の所蔵文書中には、この「請取」は存在をみない。

ところで、惣代が郡役所へ行き、木曽山林事務所に提出する書類を出したのが三月二日である。この書類は、郡役

所から木曽山林事務所へただちに送られたのであろう。

三月二八日になって、郡役所に木曽山林事務所から戸長役場経由で書類が届く。文面はつぎのとおりである。

弐百弐壱号

其村表裏岩菅官林民地戻シ出願之件ニ付嚮キニ旧松代藩吏調印之書類相添木曽山林局事務所へ出願之処書面ノミ

ニテハ確証ト難見倣候間右ニ関スル証拠持参長谷川昭道、矢野唯見ノ内右事務所へ出願候様達シ方通知有之ニ付

其旨前名之者江通達方可取計此旨相達候事

十五年三月廿五日

下高井郡郡役所

平穏村戸長役場中

前書御達ニ相成候ニ付此段及御報也

三月廿八日

戸　長　役　場印

竹　節　安　吉殿

春原専吉殿
黒岩康英殿

右の通知をもって、三一日に竹節安吉が松代町の矢野唯見のところへ行き、矢野唯見から長谷川昭道に連絡して四月一日に長谷川昭道に会う。

長谷川昭道は、「拝借金」の返済についての「証書」は別に存在しない。これは、松代藩の一般的な事柄である、と回答し、書類については長野県へ引渡しているので、これらについては書面にして渡す、と答えている。

長谷川昭道の回答は、矢野唯見との連署で、四月一日附である。

御達之義ニ付申上

当同下高井郡平穏村之内沓野組表裏両岩菅官林民地引直出願之一条ニ付総代之者ヨリ旧松代県旧官員江先年旧松代藩ヨリ金百廿壱両弐分無利息借用之処右ハ去ル明治四年悉皆払切ニ相成候義ニ付其段無相違旨添書致呉候様申出候聞其節右借用金百弐拾壱両弐分ハ明治四未年旧松代県ニ於テ悉皆相流候義相違無之段附書致遣シ候処今般右之儀ニ付私共書面而巳ニテハ確証ト難相成趣ヲ以テ右ニ関スル証拠持参其御局へ出願仕候様御達ノ趣奉拝承候然処前顯借用金流義ニ付テハ別段証拠ニ可相成書類等ハ無之候得共子細有之長野県江伺之上旧松代藩管下村々一般旧松代藩ヨリ貸出置候全員之分一金残無之明治四年悉皆払切相流シ候義聊相違無之候尚委納之儀者長野県ニ於テ聢と御承知之儀ニ有之候間御同県へ御問合被下候ハヽ明白可相成義ニ御座候此段申上候右之趣御局へ出頭之上可申上処相成候儀ニ御座候ハヽ出頭之儀御勘弁被下候様仕度此段奉願候也

旧松代県少参事　矢野唯見印
同権大参事　長谷川昭道印

木曽山林局事務所御中

右の文面によると、「拝借金」の返済について、旧松代藩では受取証は出していないということで、これらは藩内一般のことであるという。また、旧松代県においては、旧松代藩より貸出していた金銭についてはすべて「払切相流シ」ていたと答えている。すなわち、御破算にしたというのである。長谷川昭道と矢野唯見が木曽山林事務所への出頭を拒否した理由は、右の文面以外には「拝借金」について知ることがないということである。松代町から木曽までは歩行で数日を要することにも拒否する理由があったであろうし、旧松代県の権大参事と少参事の要職にあった者が、木曽山林事務所へ自分のことでない事件のために簡単に呼び出されることにも低抗があったのであろう。

この件については、惣代等は会合し、東京の館三郎に知らせて、方針などを聞くようにしている。館三郎は、東京から長野の善光寺堂昭坊に移っていたので、惣代が館三郎に会えなくて、二〇日に松代町で会う。翌日、矢野唯見にも会う。

四月二九日に館三郎が湯田中へ止宿して隣村との境界について相談するほか、須ヶ川組が山林の借受の申込みをしたことについて相談している。館三郎は反対であり、この件については館三郎に委任している。このほか、須ヶ川組の者が山を侵犯したり、「夜間瀬村分地」という分抗を打ったりして、沓野部落の権益を侵すようなこともみられた。これらについては、のちに東京在住の館三郎に報告している。

九月二九日に、竹節安吉が郡役所へ行き、岩菅山の処分が長引いているので、催促の書面を郡役所経由で木曽山林事務所へ提出した。

一一月二〇日に、館三郎より手紙が来て、農商務省山林局へ岩菅山について問い合わせたところ、木曽山林事務所より農商務省山林局へは、まだ申達がないとのことであるので、至急に木曽山林事務所にたいして願書を提出するように、との事であった。この願書は、一二月八日になって郡役所からの添書をもらうことを戸長から郡役所に依頼して木曽山林事務所に提出することになった。しかし、木曽山林事務所より返事がないために、黒岩康英・竹節安吉は一九日に松代を立って二三日に木曽山林出張所のある上松に着き、掛りの山形考輔に会って聞くと、現在調査中であり、実地検査を経て一六年四月頃に出願するように、ということであった。帰途、松代町の矢野唯見に会って報告している。

明治一六年になって、六月一七日に、農商務省木曽山林事務所より派出官の一〇等属・木本惟一と柿崎が「民地引直」しのための山林検査として出張してきて、湯田中の湯本五郎治（湯本旅館）に宿泊し、一八日に登山するために、「古証書類」と「絵図面」を提出するように伝えてきた。これらは、いずれも引戻し地が民有地であることを立証するための証拠書類である。早速、古書一通と文久度の絵図面を提出する。翌日、検査のために登山をして、戸長代理一名、惣代三名（竹節安吉・春原専吉・黒岩康英）と山惣代の竹節友蔵・山本高五郎・春原友太郎・湯本弥吉、伍長惣代代理・山本藤左衛門、人足の渡辺松太郎が参加した。一八日に館ノ湯の関新作に泊り、一九日に検査が行なわれる。

岩菅山の引戻しは、反別が七五〇町歩、坪数にして二二〇万坪、竪一〇丁・六〇〇間、横一里二六町二〇間・三七五〇間である。

一九日に検査が行なわれ、二〇日に下山する。宿泊は渋温泉の吉田忠右衛門宅（つばた屋）。

派出官は、岩菅山に関する証書と絵図面の答書を求めた。

一、旧藩へ金五円づつを上納した訳について。
一、文久三年亥年の館幸右衛門（館三郎）が裏書した本書。
一、山年貢、旧松代藩へ納辻。
一、境界の方位。
一、岩菅山反別。
一、籾八俵四斗一舛八合の御年貢はどこの山か。また、「水帳」（検地帳）の有無。
また、岩菅山に関する書証を、本書で提出すること。
一、延宝七未年山論裁断裏書絵図面。
一、明治七年湯田中・沓野租税皆済帳。
一、文久三亥年旧官林国境村持色訳裏書絵図。
一、同年、村方より差出した答書未書。
一、安政二卯年湯田中・沓野山地訳済口証文沓野持分。
一、安政六未年湯田中・沓野年貢土目録。
一、弘化二巳年、湯田中村年貢土目録。
一、文久三亥年館多右衛門裏書。

右の書類を提出したところ、つぎのような質問があった。

金一二一両二分は、明治四年にお流しとなり、この検印を旧松代藩より差出したとあるが、書面での証拠となるべきものはなく、矢野唯見・長谷川昭道のうち、一名を木曽山林事務所へ出頭するように通知したが、その返答書には、右についての証書というのはなく、この件についての書類は長野県へ送ったということであるが、長野県へ問合せたところ、村方より差出した請書に金一二一両二分の記載はない、ということであった。ということになれば、それ以前において旧松代藩で流したというのは、質流しと同じものにあたるのではないか。なお、これについての明白の証拠があるのか。ことに、その時の戸長は安吉とあり、その方のことではないか。村控えと引合わせて至急に返答書を提出すること。

これにたいする惣代の答えは、つぎのごとくである。

右について、村控えを取調べたが早々にはわからなかった。御受書に記載がないのは、村方の拝借のためであって、個人の拝借とは異なるために「御書上」では記載がない。また、旧松代藩の元帳を調べてみる。

『日記簿』によれば、質問項目の六か条について答書を出し、その控えがある、と記しているが、これについては見当たらなかったようである。

派出官員は、旧沓野村が旧松代藩に一二一両二分の借用をし、これの引当てに山林を出し、その返済に年々五両を納めて明治四年に完済したというが、その証拠となる資料がないことについて、質流れになったのではないかと思っている。その意味するところは明らかではないが、拝借金を返済していないために質流れになって、村方の所有権は失われたとでも言うのであろう。さきに、長谷川昭道と矢野唯見の言うように、村方の「拝借金」で、年々五両を上納している例においては、この請取りを出さないというのが旧松代藩の会計原則であれば、村方に旧松代藩の請取書が残っているということはない。しかし、藩の会計方の帳簿には記載があるであろう。旧松代藩の会計帳簿に、この五両の返済が残っていたにしても、藩庫が火災で消失しているために残存するという可能性は少なくなるし、明治維新の変革による廃藩置県によって、旧松代藩は松代県となり、さらに長野県に編入されるという行政改革があったために、書類の整理や、長野県への書類の移管ということなどによって、どこまで会計書類の残存の可能性があるのか、おぼつかない。こうした事情もあって、少なくとも、五両づつの返済の事実が確認されなかったこと、明治四年に借入金の完済の事実が書類上においてみられなかったために、借入金（「拝借金」）を完済したのか、しないのかという問題が生じたのである。

派出官・木本惟一が言う、「其以前ニ於テ流シタル者ト見倣ス質流シ同様ニ相当」と言うのは、借入金を完済していないという前提に立つものであり、そのために「質流」れとなっている、という考えになっている。したがって、引戻しを申請している山林は、旧松代藩御林から官林に編入されているのは当然だということになる。

山林引戻しの物代としては、旧村持、したがって、沓野部落所有を立証するために、この松代藩からの一二一両二分の「拝借金」の完済の有無に民有地か否かの問題の焦点を移されてしまった感がある。たしかに、旧村持の山林を引当に藩から金銭を借入することは村所有確証の絶対的条件にほかならない。当該山林が村持地でないものであれば、あるいは、そこに物権的な権益がないものであるならば、それは純然たる「御林」であるから、藩はこれを抵当にして村方に貸金をするはずがないからである。しかし、地租改正の諸法令ならびに指令についてみると、旧村所有を認める基準は、そのような例外的な実例にとどまらなかったのであるから、借入金の完済の有無についてのみ所有の有無の焦点をあてられたのでは、所有判定の基準から離れることになる。

惣代らは、二四日に東京の館三郎にたいして、手紙で検査の概要を報告した。ついで二五日には、松代町へ行き、矢野唯見に会って、長野県庁では、「拝借金」についての記載文書がないところから、「質流シ同様ニ相当ル」ということを言われたことを報告し、旧松代藩の掛りの「元帳」の取調べを頼んだ。

矢野唯見は、明治五年五月一八日の火災で長国寺経堂が焼失し、その前年の四年に評定所の土蔵が焼失したことによって、「御元帳」は失われたのではないか、と言う。

ついで、惣代らは長谷川昭道に会い、「御元帳」について聞くと、長谷川昭道は、一二一両二分は「御受書」に記載がなくとも、旧松代藩では貸金はなく、「悉皆流シ」たと答え、矢野唯見は病気中であり、館三郎は東京に行っているので、至急の返答はできないので、派出官員に回答を延期してもらうようにと言われた。二七日に、日延の手紙を派出官員にたいして出した。

惣代ならびに沓野部落が山林引戻しについてもっとも頼りにしたのは、旧松代藩士の館三郎・長谷川昭道・矢野唯見である。

「拝借金」について事情を知っていると思われる館三郎が東京へ行っているために、帰京まで回答書の日延を申請して、これを認められたが、その際、つぎのような点についての調査を求められた。

一、館三郎が帰京に手間がかかるようであるならば、惣代が調査すること。

一、拝借金の「人別請取証文右之通り」と書くこと。

一、「内拝借金何両何ノ誰」と書くこと。

一、一二両二分は別段の拝借であるために記載していないと書くこと。

以上のごとくである。

館三郎からは、七月八日に矢野唯見に書状が届き、ひきつづき一四日に書状が届く。一五日に帰京するので、同日に、惣代三名は松代町へ行き、館三郎に会って長谷川昭道と打合せ、竹節安吉が長野県庁へ行って、明治五年一一月二九日の受書を写取る。

一七日に、矢野唯見が死去する。沓野・湯田中部落にとっては、山林の民有引戻しの中心勢力の一つを失う痛手をこうむったのである。

二〇日に、館三郎が岩菅山の山林の民有引戻しについての打合せで、沓野部落へ来る。また、館三郎には水の件で相談もする。館三郎は、岩菅山の民有引戻しについて、一七日に登山して実地見分をする、という。また、八月二一日には、水問題について登山し、実地見分をする、という。館三郎は、七月二〇日に東京から帰り、湯田中の湯本五郎治に宿泊して以来、湯田中・渋に長期間滞在して岩菅山の引戻しと水利問題ならびに、湯田中部落が沓野部落に相談なく、山林の一部を須ヶ川部落に貸すということが発生し、沓野部落と湯田中部落との間に不和が生じたのを仲介して和融させて手打を行なうなどした。

この間、館三郎が沓野・湯田中の両部落にたいして述べたことが、『日記簿』に、つぎのように記されている。なお、出席した当事者にしかわからない不明のところがある。

一、大洞沢については、夜間瀬村と境界争論中であり、万一、この争論に敗けるときは湯田中組の分地が少なくなり、このときは、沓野組の分地を受取ることと定めることに湯田中組が主張している。
一、これについて沓野組と協議したところ、沓野組では、去る明治一五年五月中に、沓野・湯田中両組の共有山地（入会地）を、館三郎の立会によって境界を定めている。ところが須ヶ川組へ貸地代金を受取り、館三郎ならびに惣代にたいして相手方と組んで非道なことをした。

館三郎はこれについて、数日間出張して惣代と協議し、沓野・湯田中両組と相談し、承知した。沓野組はとりわけ山稼の人民が多く、山林が入用であり、改正以来、引続いて山林の引戻しを出願しているがいまだ採用されていない。惣代三名が館三郎と協議して尽力している。成功したときには、入費について云々しないこと。出金については沓野・湯田中両組において分担し、岩菅山については、まだ処分は決定していないが、沓野組は往古より古書にあるように受山（請山）によって格別の心配が多い。なにごとにおいても、両組は「睦敷」すること。

一、両組の和談は三〇日とすること。

沓野・湯田中両組において承服している。

また、館三郎は、岩菅山にかかる費用はもちろんのこと、旧松代藩関係者にかかる明治一二年よりの費用についても沓野・湯田中組は出金することを申入れ、両組ともこれを了承している。

九月一日に、竹節安吉・黒岩康英・春原専吉が館三郎に会い、岩菅山の引戻しに必要とする古書類を旧松代藩で取調べ、願書を書いた。

二日には、物代が館三郎と証書を取調べ協議する。

このように岩菅山の引戻しについては、細部にいたるまで館三郎が関与している。

二日に、郡役所経由で、木曽山林事務所より催促状が来る。

下高第壱号
其村字表裏岩菅山官林民地引戻願之義ニ付テハ尚取調之都合有之候条該山木代トシテ年々金五円ヅ々上納セシ旧藩ノ領収書至急差出候進達方可取計此旨相達候也

農商務省木曽山林事務所印

十六年八月廿七日
下高井郡平穏村戸長役場中

竹節安吉と黒岩康英は、この通知書を持って館三郎に会い協議した結果、現在、旧松代藩の記録を取調中なので日延を申請することにした。と同時に、竹節安吉が松代町の長谷川昭道に館三郎の書面を持って会いに行く。長谷川昭道は、依頼された件について、つぎのごとく返答した。

一、岩菅山については、一二一両弐分の拝借金のために引当に出したもので、金五円は山稼税であって、岩菅山ほかの山々で、「出品賦税」である。「御関板十枚」は、右の拝借金の「冥加」である。
一、「私立御林」という名称は、近村からの盗伐・盗採の取締りのために、旧松代藩の「御威光ヲ仰」いだものであって、「引当」に出したもので「私立御林」ではない。
一、一二一両二分を返納すれば、岩菅山は返山されること。

一、明治八年以来、相当の山稼ぎを行なっているので、白箸鍬柄税という「雑種税」にあたる。もっとも、明治八年以来は官林となっているので、入山することができないために、「出品細工稼」がないために納めていない。
一、館三郎より取調の書面は旧松代藩参事へ提出している。
一、「外納」というのは、旧松代藩では「御余慶物」と言って「雑種税」であり、「余慶勘定役」がいた。
一、明治一二年中に、旧松代藩より志賀・鉢は官林ではなく、誤った書面を村方が長野県地理局へ提出してしまったためであり、これはどうした訳か。

岩菅山は、「奥御官林」と遠隔のところにあるが、「奥御官林」続きであるために、このように書いたのであろうから、この異なることを明らかにして引戻しを願い出ること。

長谷川昭道からの書面を館三郎に渡して読んでもらい、八日に、春原専吉・黒岩康英・竹節安吉・佐藤喜惣治・山本清次郎・戸長らが館三郎に会って相談する。

九日に、竹節安吉・春原専吉・黒岩康英が館三郎と相談し、木曽山林事務所へ行く用意をする。弘化三年・嘉永五年・同六年の「分量金帳面」を竹節安吉と春原専吉が持参することになった。

一四日に、木曽山林事務所へ行き、戸沢重見所長に書面を提出する。戸沢重見が言うには、現在、調査掛りの主任は派出しているので、帰り次第取調べ、わからない点については問合す、というのである。

さきに、(明治一三年一一月二五日)、引戻しが決定した沓野部落の山林は、一四年四月に『手続書』を提出してから一六年八月三〇日になって、地券が沓野・湯田中部落に渡された。『手続書』に、つぎの文書が追加された。

本文山地券証明治十五年九月御下附ニ由テ今般両組申談字文六ノ内改テ小字大松地券証分裂別冊絵図面之通湯田中分地ニ加シ則地券証戸長立合ノ上相談候事

明治十六年九月三〇日

『手続キ書総連印帳』の控を館三郎に出し、その末文に惣代が連署した。

本村官林民有地へ御引直三件ニ付数年来特別御配慮御尽力被成下本書之通萬端行届該村興廃ニ関係重太之儀総テ御指揮仍テ完全成就券状御下附並ニ両組山訳這般別帳ノ如相整永世重宝山稼活計不取先進退自由ヲ求メ稼相続御救助被成下候義永忘却不仕候様両組総連御ノ上本条手続並ニ規則合記文明ヲ証トシ惣代連御差上候条如此ニ御座候　以上

明治十六年九月三〇日

両組総代　黒岩康英印

春原専吉印

竹節安吉印

松代　館　三郎殿

また、沓野・湯田中両部落からの連印帳を館三郎に提出した。

前書之通先般両組へ御説論ニ依テ一同了解仕候義総代ニ於テモ深ク心配ノ場合異条無之御指揮ニ応シ萬々大慶仕

加ルニ山訳境界之儀ニ付テハ湯田中組惣代廿六人沓野組惣代廿九人合せて五拾五人八月登山仕実際方位ヲ以分裂法御指揮尚数月間御説論ヲ以漸ク同月三十日双方聊ヵ異儀無之別冊局取換規定書調印相済数月御配慮一同永世至ル迄安寧熟和相成偏ニ数ヶ年来御取扱御尽力被成下完全罷成候条重々難有仕合奉存条此段併テ御受書仕候　以上

明治十六年十月

両組総代
三名印

松代　館　三郎殿

これにたいして、四日に館三郎は奥印した。

館三郎は、一五日に湯田中の湯本五郎治に宿泊し、三一日まで滞在して、岩菅山引戻しと、水の問題について協議し、指示を与える。

一二月一日に、館三郎より手紙が来て、木曽山林事務所へ岩菅山の引戻しの件について催促をするように指示がある。この後においても、館三郎よりしばしば手紙が来る。

明治一七年一月一二日になって、木曽山林事務所へ郡役所経由で『上申書』を提出した。これによって、木曽山林出張所から官有民有の境界見分けのために派出官員が来ることになったが、雪のために山へ入ることができないために日延になり、絵図面の提出を求められて提出する。

二月二日より、東京在住の館三郎より、来信があったのは、一九日、二三日、三月八日、一四日、四月三日・二〇日・二四日、二七日、五月六日である。六月八日には館三郎が湯田中へ来る。館三郎は、少なくとも二四日まで滞在している。この間、山林引戻しと琵琶池の水利問題、沓野部落と湯田中部落の和融にかかわっている。

二九日に、木曽山林事務所より派出官・水野が岩菅山の調査に来た。調査といっても岩菅山を遠望するだけであって、旭山峯と横手池ノ坂からである。

明治一八年一月四日、黒岩康英と竹節安吉は木曽山林事務所へ行くために沓野を出立し、九日に上松に到着して境屋重郎治へ止宿する。九日に木曽山林事務所へ行く。所長は戸沢寛直、掛官は水野瓊響、元掛り検査主任・木本惟一である。水野瓊響は、現在取調中であり、境村との境界がわからないこともあって、三月になって入山し見分することを伝えた。帰途、長野市の堂照坊に宿泊中の館三郎に会い協議している。その後、しばしば館三郎との往復書翰があって、四月二〇日に館三郎は湯田中へ来て宿泊する。

五月二日に、木曽山林事務所より派出官・伊藤新助が来て、岩菅山に登山して検査するということであり、竹節安吉・竹節友蔵・高相助三郎が案内することにした。調査後に伊藤新作は、山には良木がなく、引戻しに要する費用もかかるので、物産を設けて得をうるようにしたらどうか。また、立木を安い値段で払下げをうけ、稼の利益にしてはどうか。引戻すには理由があるのか、と聞かれた。これにたいして、竹節安吉は、住古からの民有山であり、官林となったのでは不都合なのであると答えている。

六月七日に、再び木曽山林事務所より派出官員・山田鉉五郎と、長野出張所より官員一名が岩菅山の調査として来る。八日に登山して岩菅山を遠望して帰る。

一〇月一日に、竹節安吉が木曽山林事務所へ一〇品の証書（本書）を持って出立し、七日に帰村する。

明治一八年は、館三郎との往信をはじめ、館三郎がしばしば来たり、また、惣代ら館三郎のところへ行ったりしてあわただしかった。

明治一九年一月三〇日、木曽山林事務所より岩菅山の引戻しについての処分が、明治一四年一二月に提出した引戻

しの願書に、

願之趣聞届不相成候事

但シ三古証書類ハ別紙此記目之通返運ニ附シ下戻シ候事

明治十九年一月廿六日

農商務省木曽山林事務所印

という不許可処分の通知があった。

引戻しの不許可については、その理由が明らかにされていない。一方的な通告である。

引戻しの不許可は、二月一日に手紙で館三郎に知らされた。一四日には、館三郎と再願について協議する。ついで、一八日・一九日にも館三郎と会い再願について協議する。二八日に館三郎より手紙が来る。三月五日、黒岩康英・春原専吉・竹節安吉ならびに人民惣代・竹節音作の四名が、長野市の善光寺堂照坊で館三郎と会う。一三日に、館三郎より木曽山林事務所への進達の草案の手紙が来た。

同じ一三日に、戸長から木曽山林事務所の通知をうける。

岩菅官林民有引戻証拠書類写御戻之義先般書面差出之処該写ハ其筋ニ於テ参考之タメ御留置相成候趣農商務省木曽山林事務所ヨリ御通知相成候間此段伝達候也

三月十三日

戸長古幡作一郎印

沓野組惣代御中

さきに、木曽山林事務所より、山林引戻しが不許可となり、証拠書類の本書が返送されてきたにもかかわらず、今回の伝達では、写については「参考」のために木曽山林事務所に保留となったのである。なぜ「参考」とするのかは明らかではない。一八日に、引戻しの再願について戸長より奥印を受け、一九日に郵便で木曽山林事務所へ送付した。

二六日に、館三郎が来る。四月一日に館三郎より手紙が来る。

岩萱山林の引戻しの再願書について、三月三〇日に木曽山林事務所よりの通知があった。

下高井郡平穏村
願人惣代　春原専吉
黒岩康英
竹節安吉

長往第五号

右ハ岩萱官林民有引直再願之義ニ付相尋ル義有之候条来ル四月十二日右総代之内壱名当事務所へ出頭候様御通達有之度此段及御依頼候也
明治十九年三月三十日
農商務省木曽山林事務所
下高井郡平穏村戸長役場御中

号外

今般農商務省木曽山林事務所ヨリ岩萱官林民地引直シ再願ノ義ニ付御尋問之廉有之趣ヲ以別紙謄写之通被越依頼候指定ノ期日誤ラサル様各自商議之上必ズ御出頭有之度此段及御通達候也

明治十九年四月三日

下高井郡平穏村

戸長役場印

願人惣代　春原専吉殿

黒岩康英殿

竹節安吉殿

この通知をうけて惣代三名は、人民惣代・児玉仁助をはじめ、湯田中組とも相談し、さらに、長野市堂照坊に止宿している館三郎に、つぎの件について相談することにした。

一、御尋ノ件。

一、官林払下。

一、官林御払下願之義ニ付産生類ハ戸長調印無之出願之事如何。

一、竹下草等ハ如何　此件ハ所々へ出張所有之其近辺ハ戸長印無テモヨリ平穏村抔ハ未定。

一、池沼ノ件ハ如何。

一、木御払下ノ儀何連モ明治十六年中改正之事相伺。

一、池沼之義ハ従前ヨリ民有ノ事ニ付引直シ券状願仕候処池沼之儀者其筋へ問合候処右ハ民有引戻願ニ下戻タルモノニアラス趣ニ付官有ト可相心得事地理掛リヨリ被仰右十年中出願ノ際ハ山林都テ地理局長へ宛出願仕候間右心得候ニテ罷在候。

一、須ヶ川担竹払下一件。
一、岩菅神往古より鎮座ノ件。
　此段奉伺候処夫ハ従前之通祭リ亦ハ参詣ハ従前之通可然事ニ被仰渡開通勝手タル事。
四月一八日に、木曽山林事務所に行き、水野掛官に質問をうける。

一、一二一両二分の拝借金について、明治四年に消滅したとあるが、証書とは合わない。拝借金の消滅については、旧松代藩吏よりの書面もあるが、旧藩吏は口上のみである。この上は、年々払下げて稼ぐか、または、元金を出して払下げるか、書面を訂正して提出すれば詮議する。この書面では許可することができないので、帰村して協議し、人民が営業に差支えないように書面を提出すること。

右の意味するところは、岩菅山が、もとは民有であったことがわかるが、拝借金の一二一両二分が明治四年をもって返済し「消滅」したことについての証拠はない。したがって、官林のままで産物の払下げをうけるか、「元金」（一二一両二分）を出して払下げをうけるのか、いずれにしても出願書を書き替えて提出するように、と言うのである。これにたいして、惣代等は同日につぎのような『上申書』を出した。

上申書

長野県下高井郡平穏村湯田中
沓　野

去月一九日附ヲ以岩菅山林民有御引直シ再願書面奉呈仕置候処今般右再願書面之件御尋問之儀ニ付被召出種々御説談之趣帰村之上協議仕局出願仕度候間其節御指令奉仰度此段奉願候也

右惣代

黒岩康英

竹節安吉

明治十九年四月十三日

農商務省木曽山林事務所御中

木曽山林事務所の掛官による判定は内示とも言えるものである。岩菅山（表・裏）をそのまま官林にして置いて、年々、沓野・湯田中部落が必要とする産物の払下げをうけるか、もしくは、「拝借金」の「元本」を支払うか、ということである。この二つは、惣代にとっては想定外であった。宿舎に帰って「段々相考見候処御口達ノミニテハ帰村ノ上尚願書奉呈スル都合如何哉ト思案仕」（『日記簿』）という文言が、このことを物語っている。

翌一四日に、書面を書いて木曽山林事務所へ行く。このときの『書面』がどのようなものであったのかは明らかではないが、書面は受理されなかった。その理由について、掛官はつぎのように述べている。

この件で願が達成されないことは、人民へ言うわけではないが、遠路のところ数回にわたり来ているので、実際について言うまでである。また、旧松代藩吏より書面もたびたび出ているので調査した。旧松代藩吏が言うことについては必ずしも証拠とならない。

これによって明らかなように、これまでの引戻しの出願では許可しない方針である。旧松代藩からの「拝借金」一二一両二分を支払うということは、惣代としては想定していなかったようである。惣代らは帰途、長野市堂照坊に宿泊している館三郎に会って報告し、相談している。二四日には、惣代三名と、西沢寅蔵・竹節・湯本・佐藤喜惣治・児玉仁助・竹節友蔵・山本高五郎・小林市左衛門・山本清治郎が会合して対策を協議した。湯田中部落でも会合をもった。同日、館三郎より手紙が来て、二七日に来られるということであり、それまでに出願書の草稿を用意することとあったが、沓野部落の意向が決していないので日延になった。

五月四日に、館三郎が沓野部落へ来て、吉田忠右衛門宅（つばたや）に泊る。館三郎は、平穏村戸長に篠田和三郎が新任するので、旧戸長のときに調印した方がよい、と言うことであった。しかし、惣代は、まだ、沓野部落の重立衆の間でも決定していないことを述べると、館三郎は至急決定するようにとのことであり、惣代は館三郎に出願書について相談する。古幡戸長へは出願書への調印を依頼し、三日付で『副申』の依頼を提出した。

副申

岩菅官林民有御引直一条ニ付願書持受之願人惣代出頭仕候間御取調之御都合ニヨリ尚本文弁別致兼書副削除或ハ改テ書面等上申之儀者回発様御含御指揮被下度仍面副申候也

明治十九年五月三日

下高井郡平穏村戸長

古幡佐一郎印

農商務省木曽山林事務所御中

二〇日に、館三郎が湯田中へ来ることが決定し、二二日に竹節安吉が館三郎に会って、夜間瀬・須ヶ川組が幣軸竹の払下げを出願することについて協議する。
一〇月二九日に戸長役場から「回章」があった。

黒岩康英・春原専吉・竹節安吉
右之もの申達候義有之候条即刻旅宿迄出頭候様御通達有之候段照会ニ及候也
湯本五郎治止宿　木曽大林区署長野派出所詰
塚本清一郎
明治十九年十月廿九日
平穏村戸長役場御中
前記之通御達ニ相成候条至急御止宿迄御出頭有之度候也
戸長役場印
惣代竹節安吉殿
黒岩康英殿
春原専吉殿

惣代三名が塚本清一郎に会うと、幣軸竹の払下げであった。五か年季をもって出願するように書面の訂正を指示したものである。これにたいして惣代は、現在、民有に引戻しを出願中であり、これが認められれば民有地となるために事情が変わることを述べると、塚本清一郎は、出願しないでよいので、民有引戻しの事情を書いて出すことを指示した。一八年六月二二日の出願書と、一一月八日の出願書を添付して送る。

一一月一八日に、木曽大林区署から回達があって、五月三日附の引戻し出願書についてこれを聞届けるということであった。館三郎へただちに知らせる。

右によっても明らかなように、岩菅山の民有引戻しの条件は、すでに内示してあった旧松代藩よりの「拝借金」一二一両二分を、まだ返済していないものと仮定して、これを金円に書替え、一二一円二〇銭として完納することとしたのである。農商務省山林局木曽出張所（のち、木曽大林区署）では、明治一九年四月一三日の惣代への尋問において、旧沓野村・湯田中村の入会地である表・裏岩菅山が、旧松代藩時代には「元民有」であると認めている。

以上が、『日記簿』を中心とした館三郎と岩菅山の民有引戻しの経過である。

明治一三年二月二五日に、岩菅山の引戻しが保留されて以来、明治一九年一一月一一日まで、六か年間にわたる長期間の審査である。もっとも、その間、明治一九年一月二六日に引戻しは却下になっている。それにしても五年の歳月を経ている。これほどまでに引戻しの審査が難行し長引くような内容のものではない。しかし、他方において、民有か官有か証拠について旧松代藩からの「拝借金」の返済の有無に焦点を絞られてしまったために、返済の証書が無いということで沓野・湯田中両部落にとって不利なかたちになったのである。

旧松代藩士の長谷川昭道・矢野唯見・館三郎の証言があって、「拝借金」については、旧松代藩の会計上では領収書のようなものは出さないということと、旧松代藩にたいする負債についてはすべてないということであるにもかかわらず、この証言は全面的に容れられていない。

ところで、館三郎は、岩菅山の引戻しが、保留されて以来、『日記簿』上ではつぎのように沓野・湯田中部落へ来ている。いずれも、岩菅山の引戻しと水の問題についてである。

明治一四年　四月一六日（渋・吉田忠右衛門泊）より二三日。
明治一五年　四月二九日（湯田中・湯本五郎治、渋・吉田忠右衛門泊）。五月四日まで。
明治一六年　七月二〇日（湯田中・湯本五郎治、渋・吉田忠右衛門泊）。九月八日（までか）。
　　　　　一〇月一五日（湯田中・湯本五郎治泊）。三〇日まで。
明治一七年　六月　八日（湯田中と渋・吉田忠右衛門泊）。二四日（までか）。
　　　　　一二月一八日（湯田中・湯本五郎治泊）。二一日（までか）。
明治一八年　四月二〇日（湯田中・湯本五郎治泊）。二五日（までか）。
　　　　　六月一五日（湯田中）。
　　　　　八月一二日（沓野・湯田中）。一五日（までか）。
　　　　　一一月　二日（湯田中）。六日まで。
　　　　　一一月一七日（湯田中）。二四日まで。
明治一九年　三月二六日（湯田中）二九日まで。
　　　　　五月　四日（湯田中）。七日（までか）。
　　　　　一一月一九日（湯本五郎治泊）二七日（までか）。

『日記簿』上ではこれだけが確認されるのであるが、このほかにも来ている場合も考えられるし、さらに、松代ならびに長野市堂照坊に宿泊している館三郎をかなりの日数で訪ねているので、惣代と館三郎との間には、当時の旅程がすべて徒歩であるにもかかわらず、きわめて頻繁に往き来があった。館三郎は、惣代三名には絶対に信頼されていたし、岩菅山の引戻しについてなくてはならない存在であった。館三郎は、後年、「大参謀」あるいは「主唱者」ということを公言しているが、それは、館三郎を知る者にとっては当然と思われていたであろう。

（1）『和合会の歴史上巻』二八六～二一八頁。昭和五〇年、財団法人・和合会。本文書は、読み下しになっていて、原文のままではない。

（2）『和合会の歴史上巻』三一七頁。

第五章　官林の民有地への引戻しの法理

はじめに

民有を主張して官林を民有地へ引戻すのには、たんなる、不必要となった官林の払下げとは異なり（いわゆる、不要存地払下）、旧幕期における所有を立証しなければならない。それは、ただたんに村人が、官林に編入された土地で草木を採取していたとか、あるいは、入山を禁止されたことによって、部落の者達の生活が困窮している、という歎願によって所有を認定されるものではない。旧松代藩においては、藩の領有と村方との所有とが明確に分離されていなければならないのである。総じて、「御林」・「留山」・「巣鷹山」と称せられていたものは、藩所有として官林編入の対象とされた。とくに、「御林」については、明治元（一八六八）年一〇月に大蔵省会計局より関東諸県にたいする指令には『村鑑帳』の提出が命じられていることによって明らかなように、『村鑑帳』には「御林」の有無が記載されているからにほかならないから、ここに記載されている「御林」は官林編入の対象となる。一二月になると、これが明確に「御林帳」となって、独立した調査の対象となっているのである。

「御林」の調査は、初期には、旧幕府天領の伊豆・関東府県に集中的にみられるのであるが（明治二年七月、大蔵省達）、これは、明治絶対主義政府の支配からくるもので、明治三年三月になると、民部省が府県にたいして独立して「御林帳」の提出を命じている。支配が一般化されたのである。

管内御林ノ議別紙雛型ノ通取調早々指出可申尤伐木ノ義ハ都テ見込相立伺ノ上可取計且風折其外減木等ハ其時々取調可相届事

（別紙）

本紙西ノ内

何国何郡御林帳

何　府県

何国何郡

字何々

一御林一ヶ所

此反別何程

但　嶮岨
　　平地

但　長何間
　　横何間

但　御林ヨリ律出シ揚迄道法何里
　　夫ヨリ東京迄海上何里陸路何里

但　深山嶮岨等ニテ反別不相知箇所凡積廣狭

堅何間横何間ト可認事
此木数何本
内何本　　　節曲木
此　訳
何木何本　　但　長何間ヨリ何間迄
目通何尺ヨリ何尺廻迄
内何本　　節曲水
何木何本　　但　長何間ヨリ何間迄
目通何寸より何寸廻マテ
雑木何本　　但　前同断
外
小苗木何本　　但　長何尺程
何駅村ヨリ
何駅村マテ往還　　但　峠
平地
東側
長何間
一並木両側一ヶ所　　但　横何間　　何村
西側
右同断
此反別何程

此木数何程
　内何本　　　　　　　　　　　　　節曲木
　　此　訳
何木何本　　　　　　　但　長何間ヨリ何間迄
　　　　　　　　　　　　　目通何尺より何尺廻迄
　内何本　　　　　　　　　節曲木
何木何本　　　　　　　但　長何間ヨリ何間迄
　　　　　　　　　　　　　目通何寸より何寸廻迄
雑木何本　　　　　　　但　前同断
　外
小苗木何本　　　　　　但　長何尺程
字何々　　　　　　　　但　嶮岨
　　　　　　　　　　　　　平地
一竹御林一ヶ所　　　　但　長何間
　　　　　　　　　　　　　横何間　　　　何村
此反別何程　　　　　　但　津出里数前同断
此竹数何本
　此　訳
竹何本　　　　　　　　但　何尺寸廻
外

小竹何本
一御林起立
一御林冥加水有無
一津出ノ次第
一開墾可相成場所有無
一御林ノ内御用木可相成有無
右ノ通御座候也
年号　月　何県　附印

右によって明らかなように、民部省の御林調査は概括的なものではなく詳細である。木の種類はもとより、木の大きさ、木の数量、ならびに節木か曲木か、雑木や苗木等まで書き出すばかりでなく、御林地から津出しの場所までの距離、そこから東京までの海上の距離までの書き上げを求めているのである。これによって、御林の立木が、明治絶対主義政府支配の根拠地である東京（慶応四年七月一七日）にたいして、どのくらいの経済性があるものかを調査の目的としていることがわかる。このほか、調査には御林の期限ならびに「冥加永」の有無の記載も求めているから、御林と地元人民との関係、とくに、用益権との関係に関心があることを示している。用益権の存在するところでは、そこでの立木は数量的に把握することができても、人民の権益による利害対立があり、実際上において、官において立木を自由に伐採したり売却したりすることができないからである。このことを考慮に入れて置かなければ、立木の木材としての有用性（経済的価値）を算出することができなくなるからにほかならない。

しかし、これだけの調査を、新政府を樹立したとはいえ、地方体制の基礎がまだ固まっていない維新混乱期において地方機関がこの調査書を作成し、これを民部省に提出することは簡単にできるものではない。「御林」という名称をもつ山林の書き上げならば、これまでに地元の村々でも提出したこともあるし、『村明細帳』などにも記載されているのであるから、提出することは容易である。にもかかわらず、なかなか提出されなかったのが実情であった。

この民部省の御林の調査にたいして、大蔵省では明治二年（一八六九）七月九日の御林の取締りを達して以来、官林について明治五年六月十五日に達第七六号として出した指示までは、「御林」という用語を使用している。これにたいして民部省は、明治三年三月の達で「御林」という用語を使用したほかは、明治四年七月の「官林規則」において官林という用語を使用し、以後、官林・官有地という用語を使用している。太政官においても、はじめは「御林」という用語を使用していたが（明治三年九月二七日、開墾規則）、明治六年には官用地・官有地という用語を使用し（三月二五日、地所名称区別）、租税寮においては「地券渡方規則」第三四条の公有地の解釈について出した第二二号達では「官山官原」という用語を使用している。以上のことから、官林ならびにこれに準ずる用語は、明治四年七月以降、各省庁等において使用され、官用語から「御林」という用語が使用されなくなった。

御林という名称は、旧幕藩領の直轄林を示し、官林は明治維新政府の中央集権的官僚体制のもとにおける直轄地という意味を持たせたのであろう。

このようにして、御林はきわめて早い段階から官有地に編入されていて、それは、地所の所有を決定する地租改正以前に先行して行なわれていた。御林を領主の直接的支配として位置づけ、これを官有地として支配したのである。官有地は地租改正によって所有として認められる。

第一節　民有地へ引戻しの法理

旧沓野村持地が官林に編入されたいきさつについてはあまり明確ではないが、引戻しの願書等によると、「明治五年地租御改正ニ付耕地は勿論山野地検取調べ上帳仕り」（地租改正は明治六年で、地券渡方規則は明治五年である）とあり、この「上帳」が「御布達の御廉々弁えず心得違」によるものであることが述べられている。この「心得違」がいかなるものなのであるのかはわからないが、あるいは、「御林」として管轄庁に提出した村明細帳などに記載されていたものなのであろうか。もしくは、御林の書上げをしたのであろうか。いずれにしても、地租改正においては公有地券状が渡されている。したがって、旧沓野村持地ならびに入会地は、明治政府が絶対に確保すべき「御林」とは認識していなかったことがわかる

公有地という名称の所有が規定され、これにたいして地券状が発行されるのは明治五年九月四日の大蔵省『地券渡方規則追加』（一二六号達）から以後である。

『地券渡方規則』の追加は、第一五条から第四〇条まであるが、そのうち、山林に関する条文はつぎのごとくである。

第二十六条

一村持之小物成場山林ノ類ハ地引図中色分致シ可申事

第三十四条

一村ノ山林郊原其地価難定土地ハ字反別而且記セル券状ヘ従前ノ貢額ヲ記シ肩ニ何村公有地ト記シ其村方ヘ可相

渡置事
但池沼ノ種類モ同断之事
第三十五条
一両村以上数村入合之山野ハ其村々ヲ組合トシ前同様ノ仕方ヲ以てテ何村何村之公有地と認メ券状可渡置尤其券状ハ組合村方年番持等適宜ニ可相定事
第三十六条
一総テ山林原野之類反別難相分ハ先以テ無反別ニ致シ漸次点検ノ積可相心得事
第三十七条
一総て右種類ハ地界ヲ券状ニ記載ス可シ譬ヘハ東耕地西字何山南某川北某村字何原ト如斯詳カニ記注ス可キ事

この『地券渡方規則』追加で注目すべきものは、第三四条と第三五条の公有地に関する規定である。第三四条「村持」の「山林郊原」であって、その地価が決定できないものは「公有地」とする、と解釈される。第三五条は、公有地であっても入会地に関する規定である。また、第三六条は、山林原野であっても反別がわからないものについては「無反別」として、漸次調査することを指示したものである。

公有地の内容については、これにとどまるだけでなく、この『地券渡方規則追加』が出された直後の、翌一〇月三日に、『租税寮改正局日報』では、つぎのような公有地についての「達」を出している。

三十四条公有地と唱候ハ従来官山原或ハ村持山林牧場秣場之類地価も難定且後来人民御払下等願出候節迄ハ持主

難相定儀ニ付是を公有地と相定候議ニ而右地券ハ規則之如ク其関係之村々へ相渡其地所預り居候旨請書取置可申事但公有地タリ共人民多少之所得有之儀ニ付券状壱通ニ付証印税五候銭収入可致事

この「達」においては、公有地のなかに「官山官原」が入っているのを注釈していることである。『地券渡方規則』第三四条の規定においては「官山官原」は入っていないので、注釈というかたちで無理に入れたのである。つぎに、「官山官原」に関連して「後来人民御払下等願出候節迄ハ持主難相定」とあり、公有地については将来において人民が払下げを出願することを予定していることである。これは、官林の払下げ政策、開墾政策によるものである。そうして、それゆえに公有地とする、というのである。ところで、この達において、第三四条は、「官山官原」と「村持山林牧場秣場之類」が「或ハ」という言葉によって並列されている。この達は、それじたいが、第三四条の規定との関係において意味が不明のところがでてくる。それは、「村持山林牧場秣場之類」については、第三四条では「其地価難定土地ハ」とあり、地価の評価の有無だけが公有地編入の条件となっているのである。とすると、この第三四条の規定との関連のもとに右の達についてみると、達にある「人民御払下等願出」は「従来官山官原」にかかるものでなければならないということになる。

沓野部落が引戻しを申請した山林は、引戻しの願書によると、明治七年七月に書上の「上帳」を提出して、八月に「地券」が渡されたとある。地券状の写をみると、字文六・志賀の三九七町が明治七（一八七四）年七月となってい る。この地券状の写に誤りがないものとすれば、七月に地券状の申請をして七月中に渡されたものである、ということになる（ともに日付を欠く）。これが翌八年八月二八日に一等官林に編入されたことを租税課地理係より通知される。それは、明治七年一一月に『地所名称区別』の改正が行なわれ、公有地が消滅して、所有は官有地と民有地の二大別となったからである。公有地は、民有地か官有地かのいずれかに編入される。沓野部落の公有地は、この法律によって民有か官有かを決定しなければならないが、どういういきさつでそのようになったかが明らかではないが、官有地に決定された。私的所有の根拠はないとされたのであろうか。あるいは、官有地から公有地に編入されたために官有地に引き戻されたのであろうか。

ところで、山林原野官民有区別は、地租改正進行中において公有地に編入された土地を、官有と民有とに分離する法令を指す。この法令は明治七年一一月七日、太政官布告第一二〇号として出された。つぎのとおりである（『地所名稱区別改定』と略称する）。

○第百二十号（十一月七日　輪廓府）

明治六年三月第百十四号布告地所名稱区別左ノ通改定候条此旨布告候事官有地

第一種　地券ヲ発セス地租ヲ課セス区入費ヲ賦セサルを法トス

一皇宮地　皇居離宮等ヲ云

一神　地　伊勢神宮山陵官国弊社府県社

及ヒ民有ニアラサル社地ヲ云

第二種　地県ヲ発シ地租ヲ課セス区入費ヲ賦スルヲ法トス

但府県所用ノ地ハ地券ヲ発セス唯帳簿ニ記入ス

一皇族賜邸

一官　有　地　官院省使寮司府藩県本支庁裁判所警視庁陸海軍

本分営其他政府ノ許可ヲ得タル所用ノ地ヲ云

第三種　地券ヲ発セス地租ヲ課セス区入費ヲ賦セサルヲ法トス

但人民ノ願ニヨリ右地所ヲ貸渡ス時ハ其間借地料及ヒ区入費ヲ賦スヘシ

一山岳丘陵林藪原野河海湖沼池沢溝渠堤塘道路田畑屋敷等其他民有地ニアラサルモノ

一鉄道線路敷地

一電信架線柱敷地

一灯明台敷地

一各所ノ旧跡名区及ヒ公園等民有地ニアラサルモノ

一人民所有ノ権利ヲ失セシ土地

一民有地ニアラサル堂宇敷地及ヒ墳墓地

一行刑場

第四種　地券ヲ発セス地租ヲ課セス区入費ヲ賦スルヲ法トス

一寺院大中小学校説教場病院貧院等民有地ニアラサルモノ

民有地

第一種　地券ヲ発シ地租ヲ課シ区入費ヲ賦スエルヲ法トス

一人民各自所有ノ確証アル耕地宅地山林等ヲ云

但此地売買ハ人民各自ノ自由ニ任スト雖モ潰レ地開墾等ノ如キ大ニ地形ヲ変更スルハ官ノ許可ヲ乞フヲ法トス

第二種

一人民数人或ハ一村或ハ数村所有ノ確証アル学校病院郷倉牧場秣場社寺等官有地ニアラサル土地ヲ云

但此地売買ハ其所有者一般ノ自由ニ任スト雖モ潰地或ハ開墾等ノ如キ大ニ地形ヲ変換スルハ官ノ許可ヲ乞フヲ法トス

第三種　地券ヲ発シテ地租区入費ヲ賦セサルヲ法トス

一官有ニアラサル墳墓地等ヲ云

『地所名称区別』の改正によって、山林原野の官民有区別を決定するのは地租改正事務局である。

地租改正事務局は、明治八年三月二四日、太政官達第三八号をもって内務省と大蔵省との間に置かれたもので、地租改正事業を管掌する特殊な部局であるが、その権限は大きい。しかし、実際の判定作業をするのは府県である。したがって、沓野部落の公有地の官民有区別の判定は長野県の地租改正の担当が行ない、所有判定の疑点があるもの、ないしは重要なものについては地租改正事務局へ上申してその判定を求めるが、最終的には、地租改正事務局が派遣した派出官員の判定によるのである。いずれにしても山林原野の官民有区別については長野県担当官の判断によるところが大きいのである。

山林原野の官民有区別は、『地券渡方規則』ならびに『地租改正条令』を根拠法とし、これによって、地租改正事務局の担当官ならびに府県の地租改正担当官は官民有区別を判定するのであるが、このほかに、租税寮や地租改正事務局の指令も官民有区別の判定基準に準拠する。これらは、その重要なものが印刷されて公表され所有判定の基準として配布される。これらを知ることは、林野引戻しを申請する部落にとって不可欠である。しかし、町村の文書中には、『別報』の伺・指令を見ないところから、ここまで配布されていなかったのであろう。ただし、その写はあるが、それは、当面必要とするものだけのようで、ごく限られている。

館三郎は、明治一二年四月の引戻しの願書において、どのような所有論を展開したのであろうか。私的所有の認定については、太政官・大蔵省ならびに、これをうけて所有認定の作業にあたった地租改正事務局によって、明治一二年にはその基準が明確に確定しているのである。このことについて、館三郎ならびに沓野部落の代表者達は熟知していたのであろうか。この間の事情を示す文書資料は見当らない。とはいえ、文書資料がないことによって、知らなかったとはいえないのである。これについての詮索はともかくとして、沓野部落が内務省地理局へ提出した文書から明らかにする。

第二節　官有地引戻しの『歎願書』と法理

明治一二年四月三日に、沓野部落の惣代が内務省地理局長・桜井勉に提出した『歎願書』(引戻し願)には、本文のほかに村所有を示す八種類の文書が証拠として添付されている。すなわち、(イ)「延宝七未年十二月十二日山編御裁判御裏書絵図面」、(ロ)「旧藩御奉行書済口証文」、(ハ)「文久三亥年三月」の「信・上・越国境」の「色訳絵図」、(ニ)上記にたいする村方の「答書」、(ホ)「旧松代藩皆済土目録」、(ヘ)「長野県皆済土目録」、(ト)「文久三亥年琵琶池佐野村代水流末数ヶ村示談書」、(チ)「文久三亥年琵琶池佐野・湯田中両村代水ニ差出し取リ替シ証書」、である。

まず、本文についての内容である。

この種のいずれの文書においても、旧沓野村・沓野部落の者達が林野に依存していたことをあげ、林野利用ができなくなると生活が破綻することを示す。これは一般的前提であって、所有そのものにはかかわりがない。地租改正の際に、公有地についての理解力の不足から、公有地とは、沓野村民が年貢を上納していて入会稼を自由にできるところである、と心得ていた、というのである。ここには、問題が二つある。その一つは、旧松代藩にたいして、「山御年貢」を上納していたことを指摘していることである。この「山御年貢」が、所有との関係においてどのような法的根拠をもつのかを『歎願書』では明確に示していないが、「山御年貢」というのは、本租のことであり、本田畠という私的所有地にたいする貢租と同一であることを主張しているのであろう。これは、「山御年貢」地にたいして、「他村入会山」とは異なる、という文言によっても明らかである。また、「自由進退」という文言は、土地の絶対的支配を意味し、転じて所有を示すのである。これらの文言によって沓野村の所有であることを主張した。それが、なぜ官林に編入されたのか。それは、村方において、地租改正の規則や法令についての理解不足によるものである、と言われている。沓野村と湯田中村が合村して平穏村となるのは明治五（一八七二）年のことである。ここに上條村が編入されるのが明治九（一八七六）年である。地租改正の当初は平穏村であるから、『地所永代売買解禁』と、これにともなう地券規則の前身である『地所売買譲渡ニ付地券渡方規則』（大蔵省）が達せられるのが明治五年二月二四日であるから、地所の売買が行なわれたときの地券状の発行の取り扱いは平穏村となる。この「達」についての適用は売買がない土地には関係がないから旧沓野村の山林には地券状が発行されない。問題となるのは、三月二五日の「地所ノ名稱区別』（太政官布告第一一四号・今般地券所発行ニ付地所ノ名稱区別者左ノ通更正候條此旨相達候事）と翌六年七月二八日の『地租改正條例』（太政官）である。したがって、地租改正については平穏村があたる。明治五年に松代県が廃止となり長野県となる。地租改正関係の布達や指令は長野県から平穏村へ下達されるのであり、平穏村が沓野部落に伝達を必要とするものについては沓野の総代が行なう。沓野部落からの伺は平穏村経由である。

法令や「達」の解釈を誤ったのが、平穏村なのであるのか、沓野部落なのであるのか、また、両者であるのかは明らかではない。村々は、明治維新政府の絶対主義中央集権による上意下達の権力体制下に置かれたのであるから、旧松代藩とは変りはない。あるいは、それ以上に絶対的な支配体制と映ったのであろう。長野県は旧松代藩領をはるかに越えた新政府直轄支配の大支配地なのである。この法令や「達」の解釈を誤ったというのは、実際上においてなにが原因であったのか。一つは、「奥御林」や「建継御林」・「私立御林」などという御林という用語を松代藩領の山林にたいして附していたことから、これを村吏が官林として書上げたのであろう。もう一つは、林野面積や地価を決定することが、田地、畠、一般林野にくらべ、その面積と地価算定のために遅れたことによって、このような林野をいったん公有地として編入し、地券を発行する。沓野部落の場合、このいずれのかたちをとったのかが、はっきりとしない。考えられることは、「御林」という文言によって、「御林帳」へ上帳したと考えられる。これは、文書中に、「明治七年七月上帳仕リ」とあることから推測されるのである。この文書につづいて、「翌八月山地券御下渡し」とあるのは、公有地々券の発行のことであろう。ということになると、この、「上帳」は公有地地券下付のためのものであるから、それ以前においての所有は未定であるのか官有地であるのかのいずれかということになる。官有地であるならば、『地券渡方規則追加』の第三四条の注釈が出された明治五年一〇月に準拠して、払下げを予定している官林とも解釈されるのである。

この、公有地地券の発行直後の九月に、村境と公有地の林木等の種類・数量等の書上げが長野県から下達され、平穏村の吏員が調査と書上げにあたるが、広大な山岳のために、それは概数のみであった。

翌八年になって、公有地はすべて官有地への編入が「達」せられる。すなわち、明治七年一一月七日の『地所名稱区別改正』（太政官布告）である。この太政官布告が長野県を経て平穏村へ示達されたのが明治八年早々なのであるう。この太政官布告は、さきに掲出したように、土地の所有を官有地と民有地を二大別したもので、公有地は消滅している。したがって、公有地を民有地か官有地に分けなければならないことになる。

沓野部落の山林は、この林野官民有地区別によって官有地に編入され、つづいて一等官林に編入される。文書によると、(イ)「八年ニ至リ公有地の分都而《すべて》官有地と仰せ渡され」、八年七月には「官有地ノ内追テ御貸渡」するという「布達」があったので「銘名家業」を継続することかできると思っていたところ、(ロ)八月二八日に「租税課地理係より御達」があり、「旧奥御林改正岩菅御官林之村持公有地」がすべて一等官林に編入される。『歎願書』では、文意が若干不明のところがあるが、明治八年に沓野部落の公有地がすべて官林に編入され、七月中に官有地のうち貸渡しする布達が出される。八月二八日に「旧御林改正岩菅」が一等官林に編入されるというのが、いきさつであろうか。ということは、沓野部落の公有地のうち、官林に編入された山林は、岩菅山が一等官林として編入され、そのほかの公有地は普通官林に編入されたということになる。いずれにしても、旧沓野部落村の山林はすべて官林に編入されたのである。

明治一二年一月の下戻しの『歎願書』と、館三郎が関与した同年四月二一日の下戻しの『歎願書』をみると、一月の『歎願書』の文面は、四月の『歎願書』の文面に比べて短く、かつ、民有であることの主張は少ない。そのうえ、もっぱら困窮を訴えている。四月の『歎願書』は、民有の主張が長いのが特徴である。

この二つの『歎願書』にみられる民有地であることの法律論は、あまり具体的ではないが、つぎのような構成になっている。

一、明治五年の「山野地検取調べ」のときに「上帳」したこと。(この「上帳」なるものの具体的内容は明らかがではないが、或いは、「御林」と稀されているところを書き上げしたのであろうか）。

二、公有地に編入されても、公有地とは、村民が山年貢を上納して自由に進退できる場所と思っていたこと。

三、公有地が官有地に編入されても貸渡しができるという布達があったこと。

四、地租改正の際に、古昔から山年貢を上納していたり、古証書があるにもかかわらず、村吏が実際に取り調べないで報告したために、村持山・村持秣場まで一等官林に編入されたこと。

五、古来より譲渡もしてきた民地であること。

六、村方で進退し、耕作・培養・産物工造の営業をしてきたこと。

七、旧沓野村の持持として立証する文書・資料はつぎのとおりである。

(イ)延宝七年一二月一二日の山論御裁断御裏書絵図面

(ロ)安政二年七月湯田中・沓野の出訴に際しての済口証文

(ハ)文久三年三月の信・上・越三ヶ国の国境色訳絵図

(ニ)旧松代藩皆済土目録

(ホ)長野県皆済土目録

(ヘ)文久三年琵琶池佐野村代水流末数ヶ村示談書

(ト)文久三年琵琶池佐野・湯田中両村代水の際の取替し証え

以上のごとくである。

右の証書のうち、(イ)の延宝七年一二月一二日の『山論御裁断御裏書絵図面』は、館三郎が関与する以前の明治一二年一月二七日の引戻しの歎願書に添付されていたものである。この文書も含めて、これらの文書は旧沓野村の所有を証明するものとして提出されたのである。なお、四月二一日の再出願にあたっては添付された文書のなかには、文書の簡単な内容が書かれているのが特徴である。

それではいったい、地券制度、地租改正の諸法令に照し合わせて、これらの文書は、どのように旧沓野村の村持(所有)であることを証明することができるのであろうか。

まず、『延宝七年末十二月二二日山論御裁断裏書絵図面』である。延宝七年の幕府評定所裁決は、沓野・湯田中・夜間瀬・上条の諸村の山地境界を裁断したものである。つまり、村境の決定である。したがって、この裁許状だけでは所有を決定づけることはできない。一月の歎願書に延宝七年の裁許状が所有の証拠書類として添付されているが、内務省地理局がこの文書に所有を認めなかったのは理由のないことではなかったのである。地租改正に際して派出官員に出された指令や、府県が地租改正にあたって基準とした指令をみても、ただたんに裁許状に隣村関係の紛争を裁断し、地籍を定めて入会を行なってきているだけでは所有とは認めない(明治九年一月一九日、『昨年ハ当局乙第三号同十一号達ニ付山林原野官民所有区別処分派出官員心得書』、第四条)、とある。沓野村の場合、少なくとも、延宝七年の裁許状では、その文書から所有という明確な文言をみないために、さきに指摘したように、この文書のみでは沓野村の所有であることは立証することができない。にもかかわらず、延宝七年の裁許状を証拠として添付したのは、沓野村山林の範囲と、そこにおける支配を明確にすることがあったのである、沓野部落の引戻しの『歎願書』に先立ち、夜間瀬村等が、村持ちないしは入会を主張した願書を提出したからであろう。村境を決定することにおいては、延宝七年の裁許状は法律上において有効である。訴状においては、沓野村の村持ちであり、単独の支配地として使用・収益や植栽、あるいは割地をしていることを述べているが、これらは裁許状のなかでは直接に触れられていないし、また文言もない。しかし、他村からの入会を否定しているのであるから、一村独立の村持ちであることは認められているはずである。一日の歎願書では、この延宝七年の裁許状が提出されているが、これを内務省地理局が所有について認めなかったのは、所有ないしは植栽・培養、割り地等の文言がなかったためであろう。

館三郎が関与した四月の下戻しの『歎願書』に再び延宝七年の裁許状が提出されたのは、夜間瀬ほかの村落が支配ないしは入会を主張して引戻しを画策したことにある。これにたいして、その対抗上、引戻しを出願した場所がこれらの村落の入会等でないことを明らかにすることと、旧沓野村の村持地ないしは単独支配の範囲を明確にするためであったものと思われる。

つぎに、安政二（一八五五）年の、沓野村と湯田中村との済口《すみくち》証文は、これまで、年貢上納が沓野村と湯田中村との共同で行なわれていたのを分離し、実質的にも形式的にも両村の分離を行なったものである。この前提として、沓野村と湯田中村との境界をこの絵図面で明示した。年貢については、沓野村が六俵九升二合六勺、湯田中村が二俵三斗二升五合四勺を負担するとともに、沓野村は湯田中村へ年々六両を差し出すというものである。この期限については明らかにされていない。沓野村が分地に際して、湯田中村の支配を解消し沓野村の村持として土地を買ったともいえるものである。松代藩の公簿である年貢上納目録『皆済土目録』を変更をするのであるから、松代藩は、この、沓野村と湯田中村との合意について承認するか、あるいは、却下することもできる。両村の紛争に際しては、隣村の佐野村の勝左衛門等が第三者として仲介にあたり、両村が合意した内容を松代藩に奏上して、認可を求めるという形式をとった。松代藩は沓野村と湯田中村の済口証文（合意書）にみる内容を認めたのである。この済口証文の内容については松代藩も介入したであろうから、当事者である沓野村と湯田中村が勝手に作成して提出したようなものではない。松代藩は、沓野村から湯田中村へ金銭を渡して湯田中村の支配を解消し、単独の村持地としたのを認めたのである。このことは、地租改正の所有認定の基準である「買得の証」にほかならない。

つぎに、文久三年に沓野村と湯田中村が松代藩の下命によって提出した答書は、松代藩の直轄林である御林と、村持山との境界についてのものである。この文書での重要な点は、(イ)志賀、文六等の山年貢を上納して村持ちとしている山林と、御林との境界を明確にしていること、(ロ)夜間瀬村との訴訟(延宝七年一二月、幕府評定所裁決)によって負債のため、松代藩にたいして一二一両二分を借金し、これの引当てに岩菅山を差し出したこと、(ハ)夜間瀬村等の盗伐・盗採を防止するために、「御林」という名称(私立御林)をつけることを許可してもらい、松代藩の直接の支配下に置かれているように擬装したのである。松代藩という領主権力を利用して夜間瀬村等による入込み、すなわち、盗伐・盗採・侵墾を防いだのである。したがって、「私立御林」と名称されている山林は、松代藩公認の村持山林であることは明らかである。

つぎに、松代藩と長野県の『皆済土目録』である。松代藩は廃藩置県によって松代県となり、さらに、長野県へ編入される。年貢を上納したことを示すのが皆済目録であり、松代藩の税制上において、沓野村の山年貢は本租のなかにくみ込まれて徴収されていることを明示している。したがって、引戻しの山林は地租改正の諸法令にいう所有認定規準の本租にあたるものであり、雑租を納入しているのではないのであるから、村持ちとしての村所有に該当するものと言わなければならない。

つぎに、文久三年の琵琶池の水利関係であるが、これらは紛争関係あるいは水利用関係諸村との和解書である。これは、大沼池・長池・丸池についての文書とともに、沓野村の池支配を明らかにするもので、琵琶池については沓野村が堰口の権限を持ち、湯田中の引水については、湯田中村と松代藩が沓野村に代水料を支出して琵琶池からの引水を行なうことを約定しているのである。このことは、松代藩が御林のように直接に池を支配し「所有」しているのであれば、湯田中村が沓野村にたいして引水料を出すのに松代藩がこれを補助することはないであろう。実際において、沓野村は琵琶池から引水をしていないのである。いずれにしても池の所有を主張しているのである。

以上が、証拠書類についての説明である。このほかに、大沼池・長池、丸池、沼池（一沼）については、文政年間に沓野村が用水を引入れ、土堤を築造し、引水樋で畑地を水田にして、租税を納めていたことが記されている。

これらはいずれも、旧松代藩時代に沓野村の所有を示す文書として内務省地理局へ提出されたものである。具体的には、どのようなかたちで内務省地理局へ提出されたかは明らかではないが、通例だと、内務省地理局長野出張所が受理し、意見書を添えて地理局へ回送するのである。このとき、長野出張所の意見書が、引戻しに相当しない、というのであれば、よほどのことがないかぎり、地理局は、地方出張所の意見書に従うものである。具体的には長野出張所の「案」というかたちをとるのである。いい加減な「案」であれば、長野出張所の責任が問われる。

この、館三郎が関与した明治一二年四月二一日の引戻しの『歎願書』は、文意においてもわかりにくいものがある。引戻しを主張するのであるから、旧沓野村の所有であることを明示しなければならない。しかも、その所有の実証は、地租改正関係の諸法令はもとより、指令にも準拠しなければならないのである。この点おいて論述も明解さを欠いているし、地租改正の所有認定の基準に沿ったかたちで記述が行なれているとはいいがたい。地租改正の諸法令や所有の認定基準についての伺と指令について、館三郎と沓野部落では、この時点に関するかぎり、それほどの知識を持っていたとか、あるいは検討したか、ということについては肯定することができないのである。

しかし、それにもかかわらず、引戻しを申請した山林が旧沓野村の村持地であり、かつ、所有であることを証拠づけることできるのである。

それではいったい沓野村の村持地が、なぜ公有地に編入されたのであろうか。この間の事情についての明確な文書や資料というものがないので明確にすることはできない。『歎願書』においてもこの公有地編入のいきさつについては明らかではない。館三郎もこれについては言及していない。おそらく、(イ)沓野村持地に「御林」という名称がつけられていたために、内務省・大蔵省から御林の調査・書き上げを命じられた際に、これを提出したものであろう。(ロ)あるいは、面積や地価の算定が早急にできなかったために、この山林を公有地に編入したのであろう。いずれにしても公有地に編入されたことは明らかである。前者については、御林から公有地となるケースである。これは、明治五年一〇月に、御林（官山官原）のうち、払下げを予定している山林を公有地に編入した政策に該当するのである。『歎願書』で、公有地となったために官林の編入から脱して公有地という所有になったことを安心したように書かれているのはこのケースを想定される。それが、『地所名称区別』の改定（明治七年一一月七日、太政官布告第一二〇号）によって、公有地は消滅し、土地所有は官有地をと民有地の二つに分属される。その結果、沓野部落の公有地は官林に編入される。沓野部落の『歎願書』では、しきりと村吏の無知のために公有地に編入され、ひきつづき官有地に編入されたことを記述しているが、これは「御林」という名称によったためで、「私立林」等が実際に村持ちであることを上申しなかったためである。この点についても、「素より地方不案内御布達の御廉々弁えず心得違不調法」というだけで、その内容については明らかではない。あるいは、公有地編入（ないしは官有地編入）の責任の一斑を村吏に着せたとも思えるのである。

以上のことから、沓野部落が引戻しを行なう理由として、公有地に編入されたのは――それ以前において官林に編入されたものであっても――、村吏がよく法令を理解しなかった手続き上の誤りのためであり、さらに、公有地という所有が官林に編入されるとは思いもよらなかった、というのが引戻しの第一の理由である。第二に、引戻しを申請した民有地であることの理由として文書・資料をもって立証する。すなわち、官林として編入された御林は、普通一般の藩直轄林である御林ではなくて、夜間瀬村等の他村からの盗伐・盗採を避けるために藩に願いでて御林という名称をつけるのを申請して認められた。これによって、御林は通常の意味での御林ではないことになり官林に編入される必然性はないのである。ということになると、一般の村持山林ということになる。村持の山林が所有となるためには、ただたんに「薪秣刈伐或者従前秣永山永下草銭冥加永等納来候習慣」があるだけではだめで（明治八年一二月二四日、地租改正事務局乙第一一号達（）、明確な所有の証拠を必要とした。これには、官簿・公簿において村所有であることを記載しているか、幕府・領主の裁決において村所有を認めているか、ということが内容である。あるいは、「村山村林ト唱ヘ樹木植付或ハ焼払等夫々ノ手入ヲ加ヘ其村所有地ノ如ク進退」してきていることが証明されれば村所有として認定されるのである（派出官員心得書）。これらは、地租改正の所有認定についても、官林に編入されてのち引戻しを申請した際の所有認定についても適用される。もっとも、『派出官心得書』は法令ではないので、直接に村・部落等を拘束するものではない。

（1）「派出官員心得書」の法的拘束力については、前掲書ならびに、北條浩『入会の法社会学』（二〇〇一年、御茶の水書房）のほか、法的拘束力を否定した最高裁判所の判決（昭和四八年三月一三日、第三小法廷）を参照。

（2）「派出官員心得書」法的拘束力については、北條浩『日本近代林政史の研究』（一九九四年、御茶ノ水書房）、ならびに福島正夫『地租改正の研究』（昭和四五年、有斐閣）を参照されたい。なお、『派出官員心得書』の第四条までを掲出する。

　昨八年当局乙第三号同十一号達ニ付山林原野等官民所有区別処分派出官員心得書

第一条

一旧領主地頭ニ於テ既ニ某村持ト相定メ官簿亦ハ村簿ノ内公証トス可キ書類ニ記載有之分ハ勿論口碑ト雖トモ樹木草茅等其村ニテ自

由致シ何村持ト唱来リタルコトヲ比隣第村ニ於テモ瞭知シ遺証ニ代ツテ保証スルカ如キ山野ノ類ハ旧慣ノ通其村持ト相定メ民有地第二種ニ編入スルモノトス
但一旦官林帳ニ組入タル分ハ此限ニアラス

第二条

一従来村山村林ト唱ヘ樹木植付或ハ焼払等夫々ノ手入ヲ加ヘ其村所有地ノ如ク進退致来ル分ハ他ノ普通其地ヲ所用シテ天生ノ草木等伐苅致シ来ルモノトハ判然異ナル類ハ従前租税ノ有無ト簿冊ノ記否トニ拘ハラス前顕ノ成跡ヲ視認候上ハ民有地ト定ムルモノトス
但一隅ヲ以テ全山ヲ併有スルコトヲ得ス

第三条

一従前秣永山永下草銭冥加永等納メ来リタルト雖トモ曽テ培栽ノ労費ナク全ク自然生ノ草木ヲ採伐仕来タルモノハ其地盤ヲ所有セシモノニ非ス故ニ右等ハ官有地ト定ムルモノトス
但其伐採ヲ止ムルトキハ忽チ差支ヲ生ス可キ分払下或ハ拝借地等ニナスハ内務省ノ処分ニ付地方官ノ見込ニ任スヘシ

第四条

一先年甲乙ノ争端ヲ生スルニ当ツテ其領主或ハ幕府ノ裁判ニ係リ其原野ハ甲村ノ地盤ト裁許相成而シテ乙丙之レニ入会従来採薪秣苅等致来ルモノト雖トモ第三条ノ如キ地ニツテ外ニ民有ノ証トスヘキモノナキハ第三条ニ準シ処分可致尤裁許状ニ甲村ノ地ニシテ甲乙丙入会三ヶ村進退或ハ三ヶ村持ト明文有之類ハ其証跡顕然タルニヨツテ税納ノ有無ニ不拘従前ノ通之レヲ村持入会地ト定メ民有地第二種ニ編入スルモノトス
但裁許状ニ入会トノミ有之候トモ実際第一条第二条ノ如キ地ハ勿論旧来入会村外ノモノヨリ公然山手野手抔ト唱ヘ多少ノ米銭ヲ

請取薪秣等伐採ニ為立入候慣習等有之其成跡入会村所有ニ帰シ相当ノ分ハ民有地第二種ニ定ムルモノトス

第三節　岩菅山の引戻しとその法理

明治一二年四月一一日の引戻しの歎願書は、翌一三年一一月二五日に岩菅山を除いて引戻しが認められた。岩菅山については、引戻しが認められなかったのであるから、所有の証跡がないといって却下されたのかというと、そういうわけでもなかった。その文言は、

　但表裏岩菅両山之儀ハ追テ可及何分之達且古証書類ハ右両山処分済之上可下戻候事

というのであった。

すなわち、岩菅山については、これ以後において何分の沙汰におよぶ、というのであるから、岩菅山は却下になったのではなく、保留になったのである。所有を立証する証拠書類については、岩菅山の処分が決定するまで内務省山林局木曽出張所が保管することになった。このことをみても、却下処分を前提とするものではなく、再検討することになったのである。したがって、引戻しの可能性もある。

明治一二年五月一六日、内務省達乙第二一号をもって、山林局が設置された。

明治一四年四月七日、太政官布告第二一号をもって、農商務省が設置され、官林については農商務省山林局が所管となった。

明治一四（一八八二）年一二月に、沓野・湯田中の両部落は連合して農商務省木曽山林事務所にたいして岩菅山の引戻しの再願書を提出する。沓野・湯田中の両部落を代表して沓野部落の春原専吉・黒岩康英・竹節安吉がひきつづきあたる。これによっても明らかなように、引戻しの主導は沓野部落であり、館三郎とともに再願書の作製にあたるほか、農商務省山林局木曽山林事務所との交渉や、長野県ならびに郡役所との交渉にもあたる。『再願書』によると、六月に係官が来た際に山林に関する書類の提出を求められたので、沓野部落の代表はすでに木曽山林事務所に提出していると答え、不満の意をあらわしている。このままではいつまで待っても岩菅山の問題は解決しないし、審査も行なわれないで結論づけられる危険性もある。こうしたこともあって『再願書』の提出となったのである。

ところで、『再願書』では、岩菅山（表・裏）の所有についてつぎのように申述している。

すなわち、岩菅山は「私立御林」であって松代藩の「御林」に接続していて、これらを含めて「総名」としていたために、地租改正の際に「取調方誤謬」によって官林とされたものである。また、岩菅山にたいする旧松代藩への「拝借金」は明治四（一八七一）年をもってすべて返済している。したがって、「私立御林」といっているだけのことであって民有山にほかならない。

この『再願書』は、明治一四年四月二一日の『歎願書』をうけたものであり、そのために、かなり省略されている。岩菅山が「私立御林」と称されていたのは、さきの『歎願書』によれば、夜間瀬村ほかの村々からの盗伐・盗採を防ぐために松代藩に「御林」という名称をつけることを許可され、これを本来の藩直轄林である、「御林」と区別するために、「私立御林」としたのである。したがって、本来の「御林」ではなく、沓野村持であり、地租改正においては民有となるべきものであったと主張する。さらに、延宝年間の訴訟費用を松代藩で借りた引当として、岩菅山を抵当に入れたが、明治四年で返済は終了したと主張する。岩菅山が御林であるならば、松代藩がこの山林を抵当物件として一二一両余の金額を貸すはずがない。また、返済が終了したのであれば抵当は解除になる。これは当然のことである。しかし、このことを立証する文書ならびに資料上の証拠となると存在しないため問題が残ったのである。
この問題は、拝借金の一二一両二分に関するものである。これについて、明治一九年一月二六日に引戻しが不許可になった直後の三月一七日の『再歎願書』はつぎのごとく説明する。『再歎願書』もまた、館三郎がその草案の段階からかかわりをもった。

寛文年間に夜間瀬村との境界紛争が生じ、延宝七年一二月二日に幕府評定所で裁決が行なわれた。この紛争の費用について旧領主から一二一両二分を借用したが返済することができなく、岩菅山を抵当に入れ、この山を「私立御林」と称して年貢を上納してきた。また、竹木物産の稼ぎも運上金として上納してきた。明治四年になって、旧松代藩主にたいする献金と引換えに拝借金を精算することになり、「私立御林」も解除して名実ともに民有となった。しかし、明治維新の際に愚昧の村民は公私の区別に気づく者もなく、公有という名義に甘んじていたために、地租改正によって官林に編入されたのである。よって、この誤りを正すために、明治一一年四月二日の「乙番外達」によって民有地への引直しを申請し、明治一二年四月に採用された。明治一五年三月に、旧松代藩の掛りから拝借金は返済されたことの検印を受けた。岩菅山の頂上には、往古より大山祇命を祭って岩菅権現として、沓野・湯田中両組の鎮座山神宮の奥社としていたのである。明治一六年九月一一日に岩菅山林の引戻し願書を旧松代藩より提出している。しかるに、その後、五年間は質問もなく打過ぎて、本年にいたり願書は却下された。民有の証拠があるにもかかわらず、なんらの説明もなく却下されたのは不本意であるので、再度検討されて民有への引戻しを認められるように歎願する。

文意の不明な点があるが、以上の内容から、まず、岩菅山が、寛文年間から延宝年間の訴訟に際して松代藩より一二一両二分を借用し、これの引当として岩菅山を差し出し、名称も「私立御林」とした、とある。この証拠資料は存在しない。これが事実であるのならば、明らかに岩菅山は沓野・湯田中の村持であるということになる。松代藩の御林であるならば、この山林を抵当にして松代藩から一二一両二分を借用することはできないからである。この借用によって村持山は「私立御林」と称することになったと言う。さきの、明治一二年四月二一日の『歎願書』の説明には、夜間瀬村等の盗伐・盗採を防ぐために「御林」いう名称をつけたとあり、若干の相異がみられるが、いずれにしても「私立御林」の名称が付されたことには変りがない。つぎに、岩菅山には、山年貢のほかに雑租が納められている。地租改正の所有認定の基準には、正租であるのか雑租であるのかによって所有がわかれる。正租であれば民有ということになる。稼高に応じた雑租ではなく、本田畑、宅地の所有に課せられる本年貢とみなされるからである。この点についても、岩菅山は村持地（村所有）ということになる可能性がある。ところが、農商務省山林局（その出先機関は木曽山林事務所）は、一二一両二分の借入金について官民有区別の判定についての基準として、それに重きを置いた。引戻しの却下の理由が付されていないので明らかにはできないが、一二一両二分については、借用した証書がないことと、返済したことを示す証書がないことである。松代藩創設時の古い証文などは村方に残っていることはない。また、明治四年においても、松代の大火による所蔵庫の焼失と廃藩置県による書類の廃棄などもあって、この証文も残っていない。そのために、旧松代藩士の館三郎、矢野唯見、長谷川昭道らの証言が提出された。

民有という所有を決定する規準は、地租改正の諸法令ならびに指令、あるいは派出官員への指示などによって明らかである。館三郎や沓野、湯田中の両部落の幹部がどの程度これらについての知識があったかどうかは明らかではないが、館三郎には、明治一九年頃には、或程度の知識はあったのではないかと思われる。それは、館三郎の手稿や水利についての裁判記録のなかに大審院の判決や地租改正についての法令の若干の引用がみられるからである。しかし、それでも精通とまではいたらなかったであろう。

沓野、湯田中村が、松代藩から岩菅山を抵当にして借りた訴訟費用の一二一両二分は、その証拠となる文書・資料がなく、旧松代藩士の証言だけである。旧藩の為政者の証言は、地租改正の所有認定の際に証拠として取り上げられることがある。一二一両二分の借入金が返済されていないのであれば、抵当権者である松代藩の所有となり御林である。したがって、御林は官林となり、不要存地と存地とにわかれ、不要存地で払下げの方が公有地となる。岩菅山の官林への編入は、公有地から官林の編入であることがわかるが、公有地に編入されたのは、『地券渡方規則』追加（明治五年九月四日大蔵省第一二六号達）の第三四条・第三五条によるものであろう。

いずれにしても、岩菅山の公有地編入については具体的に明らかではない。しかし、官林に編入された岩菅山が民有であるのにもかかわらず地租改正の際に誤って公有地となり、官林となったのであるから、民有であることの証拠が絶対的不可欠である。一二一両二分の拝借金に農商務省山林局（担当は木曽山林事務所）がこだわりをもつのは、一二一両二分の借用証文と返済の書類がなかったからである。岩菅山が村持山であって、借入金のために「私立御林」となり、正租のほかに雑税を納めて入山を認められていたが、明治四年にすべて借入金は返済されたために、雑税としての入山料も解消した、ということを、旧松代藩の上席藩士で、廃藩置県後の旧松代県権大参事の要職に就いた長谷川昭道も証言する。にもかかわらず、明治一九年一月二六日に引戻しは却下されたのである。

岩菅山の民有地への引戻しは、館三郎、矢野唯見、長谷川昭道ら旧松代藩士の証言にもかかわらず認められなかった。一二一両二分の借入金に関する文書・資料を欠いていたからであろう。しかし、このほかに明治一四年一二月の『再願書』には、本租としての山年貢についての論述が欠けている。これが、明治一九年三月一七日の『再歎願書』

には、「山年貢」と、「御運上」である雑税を上納していることが記されているのである。
農商務省山林局木曽山林事務所では、引戻しの願書と、惣代への尋問を経て、引戻しの結論に達したのである。この間の判断の経緯については、惣代の『日記簿』以外には明らかではないが、明治一九年五月三日の『奉願』という引戻しの願書には重要な点が記されている。

奉願

下高井郡平穏村　湯田中

沓　野

本村地籍字岩菅官林（但改正自来一名字岩菅官林ト号シ上帳セリ改正以前ハ一名旧松代奥御林ト号シ岩菅山ハ民有山林ナリ）

一山林反別　三拾壱万千四拾町歩

内　訳

字表岩菅裏岩菅ト号シ旧名称ナリ

反別七百五拾町歩

旧民有山林

右内訳区別七百五拾町歩山林之儀ハ古昔来民有タルノ確証相添明治十二年四月中民有御引直出願候処同十三年十一月中追テ何分之御達可被成下御指令降サレ然ルニ同十四年十二月中再願奉呈示来数年間度々御派出登山御検査被成下折柄細々御尋問之儀ニ付同十六年九月旧松代県権大参事ヨリ書面奉呈則惣代持参追願奉上申置候処本年月廿六日附御指令ヲ蒙リ驚入小前末々頑愚之人民穏カナラザル事情漸ク取鎮説諭仕止ヲ得サル儀ニ付本年三月十九

日書面ヲ以再三歎願仕候儀然ルニ四月十二日出御召喚ニ由テ惣代出頭仕候処種々御尋問之御説諭ヲ蒙リ悉ク敬承篤ト感考仕候得ハ文久慶応年間旧藩テ御取調之上更正罷成候次第等止ヲ得サル事議就テハ右ニ係ル拝借金之儀ハ改テ今般皆納仕候間文久三亥年答書並色分絵図面慶応元丑年ニ至リ御裏書並ニ御書添御下附確証書之通御返山之上願之通民有山エ御引戻シ被成下度惣代一同連署此段謹而奉懇願候也

右惣代　黒岩康英印
春原専吉印
竹節安吉

明治十九年五月三日

下高井郡平穏村戸長
古幡左一郎印

農商務省木曽山林事務所
御中

右の『奉願』によると、四月一二日に惣代が木曽山林事務所に呼び出されて「説諭」された結果、「拝借金」については改めて「皆納」することにした、とある。ということは、一二一両二分の借入金は未払の状態であったということになる。沓野・湯田中の両部落では、明治四年に皆納したことを主張して、岩菅山の「私立御林」の民有であることの根拠としたのであるから、金銭の支出という点においては二重払いということになる。しかし、他方において、山林を抵当にして一二一両二分を借用したことを農商務省山林局が認めたことになるのであるから、村持山であり、かつ、地租改正の諸法令に照して村所有であることを認められる法的根拠ともなる。だが、借入金を返済しないのであれば抵当流れとなって松代藩の御林となり、地租改正の諸法令、とりわけ『地所名稱区別改定』によって御林を官林として引き継いだ明治政府の所有ということになる。農商務省は、岩菅山を民有として認めるかわりに、借入金の返済が行なわれていない、ということで、一二一両二分を返済することを条件とした。当時、明治維新後の財政赤字に苦慮していた明治政府の苦肉の策である。

沓野・湯田中両部落の官林を民有地に引戻す出願書は、そのいずれをとっても所有論を展開するにはいたっていない。それは、引戻しの歎願書という形式をとっているからにほかならないが、引戻しの理由となる所有の論理を、証拠とともに明示しなければならない。岩菅山の引戻しにおいては、一二一両二分の拝借金に問題が集中したが、地租改正の諸法令・指令に照らしてみるかぎり、旧幕府等の裁決に所有という文言があったり、領主が村持であることを認めていたほか、売買の事実や植栽・培養ならびに割り地等、あるいは山年貢を上納していることがみられることが所有認定の要件となっているのである。下戻しの歎願書を追ってみると、排他的、絶対的な支配と、山年貢と地租の上納、植栽培養ならびに割地の文言がみられるのであるから、この点についても強調すべきであったと思われる。しかし、いずれにしても、農商務省山林局は、岩菅山が民有地であることを認めたのであるから、引戻しの歎願書と惣代の答弁にはそれなりの効果があったのである。一二一両二分という金額を、二〇〇年以前の寛文、延宝年度に松代藩から借入したということが書証上において見られないことや、完済したことについての証書もないことを、長谷川昭道は「村借り」である、ということを述べている。つまり、村が藩に借用した金銭については領収書を出さないことが原則というのである。二〇〇年前に借入した一二一両を明治四年になって完済したというのも事実としてはともかく、形式上においては必ずしもこれを全面的に肯定することはできない。二〇〇年間であるから、松代藩としても村方としても忘れるであろうし、時効でもある。

下戻しを認めるために一二一両二分を返済するというのはあまりにも作為的であるが、農商務省山林局の妥協案である。一二一両二分は完納されていなかったことにしたのである。これについて沓野部落では問題化した。すなわち、『奉願書』を提出した五日後の五月八日に、竹節安吉が農商務省木曽山林事務所の水野掛官に出した手紙にもこのことが記されている。手紙には、「一同協議」したとあるが、この一同とは全員ということではなく、幹部（重立衆）のことであったのであろう。村落民からは一二一両二分を単純に一二一円五〇銭とした未収金を支払うことを策した農商務省山林局にたいして強い反対があったことを示している。

謹呈特別含懇願仕度先般篤ク御説諭被成下難有敬承仕帰村一同協議仕候処何分未熟之次第未々漸々取鎮メニ及候得トモ必至困難痛心仕候仕合委細直接申上御取成厚ク奉懇願度別封持参出立途中ヨリ足痛郵便ヲ以上申仕候義就テハ奉願書面不行届加除之義御座候ハヽ云々附箋ニ被成下御教示被下度奉懇願候御様子次第尚上申書御参考ニ供シ度次第モ有之候間申合セ早速惣代之者出頭モ可仕御義幾重ニモ御取成被仰立数年間御手数被成下候義奉恐入候得共此度ハ可罷能成速ニ御聞届成願罷成候様伏而奉懇願候也

下高井郡平穏村
沓野
竹　節　安　吉

明治十九年五月八日
木曽山林事務所御掛
小野様

竹節安吉は、五月三日の引戻しの『歎願書』について、書面が「不行届」であるならば「加除」をしてもよいから指示をして欲しいと述べている。『奉願書』が、引戻しの認可をするについて適当な表現であるかどうかに配慮したのであろう。岩菅山について、表記に「本村地籍字岩菅官林」とある下に、「但改正自来一名字岩菅官林ト号シ上帳セリ改正以前は一名旧松代奥御林ト号シ岩菅山ハ民有山林ナリ」とあり、ことさら民有林であることを主張しているからであり、また、木曽山林事務所の掛官の説得に止む得ず承諾したことなども記されているからであろう。この『奉願書』を提出したときには、木曽山林事務所の小野掛官との間に、一二一円五〇銭——一二一両二分を単純に円に換算した——を納付すれば引戻すことができるという了解があったのであろう。これを裏付けるのが水野掛官に出した竹節安吉の手紙である。出願書を、引戻しにとって都合のよい文言に換える指示を求めていることによって明らかである。

第六章　館三郎と水利権

はじめに

明治一三（一八八〇）年一一月二五日に、現在、志賀高原と称されている旧沓野村持の山林は、官有地から沓野部落へと返還される。文書には、「引戻し」・「引直し」と「下戻し」の三様が使用されているが、意味するところは同じであるが、「引戻し」がもっとも多く使用されているので、「引戻し」とした。「下戻し」は、お上《かみ》から下される、という印象があるためか、使用例は少ない。また、受益主体である関係は、沓野組・沓野・沓野区ともよばれているが、沓野部落とした。

このときに返還された志賀高原は岩菅山を除く山林で、岩菅山はいったん引戻しが却下されたのち、再願によって明治一九（一八八六）年一一月一一日に返還される。岩菅山は、松代藩領の時代には、隣村の湯田中村との入会地である。明治一三年に返還となった旧沓野村の村持地は、明治一五（一八八二）年九月二〇日に『地券』が交付される。土地の「持主」（所有者）の表示は「沓野」である。「沓野」という名称は正式な地名ではなく、沓野部落のことであり、旧村の沓野村から村をはずしただけのことである。沓野村は明治初年の村合併によって湯田中村とともに平穏村となり、沓野村という行政村は存在しなくなっている。したがって、ここでいう「沓野」とは、旧平穏村地籍内における部落のことであり、特定された地域集団のことを示すのである。その沓野部落の財産を、徳川時代の沓野村持になぞらえて沓野持といってもよいが、沓野持の内容は、沓野部落の権利者総体の共同所有ということになる。沓野は、もとより行政権能を付与された町村制のもとにおける組織ではないので、その代表者であり管理者は沓野部落（権利者総体）から選出された者である。『地券』は、このような内容をもつのである。

所有を明示する『地券』は、旧沓野村持である全山を一括して引戻しにより所有したものである。したがって、土地産物等のいかんにかかわりなく、すべてを所有することにほかならない。引戻しをうけた土地には、池沼がいくつかある。このうち、田用水と関係のあるのは大沼地・琵琶池・丸池である。当然のことながら、これらの池沼も引戻しをうけた土地のなかに入る。引戻しに際しては、これらの池沼を除外して引戻しをしたわけではないからである。このことは、沓野部落においても、『地券』の下付（発行）を行なう長野県においても共通していた。山林引戻しの『日記簿』（総代・竹節安吉）によると、引戻しの認可がされた明治一三年一一月二五日の翌年の九月二五日に、山林境界検査に来た長野県官員七等属・秋田茂正（外一名）が、沓野部落の惣代が池沼の券状を出願したところ、「地券証江書加へ遣ヘシ」と言っていることによっても明らかなように、引戻しをうけた土地には池沼が入っているのである。地券状に書き加える池沼というのは、一沼・琵琶池・丸池・長池・大沼池のことである。この時点では、沓野部落物代と長野県派出官の認識では一致している。すでに発行された地券状の端に、右の池沼を書き加えることで、池沼が引戻しになった土地に含まれていることが明確になるからである。

これらの池沼のうち、流末村々と田用水としての慣行水利権と結びつくのは、主として大沼池と琵琶池・丸池・長池である。このうち、流系でいうならば、大沼池は横湯川に流れ、流末旧八か村と旧沓野村と水利でかかわりがある。

琵琶池・長池は角間川に流れ流末旧八か村と旧沓野村とにかかわりをもっている。しかし、水利権ということになると、幕末期に旧松代藩からの許可をえて琵琶池の開発を行なった館三郎が養魚と灌漑用水の権利を得たとするために、この権利が加わり、流末旧八か村（八ヶ郷）と明治中期に裁判で争った権益が存在するのである。このうち、館三郎の権益は、のちに館三郎が自ら沓野部落に贈与している。

ここでは、館三郎の権益を中心として角間川流末の水利についてみる。

第一節　山林引戻しと池沼の所有

さきに述べたように、旧沓野村持地の下戻しが明治一三年一一月二五日に認可され、土地の所有を示す『地券』が明治一五年九月二〇日に交付される。それまでに旧所有者である主務官庁の内務省ならびに、その後続である農商務省（明治一四年に所管が移る）の実地検査が行なわれている。

引戻され、所有者・沓野（沓野部落）の土地となり、地券状が発行されたのちに、沓野部落の引戻しの惣代が長野県係官にたいして、地券状に池沼を書き加えるように要求したのは、どのようないきさつからかは明らかではない。これについては、その当初において館三郎が関与したという形跡はみあたらない。惣代らは、地券に池沼を書き入れることについて、きわめて簡単に思っているようであり、係官も同じように思っていた。この池沼とは、さきに指摘したように、大沼池・琵琶池・丸池・長池・一沼のことである。それ以外の小池か湿地（ないしは時により湿地となるところ）については、地券に加えるべき対象の池沼とは観念していない。つまり、それらは、沓野部落にとって水利の利害をともなっている池沼とは言えないからである。

それでは、いったい、大沼池・琵琶池・丸池・長池・一沼を、なぜ、地券状に書き加えることを求めたのであろうか。これを明確に示す文書・資料がないので明らかにすることはできないが、おそらく、流末村々との慣行水利権にたいして対抗することができる水の所有を地券状において明示しておきたかったからであろう。惣代らが右の五つの池沼を地券状に書き加えて欲しいと言うのは、きわめて軽い気持で言ったのであって、脱落しているというようなことからではない。これは『日記簿』をみてもわかる。地券状に池沼の記載をする。あるいは、引戻しをした土地は沓野部落の所有として右の五つの池沼を含むものであり、池沼の底地所有権を明確にしたものであっても、池沼の水には、すでに流末村々の田地灌漑用水として田地の所有に対応する一定の量の慣行水利権があるのであるから、土地所有者がこの権利を否定することができるものではない。それは、旧松代藩領時代において流末八か村との田地灌漑用水の紛争があり、いかに沓野村持（所有）であっても流末八か村の稲作のために田地に流入する一定の田用水を否定することはできなかったのである。もちろん、旧松代藩といえども領有（領主支配）を楯にとって水支配を行なうことはできない。水紛争については、沓野村は松代藩領であり、流末八か村は天領の中野代官支配に属しているが、この水紛争は沓野村と八か村との紛争であり、領主の介入する法的な根拠がなかったのである。つまり、田用水は慣行水利権として独立の物権をかたちづくっていたからなのである。

沓野部落の惣代が、あえて地券状に右の五つの池沼を書き加えることを求めたのは、池沼の所有を明示して、流末八か郷の田用水にたいして優位に立つことを思ったからであろう。

明治一五年一一月二八日に、竹節安吉が長野県庁へ行き、池沼について『地券証』に書き加えてもらうために県係官・秋田茂正に会いに行く。それは、地券状に池沼を書き加えてもらうことを秋田茂正に申し入れている右の池沼は沓野部落の所有であるにもかかわらず、地券状に記載がなかったためである（『日記簿』）。

同月の一三日に、春原専吉が長野県庁へ行き、秋田茂正に会って地券状に池沼を書き加えてもらうことを求めたところ、秋田茂正は、別に地券状の下付願を出すように、と言われたと書いている。

明治一六年一月一八日に、竹節安吉が長野県庁へ行き、秋田茂正と会い、池沼の地券状について願書を提出することになり、翌一九日に願書の書式を聞いてくる。三一日に、地券状の下付願を郡役所へ提出するが、書類の不備で返却される。

九月一九日に、惣代が秋田茂正に会い、池沼地券について聞くと、「調反別之内ニ有之用水保存ノ池ナレハ地租不附」と言い、「深山之事風反別ニ付右反別ヨリ生シタル躰ニテ願面ヲ認メ」と言われる。この意味するところは、地券状の書き加えを求めた池沼は、田用水源であるので、地租を課することはないが、池沼から生じる利益を書いて願出せよと言うものであろう。秋田茂正は沓野部落が出願した書類に不備のところがあれば加筆すると言っている（『日記簿』）。長野県の係官としては、大沼池・琵琶池・丸池・長池・一沼について、別に民有地地券状を発行することにしているのである。

この池沼について、地券状に書き加えるか、あるいは新しく地券状を発行するかについては、館三郎は知っていたであろうし、また、相談もあったであろう。沓野の惣代が秋田茂正に会った四日後の二三日に琵琶池の用水の件で湯田中組から申入れがあり、部落の幹部が集会を開いて協議し、館三郎の意見を求めている。この琵琶池の件については、その後も館三郎に報告したり、相談をしている。琵琶池は、のちに館三郎が流末の水利集団にたいして権益を主張して訴訟をするのである。

ところで、『日記簿』では、明治一七年一月一六日に、長野県租税課七等属・秋田茂正が沓野へ出張して来て吉田忠右衛門（つばたや）に宿泊し、池沼の地券状願の件で辞職をし、東京へ行くことを告げる。「右ハ池沼券状願之件ニ付テ御同人辞職被致東京へ御引取之趣就テハ掛リ中委細承知致置然ル上者書面ノ文面教示被成為ニ御出張被成下候」とあるのがこれである。秋田茂正が言う地券状の願いの件について辞職したというのは、具体的にはその内容が明らかではない。しかし、秋田茂正は、池沼の地券状については係りの者が承知していることであり、秋田茂正が沓野へ出張してきたのは、出願書について教示するためであるという。これによって明らかなことは、係官の秋田茂正は池沼の地券状を発行する予定であったことがわかる。しかし、秋田茂正が地券願の件で辞職したという記述があるが、そのいきさつが具体的には明らかではないので、不可解というほかはないが、辞職を決定したあとで沓野部落へきて惣代達と会い、地券についての願書の書き方などを教示しているのは、秋田茂正が沓野の池沼について所有を認めていたことと、沓野部落（の惣代等）にたいして好意をもっていたことを示すものである。

志賀高原の池沼と、流末八ヶ郷との水利関係は、徳川時代以来の慣習的権利であって、田地に灌漑用水をする「田用水」である。したがって、田地に稲作をするための用水なのであるから、飲用水や雑用水として使用することはできない。仮りに、飲用水や雑用水として使用していることはあっても、ただ、そのようにしているだけのことであって、慣習上の権利によるものでもなければ、これを沓野部落で認めているのでもないから、流末八ヶ郷の水利権の枠外であって、権利にもとづくものではないのである。

館三郎は、琵琶池にたいする養魚権を主張する。これは、館三郎が旧松代藩によって認められた権利であり、長野県によって認められたのであると主張する。しかし、養魚権として池を利用することができるのは、旧沓野村、あるいは沓野部落の承認によって成り立つことができるのである。養魚について、館三郎と沓野部落（あるいは沓野村）との間でとり交わした明確な文書の存在をみないが、館三郎の養魚権の主張にたいして沓野部落は反対の意思表示をしていないし、これを援助するような動きもあるところから、養魚権を認めていたのであろう。

なお、館三郎は、流末八ヶ郷と沓野部落との慣行水利権は認めている。

（1）志賀高原を原泉とする、流末八ヶ郷と沓野部落の水利権については、『和合会の歴史　水利史編』・『和合会の歴史　水利資料編』（昭和六〇年　和合会）ならびに、北條浩『日本水利権史の研究』（二〇〇四年、御茶の水書房）に詳述してある。

（2）沓野部落の山林引戻しの惣代が「引戻し」・「引直し」と文書において記している。「下戻し」というのは官造用語で、明治絶対主義政治を支配の頂点に置き、支配・服従の基本的イデオロギーによるもので、「お上」（おかみ）の土地を人民に「下げ遣わす」という意味からきているものである。これにたいして沓野部落では、もともと沓野部落（旧村）のものである土地を官林として編入したのであるから、これを返還して（引戻して）欲しい。もとの状態にして欲しいということから、土地を「引戻す」・「引直す」という言葉を使用しているのである。お上から「いただく」という発想ではない。

（後註）志賀高原の水利権については、『和合会の歴史・水利史編』（昭和六〇年、和合会）、ならびに『和合会の歴史・水利史編資料』（一九八五年、和合会）。北條浩『日本水利権史の研究』（二〇〇四年、御茶の水書房）を参照されたい。

第二節　館三郎の水利論

和合会所蔵館三郎関係資料の中に『明治参拾壱年拾月　館先生水理意見書綴』という簿冊が残っている。これは、館三郎が執筆して水利に関する一般の理解を深め、協力を促すために活版印刷した文書六通を一冊にまとめたものである。何部印刷され、どのようなルートで配布されたのかは不明であるが、ここから館三郎が水利というものをどのように考えていたか知ることができる。

まず、『琵琶池貯水成立沿革』を紹介する。これは「明治廿七年一月　発起主唱者館三郎誌ス」と記されており、用紙の左下に「長野栄町中村活版所印刷」と印刷されている。この文書では、下高井郡沓野山内には多数の池沼が存在するが「開闢以来無用ノ廃物」となっているとし、水の有効活用についての意見を展開している。山内の池の中でもとりわけ琵琶池については利益が見込まれるが、「使用方法ニ葛藤ノ故障」があったため利用されずにいた。そこで館三郎は文久元年に松代藩に対して、田用水や養魚に供するために貯水することを願い出て、藩から「永久受領」を受けることを認められたのである（何を永久受領したのか明記していないが、前後の文章から琵琶池を永久受領したと推測される）。しかしながら琵琶池の下流の村々は「不平ヲ唱ヒ野蛮ノ不明ニ陥入」り、「旧来之水理ヲ維持ナリト無根ヲ口実トシ」て反対している。つまり下流の村々は、上流の部落に水を取られることを心配し、貯水による利益を理解せずに、根拠なく反対運動をしていると記している。さらに「別項」として、貯水のメリットを挙げている。すなわち「水理並貯水ハ民間ノ利益国家ヲ潤シ富強ニ至ル」ものであり、より具体的には、新田開発により水田が倍増し、「地価金ノ増額維新明治天皇政府ニ至リ漸ク官収ヲ増加」すると記している。館三郎にとって水利は、民間の利益を増加させる重要な手段であったが、その結果国家の歳入も増加し、「富強」に貢献することを強調していることが注目される。

つぎに、『水産勧業ハ山国に利用スベキ主意』と『養魚蕃殖利益要言』の二つの文書が同一頁に並んで掲載されている。前者は、『琵琶池貯水成立沿革』の内容を要約しているものであるが、「同盟協会潤益方法設立巨細ニ規則法記アルモ茲ニ利用概略主旨ヲ述ベ四方ノ有志諸君ニ公供シ陸続加入ヲ望ム」と記されており、「水産勧業」への参加を呼びかけている。しかし、「同盟協会」がいかなる団体なのかは記されていない。

後者は養魚事業の収支を掲載している。六月中旬に稲田一反に「鯉児千尾」を「放養」し、八月十日に「捕猟」すれば、およそ五十日の間に平均五、六寸に成長して、代金は六円になるという。餌代等の経費を差し引いても、五十日間で三円五十銭の利益になると試算している。館三郎が行なったとされる養魚事業についてはほとんど資料が残っておらず、どの程度の規模だったのか不明なのであるが、この文書には具体的な収支が示されており、貴重な情報である。なお、これらの文書には年月日が付されていないが、嘉永二（一八四九）年を「今ヲ去ル四十有五年前」と表現していることから、明治二七（一八九四）年前後に書かれたものと推測される。

つぎに、『水利必要之主義弁論』（明治二八年一〇月吉辰）が採録されている。これは「信濃国上水内郡善光寺如来ノ本堂山門両寺坊院其他現今ノ官立県庁ヲ始メ数ケ所並市街地」の水利を論じたものである。この地域について館三郎は、嘉永年間以来、飲料水の欠乏や火災の防水を「建言」してきた。まず旧松代藩の許可を得て、「旧小市村田用水引揚（トンネル）」の測量を「私財自弁」により実施した。水路工事については同村の「豪農士族塚田源吾」を促し、さらに世話人四名並びに村の有志によって「費用村弁」つまり、村の名義と支出で工事の認可を得ていると述べている。しかし実際の工事は何らかの理由で進まなかったようであり、工事の完成を広く訴えている。これを一六項目の「宿題」として展開しているが、主要な項目の要旨はつぎのようなものである。

工事を困難にしているのは「資材」であるが、「難シト為スモノ」ではない。「天然不動」の水源を犀川本流に求め、「永世不朽」のものとしたい。水利は「農工人民」の飲料水、防災に不可欠である。「開化」の現在、諸工業に利用することも重要である。犀川の「残水」は無駄に北海に流入しており、これを「永世ニ利用」したい。「水理」を公共的に利用するにあたって、「代水」を準備すれば「故障」も消滅する。「開化進歩ノ愛国心」にたいして「無主義」をもって「水理」を拒否する権利はないはずである。明治二八年二月一〇日の『信濃毎日新聞』によると、明治三三年に「善光寺如来ノ渡来千五百回」の「記念会」にあたる。記念会に際して、本堂に大噴水を設置し、「繁栄ノ完全ヲ奏」する。これは「非常火災防御其他市街飲用水並工業等」の準備を万全とすることを目的とする。善光寺の建造物はいずれも信徒の浄財であり、官庁舎の建築は「国民ノ骨血」の賜物であるが、人民の防災や飲用水が不十分であることは問題である。「長野市街」の遊郭にも防災用水や飲用水が不十分である。防災用水が不足するときは、「古書籍新古ノ器物」や「人民ノ盛衰ニモ係ルヘキ確証書」等が焼失するおそれがある。「長野市街」は「世界ニ冠タル仏都」であるので、速やかに「記念会」のために浄財を喜捨することを希望する。「民選創立事務所」設立の許可を得て、事務長を置き、全国の信徒に働きければ工事が成就する。なお会計主任を各銀行に依頼し、「連合ノ義務ヲ託シ」て、「市街村豪農商並旅舎営業有志ニ促シ」、技師を招聘して犀川の測量を行ない、予算を準備し組織を確定した上で「記念会仏祭委員」を設立するとしている。

このように館三郎は、犀川を利用することの利益と方法を説いているわけだが、実現方法についての具体的な計画が記されており、この問題について長期にわたって取り組んできたことがうかがわれる。また、館三郎は「質問等」を受け付けており、止宿先の「長野町元善町一七五八番地」を記載した上で、文通にも、直接の来訪にも応じると記している。

つぎの文書は、『宿誌概略論広告』（明治二九年一月）で、要旨は以下のようなものである。

長野町の人民の衛生上、「流行病予防並市街ニ非常防御並飲料水ノ浄水」の準備を主眼とするが、「消防組」の水は裾花川の上流から取り入れているのみである。犀川から引水し、「川北村々」へは「代水」によって「和解完全ヲ得」、参詣人の手洗浄水を供給し、長野町の用水を準備する必要がある。裾花川上流を「引水開口」し、茂管村橋辺で「電気利用」すると、「落差ノ水力半ニモ至ラズ殊ニ洪益ヲ害」する（裾花川上流での水力発電は効果がないとの意味であろうか）。長野は「電気鉄道八方縦横ニ通シ水力自在ノ便」を確立すれば、「長野ノ東方地形空気流通ノ便」があるので、「諸製造百般ノ工業大繁昌ノ都会有名ノ地理」となる。

このように、犀川を利用することで、長野市街地に一大工業地帯を作り上げる構想を述べているのである。最後に『犀川南方トンネル永続成立法』（明治二九年四月）が綴られている。この文書での館三郎の肩書きは「犀川南北引水隧道創立主義者」となっている。要旨は以下のようなものである。

まず犀川の水の大半が「空シク千曲川ニ廃水」となって流出していることを指摘し、これまでの犀川用水の沿革を記載している。犀川には万年堰、上堰、中堰の三つの「組合」があり慶應四（一八六八）年の犀川大洪水の際にこれらの組合は合併するが、なお「用水不足」を来たしている。これは引水の技術に問題があるせいである。正しい技術を用いれば、十分な水量を確保することが可能であると主張する。

嘉永年間に館三郎は、「万年河原開墾用水引入操貫穿鑿大用水堰路」の工事を松代藩に建言し、安政四（一八五七）年に許可を得て、吉岡運右衛門に「廃水利用ノ方法」を「伝授」した。しかし吉岡運右衛門が「某ノ説諭セシ充実ノ行為ヲ疎ニ心得」、特に「不十分ノ測量術」のため、工事を実施して三堰を合併させたにもかかわらず、水量不足は解消しなかった。明治元（一八六八）年に中堰組合六ケ村の依頼によって館三郎は犀川の「水面高低ノ測量」を実施する。しかし「中堰組合村々折合兼」、また「三堰組合方法大苦情容易ニ折合兼」（詳細は不明であるが、引水の方法について三つの組合間およびそれぞれの組合内部において意見が一致しなかったものと思われる）、「民部省出張犀川川除国役係ノ官吏」の説諭によって、「三堰合併通水」が実現した。

万年堰、上堰、中堰は明治三年に「三堰合同操穴堰ノ大土功」を開始し、「相続ナシ居ル」（現在も継続中ということであろうか）。館三郎は、文久年間に旧松代藩の利用掛となって「上下ノ中間ニ立入」り、「廃物利用」について嘉永年間に建言した「百般ノ発記費用一切自費奔走測量等勿論総テ自弁支払」で、尽力した。旧松代藩から許可を得て実施した「小松原村万年河原開墾」は、嘉永年間以来継続し、「長久盛大」となっている。また「旧幕府学校内海軍所ニ入校」して、「蒸気船ノ利用並電気力水力等ヲ馬力ノ必要ヲ詳ニ意得」し、「水理ノ功徳利用方法」を学んだ（この部分は唐突であるが、「水理」に関する自己の知識が確かなものである根拠を示していると考えられる）。明治元年の犀川大洪水の際に、三堰が合併し「今日ノ隆盛」に至っているのは「各組合村々ノ団結目論見創立ノ事実ニ発セシ協同事業ノ賜物」である。

文意が不明確な箇所もあるが、犀川の利用方法について、これまでの工事は測量その他の技術が未熟であったため十分な水量を確保できていないということであろう。その指摘は、館三郎自身に工事を任せれば成功するとほのめかしているようにも読める。

これらの文書を通じて、館三郎にとっての水利について考察してみたい。

館三郎は旧松代藩政の時代から、沓野山内の池々（とりわけ琵琶池）や犀川の利用について藩の「利用掛」として関係してきたことを強調している。そして藩からの許可を得て、工事に着手しようとするが、地元の故障（反対）や資金の問題で容易に進展しない。この間、館三郎は測量や地元の説得に「自費」を投じて取り組んできたと述べている。明治時代になり、松代藩が消滅してからも、本節でみたように出版物を通じて広く水利の効用を訴え、協力を呼びかけている。琵琶池については後述する「館三郎の琵琶池裁判と水利権」で詳細に検討するが、「利用掛」であった時代に当該地域について「永久受領」を受けたことを根拠として、自らに「水利権」があると主張している。このように、館三郎にとって水利は生涯を費やしたライフワークの一つであった。旧藩政の頃より「利用掛」として貯水、引水、養魚に関わり、幕末には幕府の海軍所で「電気水力」についても学び、水を有効に活用する技術について絶対の自信を持っていたことが読み取れる。

館三郎が頻りに「廃物」と表現する無駄に流れている水は、田用水をはじめ、新田開発、養魚、飲用水、防災、衛生そして工業の展開といった広い領域で地域住民に利益をもたらすと認識されていた。飲料水や防災、衛生は地域住民の生活に不可欠な領域であるが、新田開発や工業の展開といった生産部門は、民間の利益のみならず国家の利益も増加させることを強調している。これまで見てきた文書には「愛国心」や「富強」といった表現が見られる。もちろん館三郎自身の思想的背景もあると考えられるが、分裂する地域同士を一つにまとめるためにも有効な概念だと判断してのことではないかと推測される。

館三郎は旧松代藩政時代から、琵琶池の用水利用について地域間の「故障」（利害関係にもとづく意見の対立）に見舞われ、村々間の利害の調整に尽力してきたと主張している（詳細については後述の、「館三郎の琵琶池裁判と水利権」参照）。犀川の利用についても、堰組合同士の利害の不一致を経験している。館三郎は、これらの事態を、昨今の言葉でいうところの「地域エゴ」と認識していたのではないだろうか。すなわち維新政府の推進する中央集権化に対して地方レベルでは、幕藩体制下の意識が色濃く残っていると考えていたのかもしれない。かかる膠着状態を打破するには、地域にさらなる利益をもたらすというだけでは足りず、つまり現状維持でよしとする意見に対抗するために、「富強」という国家目標を持ち出した可能性も否定できないように思われる。なお、館三郎は、これらの著述において、権利関係については言及していない。

館三郎の水利に関する文書は、不平等条約を改正し、産業の振興によって富国強兵を実現して欧米列強に追いつかんとする明治という時代背景を感じさせるものであった。水利用についての館三郎の意見は、総合的に考える先見の明があったといえる。他方で、「愛国心」や「富強」を強調しており、開明と進取の精神をもって、絶対主義体制を支える理論を持った人物であった。

第三節　館三郎の琵琶池水利裁判と水利権

はじめに

館三郎の業績の一つとして、明治二六（一八九三）年に志賀高原の琵琶池の用水使用権をめぐる裁判で勝訴判決を得たことが挙げられる。これは、館三郎が旧松代藩時代から琵琶池で行なってきた貯水・養魚の事業が館三郎個人の権利にもとづくものかどうかを、琵琶池から水が流れ込む流末町村と争った事件である。結論からいうと、一審の飯山区裁判所では館三郎が敗訴するのであるが、控訴審の長野地方裁判所では逆転勝訴判決を受け、上告審の東京控訴院判決で館三郎の勝訴が確定する。

この事件の経緯について裁判資料を中心に見ていくことにする[1]。

一、第一審の審理（飯山区裁判所）

㈠第一審訴状（「侵害池復旧事件の訴」明治二五年㈧一四四号、明治二五年九月二八日、飯山区裁判所）

原告は館三郎（長野県埴科郡松代町二六番地士族医）で、被告は近山勝右衛門（長野県下高井郡中野町町長）、池田顯道（同県同郡日野町町長）、児島儀右衛門（同県同郡平岡村村長）、山田理兵衛（同県下高井郡平野村村長）の四名である。

訴状に記載された「請求の目的」は「下高井郡平穏村字沓野区山内琵琶池ニ関スル貯水侵害回復ノ件」であり、

「請求の原因」は次のようなものである（なお地名は近世期の名称に改めた）。

「下高井郡平穏村山内」には天然の池沼等が多数存在するが、とりわけ琵琶池は貯水の利益が大きい。しかし地元沓野村の「故障」（地元住民の反対・権利の主張）によって天保年間以来、貯水の実効が薄れてきていたところ、弘化四（一八四七）年に大地震が発生したため貯水からの水路が崩壊し、ますます貯水は有名無実化した。

原告は嘉永二（一八四九）年に、同郡佐野村、湯田中村、沓野村の「薄地畑原野等」に用水を供給することを考え、「又養魚ヲ作創メ新開田地引水ノ主義」にたって工事を起こした。同四年四月中に松代藩の許可を得て、湯田中村に工事を担当させ、同六年までに堅牢な通水路を完成させたのであり、琵琶池の「特権」は原告に属する。

もともと天保年間以来、琵琶池貯水方法について沓野村では「故障」があったが、原告は一三年間の「辛苦ト奔走」によってこれを解消し、文久元（一八六一）年に松代藩から「永久受領ノ許可」を受け、同二年以降、貯水実施の際にも地元沓野村から異論はなかった。ことに琵琶池の中島に存する弁財天廟社を、同所字有明山頂に移転（「遷座」）したが、移転にあたっては沓野村と協議を行なったのであり、これはすべて当該池にたいする原告の「永久受領ノ事実」によるものである。

被告町村については、貯水に制限があり、琵琶池の水を請求して使用（「代水」という）することはできるが、琵琶池を工事する権利をもっているわけではない。もし工事の必要があるときは、原告および関係者と協議して承諾を得て、さらにその筋に出願して「允可」（許可）を受ける必要がある。しかし被告町村は明治一六年七月中に工事を開始し、従来の樋口の外に通水路を穿鑿し、その樋口は一丈余り下に設置した。これによって原告は「主義目的とし又実行するところの」養魚、新開田地数ヶ村の原野畑に引水する権利を侵害された。

よって、原告は明治一六年八月七日に、郡役所へ被告の「暴行」を訴え、事実証明書類数十通を提出したが、被告は以後も「不法」を続けて今日にいたっている。被告町村の行為は規則に違反し、許可を得ずにみだりに軟弱の工事を行なったため、明治二四年六月二三日に水路が破壊され、継続事業として再度工事を起こし、ますます原告の権利を侵害しているため、権利の復旧を求めるために出訴したのである。

以上が請求の原因である。原告の「一定ノ申立」は、「右ノ次第ナルヲ以テ被告ノ琵琶カ池ニ暴行為シタル侵害工事ヲ復旧且原告カ占有権ヲ完フシ被告ハ原告ニ対シ訴訟入費負担スヘシトノ判決相成度候也」と記載されている。

(二)甲号証

館三郎が裁判所に提出した証拠書類は甲一号証から二八号証まで二八通にのぼるが、そのうち甲一号証から三号証と五号証、一二号証、二四号証には、長谷川昭道が「旧松代県権大参事」の肩書きをもって「検閲」している。「検閲」の意味は示されていないが、資料の権威づけのために館三郎が長谷川昭道の名前を利用したものと思われる。以下、主要な文書をみていく。甲一号証、二〇号証、二一号証はとくに重要と考えられるので、本文の全文を掲載する(漢字は現行のものに改めた)。

甲一号証は、文久二(一八六二)年に沓野村から館孝右衛門(三郎)に宛てた文書で、沓野村が館三郎に琵琶池用水を活用できるように「差図」を願い出ている。

乍恐以書面奉申上候

当六月中三ヶ村永久為筋ヲ以テ蒙御内意琵琶池ノ義先達中ヨリ大沼池尻流末其外沢々最寄水口右池へ流落入候様夫々手充仕候儀ニ御座候間猶来春中水溜保方御見分被成下幾重ニモ御見込ノ通リ成就仕候様御差図被成下度奉願候此段御含被成下候様仕御内々奉申上候以上

文久二戌年十月

杳野村萬蔵印

名主安吉印

館孝右衛門様

明治廿四年十一月十五日検閲

旧松代県権大参事

長谷川昭道印

右之通相違無之候也

甲二号証は、館三郎が琵琶池の中島にある弁財天社の移転を申し入れた文書で、文久二（一八六二）年九月一〇日となっているが、名宛人は記載されていない。しかし、これは弁財天社が「水中妨害」となって貯水を妨げているため、「村方ヨリ寺社奉行所へ出願許可ノ上執行為仕候得共先此段廉絵図相添」て、弁才天社を有明山頂に「遷座」させることを申請しており、松代藩へ宛てた文書と考えられる。長谷川昭道が明治一六年一〇月一四日に「検閲」している。

甲三号証は、「杳野山内池々貯水等館孝右衛門別紙書相添奉伺候」という文書で、弁財天社の移動を藩が許可した文書と考えられる。斉藤友衛、宮島守人の連名で「館孝右衛門伺之通御聞済被成下度奉存候」と記載されており、日付は文久二年九月二八日、長谷川昭道の「検閲」は甲二号証と同日である。前半には館三郎が「一切自費」で池の工事を行ってきた経緯が記され、佐野村屏風堰の「代水ハ緊要」なので琵琶池の弁才天社の移動を「村方熟談之上」・「一村和議ニ及」んだとされており、移転について杳野村全体の合意があったことがうかがわれる。

甲九号証、一〇号証は、松尾重義（明治一六年前後に下高井郡長を勤めた人物）が館三郎に宛てた書簡である。日付はそれぞれ明治一七年一月一〇日、同一八年一〇月二五日である。内容は挨拶程度であるが、一〇号証には「湯田中渇望ノ水利何卒所願貫徹サセ度」と、館三郎の事業を奨励しているとも読める文言がみられる。

甲一二号証は佐野村から館三郎に宛てた文書で、「一同連印を以奉歎願候ニ付莫大ノ御慈悲を以御印書頂戴仕……右用水一条都而御伺申上御差図之通聊も不奉背候」とあり、佐野村一同が館三郎に対して、用水の件について指示を仰いでいる文書である。日付は嘉永六（一八五三）年四月、長谷川昭道が明治二四年一一月五日に「検閲」している。

甲一四号証は文政年間に発生した紛争の内済（今日の和解に類似する紛争処理方法）の証文である。これは中野村外十一ケ村の名主が訴訟人となった紛争である。佐野村の新堰により中野村外一一ケ村では「減水」が起こり「難渋」しているため、湯田中村と沓野村を流れている雑魚川の水を横湯川に引き込み、これらの村が使用できるようにしたという内容になっている。日付は文政一三（一八三〇）年一〇月二七である。甲一五号証は、十四号証と同日作成の文書で、十四号での決定事項を湯田中村が承認する内容になっている。

甲一七号証、一八号証は、文久三年七月一二日に作成された湯田中村と佐野村外流末村々との示談書である。「何方より水引入候共双方異乱申間敷旨別紙書取之義ハ示談行届」（一七号証）、「代水ニ相成候ハ、其節屛風堰之儀後流末村々故障無之様取究」（一八号証）と記載されており、流末村の代水使用に関して両者の間で話しがまとまったのであるが、名宛人は館孝右衛門となっており、館三郎の尽力で示談が成立した証拠として提出されている。

甲一九号は、明治七（一八六四）年一一月二日佐野村から館三郎に宛てた「念証書」である。文久三年に流末村が「乱暴狼藉」を働いたが、館三郎の「御助力」によって「示談相整」い、今後は「約定ノ通」り、「永世聊忘失」しないよう申送ることを「念証一札差上」げるとしている。

甲二〇号証は、明治一六年一〇月六日の文書で、貯水や代水の方法についての決定事項を確認する「契約為取替書」である。館三郎と下高井郡平穏村沓野組の伍長総代、山総代が調印している。館三郎の主張との関係で重要な点は、水利を予定している場所の工事については不都合のないように村内で熟談すること、流末町村の琵琶池の「代水」については便利な場所に「通水」すること、閑満瀧の「水口堰路」の依頼があっても応じてはならないこと、築堤は地獄用水が「開明」するまでは着手しないことである。沓野組内の水利関係事業について、館三郎が深く関っていることがうかがわれる。以下は、その文書である。

契約書為取替証

今般水利見込之場所工事之義ニ付縣道用水路江差障其他不都合之廉有之ニ付申談向後不都合無之様本村熟談ニ応シ取極規定左之通

一別紙絵図面積未タ測量不行届候得共本日想像スルニ県道上下ニ渡リ可申此条ハ堰路之為道路ニ関係之事ハ一切入費引受出金村弁無之様可致事

但絵図面場所境之事ハ成功実際水溜之模様ニ寄池形外たり共附属之巡回り地所差支無之様進退場ト成スハ勿論且堰路新古ニ不抱地代金等ハ無之便利之場所通水之事

但シ橋掛並道路模様替等之節茂右同断

一旧来字大地獄ヨリ横湯川水引入沓野田用水堰路流末示談不行届池成場ニ抱リ整兼候節ハ外々へ御談ヲ受振替候義ハ勿論従来沓野組大地獄ヨリ水口開明之事宿志ニ付不都合不相成候様御示談ニ応シ可申事

一堤築立方ハ地獄用水開明無之内ハ着手不致候事

一従前大沼池尻ヨリ引水堰路是迄之場所ハ勿論此上共村方都合ニ寄場所替弁利之節者何連へ模様替候共故障無之事

但絵図面掛堰土堤等従前之通ニ而ハ溜水難相成ニ付手堅ク営繕入費出金村弁無之可致事

一流末代水琵琶池江通水路之義ハ弁利之場所通水可致事

但年々溜水之義ハ雪解沢々ハ勿論水溜貯水方差支之義無之様別段時々御依頼ニ不及村方尽力取計尤右ニ付格別入料等ハ出金可申事

一閑満瀧水上ニ於テ而向後水口堰路何方ヨリ以来有之候共此度契約ニ及候上ハ這般約定堰路換様替之外ハ決而自他ノ依頼等ニ応シ候事ハ致間敷候事

一土堤貯水土功ノ土砂並樋建普請入料之用材等ハ村方止山之外伐採勝手次第ノ事

一地券状年貢其他役場村並之外一切賦課無之事

但堰路敷地坪改方ハ堰路出来通水ノ上協議之事

右約定ケ条之通相決シ為後証為取替書連印仍而如件

明治十六年十月六日

信濃国埴科郡松代

館　三　郎印

同国下高井郡平穏村

沓野組

伍長総代　山本清治郎印

山惣代　竹節友蔵印

同　断　山本高五郎印
同　断　渡辺道　助印
同　断　竹節庄五郎印
同　断　竹節早太郎印
同　断　佐藤團　六印
同　断　小古井新之丞印
同　断　山本亀　吉印

甲二一号証は明治一六年一一月五日の湯田中組と館三郎の契約書である。沓野村の反対で進展しなかった琵琶池の貯水工事が館三郎の尽力で実現したこと、湯田中組は水利に関する工事について異議を申し立てないこと、流末町村への代水請求に応じること、養魚や貯水の経緯、館三郎が立替金をもって工事を行なったことなどが記されている。すなわち、湯田中組においても、組内の水利関係事業について館三郎の関与が示唆されている。以下はその文書である。

契約為取換証書

嘉永度来御目論見佐野村屛風堰引水原素ノ事実ハ湯田中村負担引請文政十三寅年流末中野外十ケ村江別紙写之通湯田中村ヨリ約定書一札差出置猶天保五午年旧松代御藩江奉願琵琶池土功御聞届ケ相成候儀且同年十月内済議定証文ニ明文ヲ以流末村々と再約ニ及ヒ候得共沓野村地内琵琶池貯水之儀ニ付地元大故障種々有之執行不行届数十

年廃棄之処嘉永度再興御発起願済殊ニ池ノ中央ニ山稼人往来道並中嶋弁才天社地水害之次第実地之極度有之加ルニ溜水引入可申源水無之古来空明池名称之処文久二戌年ニ至リ御尽力ヲ以地元大故障御説諭御頼談之趣沓野村一同和解承服開闢以来ノ創立殊ニ弁才天社地移転全ク溝渠ノ池成形満水ノ貯蓄方法ハ（寿々理川）本川通水引入不用水ヲ溜水シテ源水欠乏補助ニ至ル迄御見込等一切御行届罷成候得者湯田中村ニ於而池坪水面水量相当御利得差出可申儀ハ前々以御約定仕置候条這度地元沓野村ニ於而旧来ノ御約束御見込之通リ別紙ノ如ク契約書為取替就而ハ創立御目的養魚等之儀ハ御一手限リ利益収穫相成候共後世異議無之候加ルニ社地以上満水之義ハ御勝手次第下ケ水天保度堀貫新井六右衛門負担出金才覚土功場外並向来新規水底ハ勿論古樋口式ヨリ五尺以上ヲ定メ新規堀貫樋建工事補理数段ヲ備テ御手普請土功通水路等樋建或ハ開閉共都合次第湯田中組ニ於而ハ決而故障無之尤流末村々代水請求申来候節ハ臨時御償ヲ遂ケ分限極度ノ程量相定メ樋口相開キ可申候且又養魚等洩レ去リ不申様始末ハ相当準備ノ御要心御所置万々不都合無之様旧松代藩御允可当時御例法ヲ固守御勝手次第御取計相成候儀ハ勿論湯田中組ニ於而聊カ異議無之候其上湯田中組地地籍御所持ノ耕地畑原野ナリトモ田用水新古ニ不拘該池貯水ノ為メ為換水御引取方之節ハ字安代堰之義等旧来御心配御尽力御助力御見込ヲ以相続之義ニ付通水相成引水等御勝手次第勿論何方ナリ模様替通水御自由相成候儀ハ本組ニ於而決而故障等ハ無之候是迄数十年御建替金ヲ以成功湯田中組田用水宿志成就永続何卒御利得漸進差上度精神罷在候間尚此上蹟年之御丹誠貫徹本村ニ於テ年々相当永久御利益可差出候様改而契約議定為取換書仍而如件

明治十六年十一月五日

下高井郡平穏村湯田中組

用水総代　湯本五郎治印

同　宮嶋喜右衛門印

同　　熊井九左衛門印
同　　宮崎与助印
同　　新井吉三郎印
伍長総代　宮崎林左衛門印
埴科郡松代町　館三郎印

甲二四号証は、文久三（一八六三）年一二月に沓野村から湯田中村に宛てた文書で、沓野村が湯田中村から三〇両、「御上様」から三〇両受取り、以後、琵琶池用水の使用について、流末の村々に対して「代水差支無之様取計」うことを承諾している文書である。長谷川昭道が明治一六年一〇月一四日に「検閲」している。

甲二八号証は、二つの文書からなる。一つは明治二一年九月一一日に長野県知事木梨精一郎に宛てた文書で、琵琶池外七ヶ所での養魚を申請し、拝借料が年に五〇銭となっている。ここには館三郎のほか、沓野同盟・佐藤喜惣治、春原専吉、竹節安吉と田用水関係人惣代・黒岩康英、そうして平穏村戸長・森隆英も署名捺印している。もう一つは、慶應三（一八六七）年に松代藩が館三郎に宛てた「私財出金御褒賞被下置候写」である。「水理引水堰路付属地ハ永久受領ノ許可ヲ得」た上で、「藩吏外」として「一切ノ入料自費私財出金」したことの褒賞として「沓野藩林地全部地籍地盤永世其許江被下置」とされている。

以上の証拠書類によって、館三郎は(イ)沓野、湯田中等関係地域の承諾を得て、(ロ)自費によって琵琶池の工事を行ったこと、(ハ)松代藩もこの事業を認めていたこと、(ニ)被告町村は「代水」の使用が認められているのみで、(ホ)工事を行うことを認める文言はみられないことを明らかにしようとしている。そうしていくつかの文書については、長谷川昭道に「検閲」という形で確認させて、信憑性をもたせようとしている。

㈢被告町村の主張

被告町村の答弁書の概要は以下の通りである。まず原告が琵琶池への貯水に着手する嘉永四（一八五一）年より前の天保五（一八三四）年に、佐野村と湯田中村との議定により、琵琶池は中野町外数ヶ村の代水となり、以来被告町村が使用権を得ている（乙一号証）。

次に文久三（一八六四）年に中野村外七ヶ村が佐野村に対して「堰路切潰事件」の際に、議定書を取り交わし（乙二号証）、明治一六（一八八三）年二月に地元である沓野組と琵琶池その他の池沼に対する工事の対談書を取り交わしている（乙三号証）。

琵琶池は沓野組の民有地であったが明治一八年に官有地になっている（乙四号証）。

仮に原告が琵琶池を工事していたとしても、それは藩の「利用掛」すなわち藩吏として施工したものであり、藩の工事である。

原告が提出した甲号証には年度が記載されておらず、日付のみであるにもかかわらず、文久年間に成立したものと主張している。原告が長谷川昭道に文書の「追認」を願い出た理由であるが、原告の工事が松代藩の利用掛すなわち藩吏の資格で行なわれたからこそ、旧県官吏に「追認」を願い出たものと思われる。原告の提出書類は「曖昧」なものであり、本案の証拠たる価値はない。

以上が答弁書の要約であるが、被告町村は、館三郎の提出する証拠書類の信憑性に疑義を投げかけ、被告こそ琵琶池用水の使用権をもっており、工事は正当なものであると主張している。被告町村が工事を開始するにあたって、この時期（明治一六年）の土地所有者である沓野組の承諾を得ているということが正当性の重要な根拠になっていると考えられる。乙三号証については、全文を掲載する（漢字は現行のものに改めた）。

対談約定為取換証書

下高井郡平穏村沓野組ニ於テ中野町外七ケ村用水上流平穏村地籍字坪根（小字地獄）ヨリ新堰引水目論見ヲ以テ右流末町村へ頼談之上示談約定左ノ如シ

第壱条

一字一ノ瀬引水開鑿別紙見込案壱条ノ通リ沓野組ニ於テ成功可致事

第弐条

一字坪根（小字地獄）新堰開鑿引水ノ儀ハ第壱条通水見様ノ上分水可致事

第三条

一平穏村沓野組地籍ノ内琵琶池字一ノ沼字蓮池字大沼池字釜尻等今般示談ニヨリ蓄水ノ為メ流末町村ニ於テ土功ヲ企テ候共沓野組ニ於テ故障無之尤モ大沼釜尻弐ケ所ノ儀ハ手堅ク普請ヲ要スヘキ場所ニ付地元ト協議ヲ尽スハ勿論ノ事

但本条普請ニ付用材等ハ最寄ニ於テ勝手ニ伐採ノ事

第四条

一沓野組用水春秋不用ニ至テハ蓄水ノ為メ琵琶池へ落シ入候事

右条々示談相整候趣確守可致仍テ為取換証書如件

明治十六年二月十九日　　　　　　　　　　　　下高井郡

平穏村沓野組　竹節安吉印
同　黒岩康英印
同　佐藤喜惣治印
同　春原専吉印
同　竹節伊勢太印
同　山本高五郎印
同　山本利左衛門印
同　西沢寅蔵印
同　湯本喜四郎印
同村戸長　吉田忠衛門印
同郡
中野町惣代　綿貫市郎印
右町戸長病気ニ付代理
筆生　吉岩市郎兵衛印
小田中村惣代　小林力之助
同村戸長　町田豊治郎印
更科村惣代　小林源右衛門印
同　戸長代印

同村戸長　檀原伊右衛門印
西條村惣代　小林多吉印
同村戸長　金井伊助印
吉田村惣代　竹内伊左衛門印
同村戸長　平林惣吉印
壱本木村惣代　小田切和兵衛印
同村戸長　竹内久八印
若宮村惣代　徳武善右衛門印
同村戸長　田中駒吉印
竹原村惣代　下田万吉印
同村戸長　徳永兵三郎印

(四)侵害地復旧事件　口頭弁論（一〇月六日から一一月二四日迄、開廷八回）

口頭弁論調書によると、原告は館三郎、被告は近山勝右衛門、池田顯道、児島儀右衛門である。当事者にはそれぞれ訴訟代代理人がついており、館三郎には横田茂守（長野県水内郡飯山町六四八番地、代言人士族）、近山勝右衛門には白井彦兵衛（長野県下高井郡中の町助役）、池田顯道には田川敦（下高井郡日野村役場書記）、児島儀右衛門には武田右源治（下高井郡村役場書記）が代理している。

第一回口頭弁論（明治二五年一〇月六日）は、「大体ノ陳述」を両当事者が述べただけで、比較的簡単に終了している。被告は、まず琵琶池が官有地であることは地籍役場の証明によって明らかであり、原告には何も関係ないと主張する。これに対して原告は、自分は琵琶池が官有地ではないとは一言も言っておらず、たとえ所有者が誰であれ、種々の権利を設定することは可能であり、琵琶池については自分が水を使用する権利を有すると反論した。さらに被告が、水の使用は従来の慣行に依るものであって、中野町外七ヶ村は数百年前から琵琶池用水を使用してきた上、明治一六年に沓野区と約定書を交わして工事を開始した。したがって当該用水は原告の使用ではなく、中野町外七ヶ村の使用に帰すると述べたところで議論は終了した。

第二回口頭弁論（明治二五年一〇月一七日）の冒頭で、原告訴訟代理人の横田が、前回は自分が代理人として出廷したが、今回から原告本人が出廷することとなり、自分は「保佐人」の資格によって出頭する旨、述べている。

原告は琵琶池に「縁故」があることを縷々説明しているが、要点のみ紹介する。

(イ)琵琶池は天然の池であり、旧松代藩有だったことは自他ともに認めるところである。(ロ)工事を起こしたり、水門を築いたりするには奉行所検査の上、許可を得て着手することが慣例となっている。(ハ)被告は、原告に断りなく、官庁の許可も得ず、工事に着手している。(ニ)そこで原告が郡役所に訴願したところ、原告の言い分はもっともであると、「原告ノ占有者ナル事」が認められた。これまで数十年来、原告は新開田地のために貯水を行なってきたのであり、郡長も保護する意向を示した。(ホ)被告の数百年琵琶池の水を使用してきたという主張を認めることはできない。原告の貯水事業は容易なものではなかった。(ヘ)原告は、被告等が代水を使用することは否定していない。旧藩時代、佐野、沓野、湯田中三村が新田開発するため眼下の川から引水をしたため、流末の村々の水が減少する恐れがあり、このために琵琶池で貯水することになったが、この池の貯水のことを代水という。(ト)横湯川と角間川が合流した星川が流末の中野町外七ヶ村に流れ込み、川筋の用水となっている。しかし「無益ニ流レテ」いるため、これを社会のために利用することを考え、佐野村外と相談して用水を「満足」に使用する計画を練った。その結果、琵琶池の貯水がもっとも「利益」があると判断し、嘉永四年に工事に着手した。これまでの積年の経緯からも自分に占有権があることは明白である。(チ)原告は明治一五年に、郡役所勧業課の近山郡書記（今回の被告の一人）と郡長に工事の必要性を訴え、書類を提出し、郡長自ら登山して実地調査をして工事に利益があることを認め、関係村々へ報告した。このような経緯があるにもかかわらず、被告は原告に無断で工事を開始したのである。

つぎに判事から、原告は被告の工事を「毀壊」して現状回復を請求するのか、という質問があった。原告は、すでに行なった工事については「毀壊」の必要はなく、今後は原告の承諾を得て工事することを請求すると述べた。

被告は、原告が被告用水組合と無関係であること、被告は明治一六年に工事を開始するにあたって平穏村、佐野村と十分熟議したこと、琵琶池は沓野村の所有であり、沓野村から訴えがあるならともかく、原告には関係がないことを主張した。

第三回口頭弁論（明治二五年一〇月三一日）では、原告が甲二号証から第五号証を提出し、つぎのような説明を行った。被告は、この訴に関して被告の位置にないと主張するが、提出した証拠からは原告が許可を得て工事に着手したことは明らかである。工事は貯水を目的とし、琵琶池にあった弁財天廟まで他へ移している。原告は許可を得た上で、もっぱら自らのために工事を行なったのであり、被告はいかなる権利にもとづいて工事を開始したのか説明する必要がある。

これにたいして被告補佐人は、本案は無訴権の訴であるから答弁の必要はなく、被告は妨訴の抗弁をなすと発言した。判事は、妨訴の抗弁については追って判決を言い渡すと述べ、閉廷となった。

第四回口頭弁論（明治二五年一一月七日）において判事は、被告による妨訴の抗弁を却下し、引き続き答弁することを命じた。

第五回口頭弁論（明治二五年一一月一二日）で、原告は、被告として平野村村長も追加することを申立て、被告もこれに同意した。

第六回口頭弁論（明治二五年一一月一七日）では、前回被告として追加された平野村村長・山田理兵衛について、被告近山他二名代理白井彦兵衛が委任を受けたとの申立を行なった。原告は、甲七号から一〇号証を提出し、つぎのように述べた。被告は、いかなる根拠によって琵琶池の工事をしたのか証拠を提出していない。原告は、提出した証拠から被告は直接工事をすることはできないと確信している。原告は、松代藩吏の資格によって工事をしたのではなく、「自費自弁」によって行なった。もしも藩吏であれば「時時交迭」されるが、自分は藩吏ではないので決して「交迭」されず、工事は「永久保続」するものである。

第七回口頭弁論（明治二五年一一月一八日）における、原告の陳述の概要は次のようなものである。(イ)被告の提出する乙一二号証は、代水といえども「扱人」をして湯田中村へ請求するに過ぎないものであり、被告が工事をする根拠にはならない。(ロ)乙四号証は官有地であることを証明するものだが、琵琶池が官有地であろうと民有地であろうと原告には関係が無い。(ハ)原告は旧藩のころは三男であり、士族の名義はあっても永禄は支給されておらず、藩吏外で「何等ノ役員ニモ立入ル事ヲ承認セラレタル特別ノ名称」であることは、甲第二号ノ一、一一号、一二号証から明白である。(ニ)旧松代縣権大参事・長谷川昭道は、嘉永年間以来、松代藩の代官ならびに郡奉行西京留守居公用人等を勤め、明治になって太政官権大史となり、旧松代縣大参事に転任しており「連続関係」がある。そこで総計五、六十通の証書の検閲をお願いした。(ホ)被告の乙一号証は「越権ノ約定書」である。(ヘ)文書に年号がなく、日付のみであるのは当時の「例則」である。(ト)被告は、第三回口頭弁論にて平穏村と熟議したと述べたが、代水の負担者である湯田中組には一切無断で工事を行なっている。(チ)被告乙一号証、原告甲八号証のような約定があるにもかかわらず被告は、琵琶池は空池で保水できないなどと言って違約金を支払わなかった。原告は松代藩の許可を得て地元村々の「故障」を解除させ、文久二年、貯水工事に着手した。これによって原告の説明に基づき被告村々は実地見分し、違約金を支払った。しかし貯水の方法に「不行届」があったため、明治一五年に郡長に貯水が有益であることを申立て、被告村々は郡長の説諭により工事を開始して、今日のようなかたちになったのである。

これにたいして被告は、つぎのように述べた。原告は被告の答弁書に反駁したようであるが、薄弱な議論であり、陳述する必要もない。一応、被告が工事をした根拠を述べておくと、乙第三号証に示したように、明治一六年に地元平穏村沓野組と相談し、将来工事をすることを依頼されたのである。これは沓野組惣代、平穏村戸長、被告町村惣代、町村戸長の惣代等の契約である。また、訴状では、工事の必要があるときは原告と関係者の承諾を得ることを請求しているが、関係者とはなにを指しているのか判然としない。

そこで原告が、湯田中村であると答えると、被告は、原告は琵琶池と無関係なのだから協議の必要なしと述べた。さらに、明治一六年当時琵琶池は民有地であり、周辺の山林は平穏村のものである、よって地元村の依頼に応じて工事したのだから、官許を得る必要はなかったと陳述した。また私利のために原告は貯水工事を行なったと主張した。その他の点については答弁書にて反駁しているので、口頭では述べないとした。

原告は、「社会の公益」のために工事したと主張した。また琵琶池が藩政時代には民有地ではなく藩有地であり、明治以降は官有地であると主張した。さらに、原告は、大林区署に池の払下げを請求したが、池等は払下げたことがないとの返答であり、明治一八年四月に官有地と心得るよう指令されたと述べた。

最後に被告は、甲第八号から十号の松尾重蔵の書簡は、館三郎が個人的に松尾重義にたいして下高井郡長在職中の功績を賞賛した文書を送ったところ、松尾重義が館三郎への年始状において挨拶を述べたに過ぎず、証拠能力はないと陳述している。

第八回口頭弁論（明治二五年一一月二四日）で、次回公判にて結審することを判事が宣して終了した。

㈤判決（判事井口速水）明治二五年㈧一一四号侵害池復旧事件・明治二五年一一月二四日

原告は館三郎（長野県埴科郡松代町二六番地士族医業）、被告は近山勝右衛門（長野県下高井郡中野町町長）、池田顯道（同県同郡日野村村長）、児島儀右エ門（同県同郡平岡村村長）、山田理兵衛（同県同郡平野村村長）、被告の訴訟代理人は向井彦兵衛である。

判決は、原告の請求を棄却し、訴訟費用も原告の負担としている。つまり館三郎は敗訴したのである。飯山区裁の認定する事実は以下の通りである。

まず、原告請求の要旨をつぎのように述べている。

琵琶池の貯水に関する特権は原告にあり、該池からの収益を得るための占有の権利を有している。よって被告等には該池にたいして直接工事を起こす権利はない。もし工事の必要が生じた時は、被告等は原告および関係者と協議して承諾を求め、かつ、その筋へ出願し、認可を受けなければならない。しかしながら被告等は、明治一六年七月、原告に無断で土工を始めたことは不当である。そもそも琵琶池は天然ノ池であり、かつては「松代藩有」であった。その当時、「官有地付属」であり、新古にかかわらず、土工を起こし、あるいは水門を築き、営繕するといったことは用水奉行を兼ねている道橋奉行の管轄であった。これらの事業を行なうにあたっては、奉行所に申出て、奉行所が実地検査を行なった上で奉行所から許可を得るのが慣例であった。

原告は、旧松代藩時代は三男であり、士族の名義はあったが、俸禄はなく、「藩吏外」としてなんらの役員でもなかった。ただ「利用掛」といって、事業に立ち入ることを承認されていた「特別の名称」であったことは数通の証書によって明らかである。これについては甲第一号証から第一二号証を提出し、縷々述べたところである。

要するに、原告が占有権を有する池にたいして、被告等が原告に無断で工事を起こしたことは、原告の占有権侵害にあたる。これまでこのような「無法の所為」はなかったのであり、すでに行なった工事は仕方ないとしても、今後はなにごとも原告の承諾を得て行なうべきことを請求する。

被告の答弁の要旨は、つぎのようなものである。

従来、琵琶池は官有地であり、原告とはなんの関係もない。官有地であることは「地籍役場の証明」により明らかである。池水の使用については、従来の慣行により中野町外七ヶ村が用水を使用してきた。これは数百年以上の慣行である。明治一六年に地元沓野組と約定の上、工事を開始したものであり、当該用水に関して、原告の使用権があるわけではなく、中野町外七ヶ村の使用に帰するものである。しかるに原告は、琵琶池の貯水を行ない、利用する意思を嘉永二年より示し、佐野村その他の村々と談示してきたことを理由に占有権を主張する。しかし嘉永二年よりはるか前、天保五年一〇月に被告等は、下高井郡佐野村ならびに同郡湯田中村との議定によって当時中野町外数ヶ村の代水としており、以降、被告町村が使用権を得ていることは明白である。このことは当該議定証書乙第一号証の通りである。また乙三号証、四号証の示す通り、平穏村字沓野組と琵琶池その他の池沼にたいする土工に関する対談書を取換している。さらに原告は、琵琶池を使用するには官許を得る必要があると主張しているが、明治一六年当時、琵琶池は民有地であり、その周囲は平穏村の山林であったので、地元村の依頼によって工事を行なった。官許を受ける必要はなかったのである。

このように琵琶池用水の使用権を、すでに五九年前に被告等は得ており、今日まで連綿と使用してきたことは証拠書類に明らかである。当該池へ多少の工事をしてきたという原告の主張を、被告等は認めない。そのような事実があったと仮定しても、それは藩吏の資格にもとづいてなされたものというほかなく、したがって旧松代藩の行なった事業と解することができる。

結局、原告が琵琶池の占有権を有していないことは明瞭であり、原告の請求に応じることはできない。

続いて判決理由を以下のように述べている。原告が琵琶池に多少関与したことは確かであるが、これは松代藩の吏員の資格にもとづいてなされたものと考えられ、原告が当該池に占有権を有すると認められる確証はない。かえって被告町村では，数十年間にわたり当該溜水を使用する慣行があり、工事は明治一六年に関係町村との議定をもって施行され、一〇ヶ年を経過している。したがって原告の琵琶池への占有権、これにもとづく被告等の工事による占有権侵害との主張は認めることができない。

このように飯山区裁判所は，被告等の主張を全面的に支持し、原告・館三郎の主張を退けている。とりわけ、琵琶池への館三郎の関与が松代藩吏としての資格にもとづくものであるとしている点が注目される。この点については、証拠書類と弁論を参考にしたと述べるに止まり、どの証拠が根拠になっているのか明確にされていない。

二、控訴審の審理（長野地方裁判所）

㈠控訴状

飯山区裁判の判決に不服の館三郎は、直ちに控訴した。控訴状の内容は第一審の訴状とほぼ同様であるが、「琵琶池ハ水源出入無キニ因リ開闢以来」・「暗渠ノ池成」・「数百年前ヨリ使用シタル事実ハ無之」と、被控訴人（流末町村）の主張する琵琶池使用の事実を物理的条件から否定している点が重要である。また被控訴人の提出する書類（乙三号。沓野組が「流末町村ニ」引水工事を「頼談」した文書）には、館三郎の署名がなく、本件における反証にはならないことも強調している。

㈡口頭弁論

口頭弁論について、長野地方裁判所の判決に影響を与えた二人の証言をみていく。

第五回口頭弁論（明治二六年六月六日）で、宮崎與助（旅宿業、平穏村平民）が出頭し、証言している。宮崎與助は明治一三年から一六年まで琵琶池の修繕と、竜王川の工事の総代を勤め、明治一九年から二一年までは「総代」となっている。宮崎與助は甲七号証、二一号証、二四号証について「真正ニ成立」したものと証言した。また館三郎が琵琶池の修繕と、養魚については、「見タル事ナキモ」、老人達から「聞タル事アリ」と証言した。館三郎が琵琶池を現実に利用してきたことを証明する証言になっている。

第六回口頭弁論（明治二六年六月七日）では、長谷川昭道が証言した。注目される点は、藩政時代の館三郎の「佐野沓野湯田中ノ利用掛」というものは「役ト申程ニハ無之」という証言である。「利用掛」は水を溜めたり堰を設けたりして田地を作るものであるが、館三郎は私財をもって事業を行なうと申請したので藩主が許可し、池は藩の所有、池からの利益は館三郎のものということにした。また沓野村との交渉上「便利」であるのでこの名称を付したのであり（「沓野村トノ談判並其他万事取扱上便利アルトノ事ニ付名称ヲ付シタ」）、藩から「手当等」を支給したことはないと述べている。他方で、館三郎は「宗家ヲ相続シ」ており、「従士目付役」を勤めていたと述べており、松代藩士であったことも証言している。つまり藩士ではあっても琵琶池に関する事業は藩のものではなく、館三郎の個人的なものだったという内容である。

なお第七回口頭弁論（明治二六年六月二八日）において、被控訴人は琵琶池の水を使用する権利は天保年間よりあったが、水量が少なかったので使用せず、「十六年ニ至テ地元沓野ト契約ヲ結ヒテ初メテ用立」たとし、数百年利用してきたというこれまでの主張を変更している。

㈢判決（裁判長・千葉直枝、判事・持田孝三郎、同・上村要蔵　明治二五年(レ)三一一号　侵害池復旧控訴事件・明治二六年七月八日）

控訴人は館三郎。館の代理人は近藤牧太（長野県水内郡長野町士族・弁護士）。被控訴人は近山勝右衛門、池田顯道、児島儀右エ門、山田理兵。、被控訴人の代理人は須田義之（長野県水内郡長野町士族・弁護士）と佐藤半三郎（同上平民・弁護士）である。

長野地方裁判所は、原判決を破棄し、被控訴人は琵琶池の工事に際して控訴人の権利に影響をおよぼすものであるときは控訴人と協議するべきこと、訴訟費用は第一審、第二審とも被控訴人が負担すべきことを言い渡した。

長野地裁の認定する事実は以下の通りである。

控訴代理人によると、控訴人はかつて館孝右エ門と称し、嘉永年間に松代藩の許可を得て「利用掛」の名を賜り、松代藩領の下高井郡平穏村字沓野山中にある琵琶池に対して私費を投じて工事した。これは灌漑、養魚を目的とするものであり、ようやく貯水が終了した明治一六年に被控訴人等が控訴人に無断で新たな工事を開始した。これによって水量が大きく変わり、控訴人の権利が侵害された。今後は、このような工事を行なう場合は、控訴人と協議するよう被控訴人に求める裁判を行なったが、第一審では敗訴した。これを不服として控訴におよんだ。

被控訴人の代理人によると、被控訴人は琵琶池にたいして従来より用水使用の権利を有しており、とりわけ地元沓野区と協議し、承諾を得た上で明治一六年に工事を開始した。よって控訴人の権利を侵害した事実はない。今後も工事をするにあたって、控訴人と協議する理由はなく、控訴人の請求に応じることはできない。

長野地方裁判所の判決理由はつぎの通りである。

被控訴人は、控訴人には琵琶池について何等の権利もないと主張するが、控訴人が松代藩に願い出て当該池の工事を行ない、灌漑および養魚の目的で貯水をしてきたことに関して、被控訴人がその成立を認めていたことは甲二号証から五号証と証人長谷川昭道の証言によって明白である。

控訴人が松代藩から利用掛の名称を与えられたのは、水利土工について人民と交渉するための便宜上の名義だったのであり、利用掛の名はいたって軽微のもので、役というべきものではない。また控訴人が私財を投じて工事を行なってきたことは長谷川昭道の証言から明らかである。控訴人は藩吏の資格によって工事をしていたわけではなく、「実際一個ノ資格」によって工事を行なっていたと考えるほかない。

加えて、控訴人が当時から琵琶池に関係していたことについて、被控訴人がその成立を認めていることは甲一号証、六号証、二〇号証、二一号証と証人宮崎與助の証言から明らかである。とりわけ甲二一号証は、明治一六年一一月五日の日付であり、文中に「創立御目的養魚等ノ儀御一手限リ利益収穫相成候共後世異儀無之候」とある。宮崎與助の証言には、館三郎が魚を放流したことを老人から伝え聞いたとある。これらの証拠から控訴人がすでに当該池にたいして「養魚ノ権利」を持っていたことは明白である。

仮に被控訴人に用水を使用する権利があったとしても、水量の変更をもたらすような工事を行なって控訴人の権利を侵害することはできない。すでに着手した工事に関しては論じないことにするが、今後は当該池の工事について、水量の変更により控訴人の権利に影響を及ぼす時は、控訴人と協議することが相当である。よって主文のごとく判決する。

甲二八号証には控訴人の「拝借」なる「誤辞」を用いているが、これは行政庁に提出する文書であることからこのような「誤辞」を用いたと控訴人は弁解している。「拝借」なる「誤辞」を用いたからといって、被控訴人が権利を放棄したと解することは出来ない。

以上が第二審判決の概要であるが、一審の判決を覆して館三郎の権利を認める内容になっている。

三、上告審の審理（東京控訴院）

上告審への上告状および口頭弁論の内容は判決文の中にほぼ含まれているため省略し、直接、判決文をみていくことにする。

（東京控訴院民事部第一部　裁判長判事・馬場愿治、判事・小野衛門太、同・前田孝階、同・坂崎携、同・中島正司　明治二六年(ナ)第二三四号侵害地復旧事件・明治二六年一二月二八日）

上告人は近山勝右衛門（長野県下高井郡中野町町長）外三名、訴訟代理人は弁護士・丸山名政である。被上告人は館三郎、訴訟代理人は弁護士・平田護衛である。

東京控訴院は、「本件上告はこれを棄却する。上告訴訟費用は上告人これを負担すべし」と判示した。判決理由は、以下の通りである。

上告論旨第一点は、明治七年太政官第一二〇号布告(2)、同年太政官第一四三号達(3)及び同八年第一四六号達(4)の規定により、原判決が被上告人に琵琶池の使用権を認めた判決は違法であるとする。これにたいして上告審は、上記の布告・達は、河海湖沼池沢等は官有地第三種に編入し、もしくはこれに生じる水草魚等を取るときは借地料及び区入費を賦課すべきことを規定するもので、既得の使用権についてさらに許可を得なければ消滅することを規定したものではなく、原判決は不法ではないと判示した。

上告論旨第二点は、例え被上告人が旧藩時代に琵琶池の使用権を取得したとしても、第一点で挙げた法令に従って拝借の許可を得なければ社会にたいして権利を主張することはできないのであり、原判決は旧藩時代に取得した使用権が明治政府下においても有効であるとしているが、これは違法である、という。これにたいして上告審は、前記の法令は旧藩時代に取得した使用権について尚更に出願して許可を得なければならないと規定しているわけではなく、その他の明治政府の法令にも、旧藩時代に取得した使用権は改めて出願許可をしなければ社会にたいして無効であるなどという規定はなく、原判決は違法ではないと判示した。

上告論旨第三点は、被上告人が一私人の資格により私財を投じて工事をしたとしても、それが公益のためか私利のためか明らかではない。公益のための工事であれば私権を与えることはできないはずであり、原判決がこの点を審理せずに被上告人に私権を認めたことは違法であるとする。上告審は、原判決の訴訟記録を閲覧しても、上告人が被上告人の工事は公益のためになされたものであり、それが私権を取得する原因ではないと主張した事実はみられない、原判決は被上告人に私権を認めるにあたって、たんに私財を投じて工事をした点を根拠に判断したのではなく、多数の証拠にもとづいており、当事者が争っていない論点（工事は公益のためになされたか否か）について説明しなかったとしても理由を欠いた裁判とはいえないと判示した。

上告論旨第四点は、原裁判所の認定事実からは被上告人が公益のために私財を投じて工事をしたことを推知させるが、原裁判所がこれを根拠として被上告人の使用権取得の原因としたことは違法であるというものである。上告審は、原裁判所の認定事実は必ずしも公益のために私財を投じたことを推知させるものではなく、また原裁判所が被上告人に使用権を認めたのは、前項で説明したように多数の証拠にもとづいており、違法とはいえないとした。

上告論旨第五点は、原判決のように上告人の工事によって被上告人の権利に影響をおよぼす際にはあらかじめ被上告人と協議すべきことを言い渡す以上は、工事がどの程度の場合に被上告人の権利に影響するかを明示する必要があり、そうでなければ上告人は被上告人と協議すべき場合を知ることはできない、原判決がその程度を示していないことは違法であるというものである。上告審は、上告人はもとより防御者であり請求者ではないことは明白であり、原判決がこの点を明示しなかったことは上告人の利害に影響をおよぼすものではなく、上告の理由とはならないと判示した。

上告論旨第六点は、甲第二八号証には「拝借」という文言が使われており、被上告人が琵琶池に使用権を有していないことは明らかであり、原判決が錯誤、書き損じなどの理由を示さず、これを排斥したことは違法であるというものである。これに対して上告審は、証拠は錯誤・書き損じなどの事由によらなければ排斥できないという条理はなく、文書中「拝借」の語辞があっても、上告人が主張する事実を証明できていないという理由で、「拝借」の文言を排斥したことは違法ではないと判示した。

上告論旨第七点は、四つの理由からなる。第一は、宮崎与助の証言は伝聞であり、これを採用することは違法であるというものだが、上告審は、伝聞に証拠力がないという規定が無い以上、採用するか否かは裁判所の心証次第であり、採用したからといって直ちに違法とはならないとした。第二は、甲一号および甲六号証は公の記録であるから私権を証明することはできないというものだが、公の記録は私権を証明する効力がないとはいえないので、原判決は違法ではないとした。第三は、甲二〇号証は、被上告人に使用権があることを証明するものではないというものだが、証書を解釈して採用するか否か判断することは裁判所の職権であり、上告の理由にはならないとした。第四は、甲二一号証は無関係な第三者と被上告人とが締結した約定書であり、本件には効力をおよぼさず、原裁判所がこれを採用したことは違法であるというものだが、上告審は、原判決はこれを唯一の証拠としたのではなく傍証としたのであるし、第三者が被上告人と締結した約定書を証拠の端緒に供することはできないともいえないので、原判決は違法ということはできないと判示した。

四、裁判の検討

(一)論点

裁判の論点は、館三郎が琵琶池にたいする権利を有していたかどうか、有していたとすれば何を根拠とするかということである。まず、館三郎が自己の権利をどのように認識していたかを考察してみる。第一審訴状の段階では、館三郎が「永久受領ノ許可」を藩から受け、自分は「琵琶池ノ特権」をもっていると主張している。第一審の第一回口頭弁論では琵琶池の「支配」および「水ヲ従来ヨリ使用スルノ権利」という表現を用いている。そして第二回口頭弁論では「占有権利」を有していると主張している。館三郎は、藩から「永久受領」を受けた琵琶池にたいして、所有はしていないが、使用に関する包括的権利をもっていると認識しており、これを「支配」とか「特権」とかで表現したと考えられる。

では、館三郎はどのように琵琶池を利用しようとしたのか。一つは貯水、二つは養魚、そして三つに新田開発のための引水（「新開田地ノ引水」）であり、これらの利用のために工事を行なったと主張している。しかし館三郎はそれぞれの行為にいかなる権利が存在するのか述べていない。ここでは、館三郎の主張する琵琶池にたいする権利を一応、「占有権・使用権」と併記することにする。

いずれにしても、本件は琵琶池について館三郎が貯水、養魚、引水を行なう権利と流末町村が用水を利用し、工事を行なう権利とが対立した事例である。これはどちらにも損害が発生しなければ、双方に認められる権利であり二者択一のものではない。しかし、館三郎が権利の侵害を主張したことで裁判は開始された。

(二)裁判所の判断

館三郎の琵琶池にたいする占有権・使用権について、第一審の飯山区裁判所は、これを否定した。理由は「原告ハ藩吏ノ資格ヲ以テ関与シタルモノト見認サルヲ得ス而シテ示後原告カ該池ノ占有権ヲ有シタリト見認ム可キ確証ナク」とされており、館三郎の貯水、養魚は藩吏の役職としての行為であるので、占有権を取得していないというものだった。そしてかえって被告町村こそ「数十年前ヨリ該溜水ヲ使用シタル慣行」があるとし、被告町村の使用権を認めているような表現をしている。

第二審の長野地方裁判所および上告審の東京控訴院は館三郎の権利を認めた。長野地裁は、館三郎が灌漑、養魚の目的で貯水を行なってきたことは甲二号証から五号証によって明らかであるとする。そして館三郎の事業は「役トイフベキモノデハナク……一個ノ資格」によって、「私財ヲ投ジテ」なされたものであると判断した。つまり、貯水工事や養魚は、藩の事業ではなく、館三郎のプライベートな事業であるとの認識がなされている。その際、長谷川昭道の証言を根拠としてあげている。また館三郎に「養魚ノ権利」があることは、甲一号証、六号証、二〇号証、二一号証と長谷川昭道ならびに宮崎與助両人の証言を根拠としている。

ちなみに長野地裁は、館三郎の権利を「養魚ノ権利」、「用水ノ権利」という文言を使っており、権利の内容を示すことばとして「占有権」と表示していた第一審の判決より曖昧なものになっている。

以上のことから、長野地裁が館三郎の権利を認定するにあたって、基本的には藩政時代に琵琶池を利用する権利を取得していたことを認め、また単に権利を得ただけでなく、現実に利用していた事実（貯水、養魚）があると判断したと考えられる。第一審との違いは、館三郎の事業が私財を投じて行なわれた個人的なものである、と認定したことであるが、長谷川昭道と宮崎與助を証人とした館三郎の戦略が功を奏したといえる。

もっとも、一審で館三郎が敗訴していることからも分かるように、決して磐石の訴訟ではなかったように思われる。以下、長野地裁判決にたいする疑問点をあげてみる。

まず、館三郎の身分については、第一審の第七回口頭弁論で館三郎は、「旧藩ノ頃ハ三男ニシテ士族ノ名義ハアリシカ永禄は給セラレズ上下ノ間ニ立チ藩吏外」であったと述べている。つまり藩吏ではないと明言している。他方、第二審の第六回口頭弁論で長谷川昭道は「館三郎ハ父兄死去シ相続人ナキ故宗家ヲ相続シタル」と証言している。これは館家を継いだということであり、館三郎の戸籍簿を見ても「安政四年五月八日」に「戸主」となっている。確かにこれらの事実は館三郎が「士族」であることを証明するに過ぎないともいえるが、館三郎も自身が「藩吏」ではないという明確な証拠を呈示しているわけではない。近世の身分制社会においては、家を継ぐということは同時に親の職業（家業）と財産（家産）をも継ぐはずである。「永禄ハ支給」されずに「藩吏外」だったとすれば、いかなる理由によるものか、館三郎はどのような手段で生計をたてていたのか、これらの点については特に説明しておらず、疑義が残るといわざるを得ない。

つぎに「利用掛」の職務であるが、長野地裁が判断するように、「利用掛」が「役」というほどのものでなかったとしても、それだけで個人に用水使用権が認められるわけではない。長谷川昭道によると「利用掛」は、「田地等ヲ作ル」職務を担ったのであり、本来「利用掛」が行なう事業は藩のそれになると考えられるが、館三郎が「私財ヲ以致度」と申し出たため「池ヨリ利益ハ同人所行」とすることを藩が認めたと証言している。

よって館三郎が藩から琵琶池に対する何らかの権利を得たという前提として、「私財ヲ以致」したという事実が証明されなければ、館三郎個人に用水使用の権利は発生しないと考えられる。しかしながら、貯水についても養魚についても、私財を投じた証拠となる領収書の類は提出されておらず、いつごろ、何回くらい、どの程度の額を投じたのか具体的なことは確認できない。そもそも、館三郎がどのように資金を調達したのかも不明である。長野地裁の口頭弁論（明治二六年七月八日）で、館三郎は「私債ヲ以此工事ヲ起シ」と述べているが、これは藩債ではなく個人的な借入ということであろう。しかし、その借用書の類も提出されておらず、いつ誰から借入したのか不明確である（「私債」は「私財」の誤記の可能性もある）。館三郎が私財を投じた旨記載されている甲三号証、甲二一号証、甲二八号証にも具体的な金額に関する記述はない。甲三号証、甲二八号証は、藩から館三郎に宛てた文書であるにもかかわらず、松代藩時代の文書や長野県の公文書等には存在せず、出所を確認できない（後述するように明治六年に松代町が火災にあって、多くの文書が消失した事情もある）。徳川時代中期以降の松代藩は財政が窮迫しており、恩田木工（一七一七～一七六二年、『日暮硯』の著者）が倹約令を出したりしたが、幕末には財政はさらに悪化して、一般的に藩士は窮乏していたから、そのなかで、ひとり館三郎が裕福だったとは考えにくい。

なお、長谷川昭道は沓野村との交渉の便宜のために「利用掛」の名称を与えたとも述べており、その主要な任務は開発地域の実地調査と地域住民の説得だったと考えられる。そして「利用掛」に手当は支給していないとも述べており、そのため館三郎は交通費、宿泊費その他の経費を自分で賄い、実地見分や交渉にあたったのではないだろうか。あるいは、この費用を池から調達したのであろうか。このような費用が館三郎の主たる出費であったところ、時間の経過とともに館三郎の内面では「自費で工事を行なった」ということに膨らんでいった可能性もあながち否定できないところである。

さらに甲二八号証は、慶應三年に藩から館三郎へ「沓野藩林地全部地籍地盤永世其許江被下置」たことを示す文書であるが、これが事実であれば、地租改正の際に琵琶池どころか「沓野藩林地全部」を館三郎の私有地にすることもできたはずである（少なくとも申請はできたはずである）。しかし、そのような事実は主張されていない。したがって、地租改正において（あるいはその後においても）私的所有権の申請がないということは、所有権を放棄したといえるのである。

いずれにしても文書資料には曖昧な点が多く、流末町村がこの点を追及していたならば、館三郎にとって困難な争いになっていたと考えられる。

㈢対立する権利の検討

つぎに、館三郎と流末町村の権利について考察してみる。主要な出来事を年代に沿って示すと次のようになる。

㈠佐野村は天保五（一八三四）年に湯田中村と「代水使用」の「議定」を行ない、使用権を取得したと主張（乙一号証）。㈡館三郎は嘉永年間（一八四八〜）に「利用掛」となり、琵琶池の「特権」を取得したと主張（訴状および長谷川昭道の証言等）。㈧館三郎は、文久二（一八六二）年、貯水について沓野村の同意を得たと主張（甲一号証）。㈡館三郎は、慶應三（一八六七）年に、松代藩から「褒賞」として「沓野藩林地全部地籍地盤永世其許」されたと主張（甲二八号証）。㈭流末町村は明治一六年二月一九日に沓野と工事に関する「対談書」を交わし、工事に着手したと主張（乙三号証）。㈮同年一〇月六日、琵琶池の工事方法等に関する文書に館三郎と沓野村の総代達が調印（甲二〇号証）。

順番としては(イ)の佐野村の「代水」使用の方が早いのであるが、これは館三郎が第一審口頭弁論で述べているように用水使用の権利であり、この段階では流末町村が工事することが可能であるとは証明されていない。(ロ)で館三郎が嘉永年間に取得した「特権」は、貯水や引水の工事を行ない、利益を受け取るものとされる。そして、少なくとも流末町村が館三郎に対して、「代水」使用権の侵害を主張して争った事実は確認できない（証拠は提出されていない）。

琵琶池の所有者との関係でみると、係争地を含む全山は、藩政時代は藩有地であったが（長谷川昭道の証言と館三郎の主張）、地租改正により官有地になり、明治一二年に地元沓野村に下げ戻されて民有地となり、さらに明治一八年に官有地になっている（乙四号証）。もっとも訴状や証拠書類によると、近世期においては琵琶池の工事に沓野村が反対し、館三郎による沓野村説得によって工事が可能になったことや弁財天社の移転、代水の使用なども沓野村の承諾を要していたことから、今日的な意味での「所有権」は沓野村が有していたと考えられる。このことは、明治一四年に農商務省が旧沓野村所有を認めて官有地の引き直しを認めることによって明らかである。したがって、当該池は松代藩有ではないのである。松代藩の「藩有」であったという長谷川昭道の証言は、藩の直轄地という意味ではなく、松代藩の政治的な支配権が及ぶ「領地」であったという意味だと考えられる。よって琵琶池にたいする何らかの権利を取得するには、地元沓野村の合意が必要であった。

琵琶池について館三郎は、(ロ)で藩から「特権」を取得し、(ハ)で沓野村から貯水の合意も得て、(ヘ)で明治一六年当時の所有者である沓野組から工事の承認を得ている。流末町村も、(ホ)で明治一六年に沓野組との話し合いの上、工事を開始している。一見、どちらも正当な権利を取得しているようであるが、館三郎の権利が所有権とは別に同一土地上に設定できる占有権、使用権の類であるであったとすれば、そして、流末町村より先に琵琶池でこれらの権利を行使していたとするならば、流末町村は所有者の沓野部落のみならず館三郎の承諾も得なければ、館三郎の利害に関わる工事を行なうことはできないと考えられる（乙三号証の「対談書」には館三郎の名前は記載されていない）。

提出証拠書類を真正のものとすると、館三郎の主張に分がありそうである。しかし前述したように館三郎が藩から得たとする文書は、出所については不明確なものであるし、また、その内容や叙述についても、この種の一般的なものとは異なっている。


つぎに侵害利益について考察する。

長野地裁は「良シ被控訴人ニ用水ノ権利アリトスルモ水量ニ変更ヲ来タス如キ工事ヲ施シ延ヒテ控訴人ノ権利ヲ侵害スルヲ得サル事当然」と述べており、仮定の話ではあるが、流末町村にも権利があり、お互いが権利を侵害しなければ琵琶池の用水使用権が館三郎と流末町村双方に並存しうる可能性を示している。館三郎も流末町村に「代水」を使用する権利があることは認めている。しかし実際には侵害行為があるとの訴があったからこそ対立したのである。そして長野地裁は、流末町村が館三郎の権利を侵害したと認定したわけであるが、実際にどのような損害が発生したのかあるいは発生する可能性があるのか明確されておらず、権利侵害は抽象論になっている。

館三郎は、訴状では被告等の工事によって「養魚新開田地数ヶ村ノ原野畑ニ引用スル権利ヲ侵害」されたと主張している。また第一審の第一回口頭弁論では被告等の工事が「水量ニ変更ヲナサシメ」たと主張している。つまり琵琶池に水を溜め、養魚や農業用水として使用していたところ、被告等の工事によって水量が減少し、養魚や引水に支障をきたしているというのである。しかし、実際に養魚によっていくらの利益を得ていたのか、流末町村の工事によってどの程度の損害が発生したのか、農業用水についてもどの程度引水を行なっており、いかなる被害が生じたのか明らかにしていないのであるが、この点についても流末町村は特に追及していない。

㈣証言の検討

長野地裁の判決に決定的な影響を与えた長谷川昭道と宮崎與助の証言について検討してみる。前述のように、長谷川昭道は館三郎の事業が私財を投じて行われた個人的なものであったことを証言し、館三郎が提出した証拠書類のいくつかに「検閲」をしている。長谷川昭道はなぜこのような事実を知ることができたのだろうか。以下、長谷川昭道の経歴から考察してみる。

長谷川昭道[5]は、文化一二（一八一五）年、松代新代官町に生まれた。長谷川家は眞田幸道の時に新たに家を起こして平士となり、七両二分三人扶持を給せられた。昭道の父の正次は、蔵奉行、奥支配（江戸長詰）等を勤めている。天保一〇（一八三九）年一月、昭道が二五才の年に城中に勤務するようになるが、同月、世子大雲公に近侍して江戸に赴く。天保一二年に役料玄米二人扶持を受ける。弘化元（一八四四）年、器具書類取調を命じられる（昭道三〇才）。この年、藩士中山有之助の三女（なを）と結婚。弘化二年に父が死去し、家督を継ぐ。嘉永四（一八五一）年、郡奉行に任命されるが、長谷川家の家格からすれば異例の大抜擢であった（昭道三七才）。嘉永五年、文武学校掛を命じられ学校の経営に着手、役料金五〇両を受ける。安政五（一八五八）年、願い出て隠居する（昭道四四才）。文久元（一八六一）年、藩政改革を謀ったとして、蟄居を命じられた（昭道四七才）。元治元（一八六四）年、蟄居を解かれ、京都情勢視察のため周旋方として京都へ発つ（昭道五〇才）。翌慶應元年、京都藩邸の留守居役を命じられる。慶應二年、公用人上、武具奉行となる。

ひきつづき、明治元（一八六八）年五月に軍務官権判官事試補を、六月に兵学校頭取助役を拝命、八月に軍務官権判官事試補を免ぜられ学校掛を命じられるが、九月に学校掛を辞任した（昭道五五才）。翌明治二年五月には、上京して教道局御用掛となるが、七月の官制改革で同局が廃止され、昭道は制度取調、太政官権大史を命じられる。明治四年二月に松代藩権大参事に、同年七月の廃藩置県により松代県になってからは松代県権大参事に任命される。一一月に松代県が長野県と合併すると、長野県令就任の勧誘を受けるがこれを断り、官を辞した（昭道五七才）。翌年、松代町戸長、第二九区区長となる。明治七（一八七四）年、区長を退く（昭道六〇才）。明治三〇（一八九七）年、一月三〇日病没（昭道八三才）。

琵琶池裁判と長谷川昭道との関係では、館三郎が琵琶池の貯水、養魚を始めた嘉永年間に昭道は郡奉行と藩校の経営者を兼任しており、明治維新後は松代藩、松代県、松代町の役職を勤めた。訴訟が始まる明治二五年は役職から退いた晩年にあたる。

なお、松代町は明治六（一八七三）年に火災にあい、多数の公文書がこのときに焼失した。館三郎個人に関する資料や館三郎と琵琶池との関係を示す公文書もほとんど残っておらず、このような事情から松代藩の役人を勤めた人物の証言が重要な役割を果たすことになった。松代藩時代に館三郎と長谷川昭道が、どの程度の個人的な関係があったのか明かではない。しかしそのキャリアからは、昭道が松代藩政、松代県政に通じていたことが分かる。特に嘉永四年以降は郡奉行だったことから琵琶池の利用に関する経緯についても、諸事情を知りうる立場にあったと考えられる。もっとも、「維新開国進取の気運を開導したるは佐久間象山先生なり。維新皇道教育の基礎を建設したるは長谷川昭道先生なり⑹」とあるように、昭道は「皇道」の研究及び教育の業績で名を成した人物であり、用水利用のような分野についてどの程度の知識をもっていたのか明らかではない。また昭道が「検閲」を行なったのは明治一六年以降、裁判の開始が明治二五年で、館三郎が「特権」を得たとする時期を嘉永年間とすると三〇年から四〇年経過しており、はたして鮮明に記憶していたのかどうか疑問がないでもない。

宮崎與助の証言は「琵琶池ノ修繕」、「養魚」とともに、「老人」からの伝聞であり、直接その事実を確認したものではない。裁判所は、「甲一号六号廿号廿一号証ノ文詞ト証人宮崎與助ノ証言トニ照ラシテ」、館三郎が琵琶池に関係してきたことを認定している。文書資料を重視し、宮崎の証言で補強した程度と考えられる。口頭弁論調書には「当事者トハ親族後見人雇人被雇人等ノ関係ナシ」と記載されており、その限りでは虚偽の証言をする理由は見当たらないといえる。

五、館三郎の水利権の法理

館三郎は、琵琶池への占有権、使用権が自己にあることの根拠を、(イ)貯水工事、養魚など現実の利用が継続的になされていること、(ロ)その行為が松代藩の役によってではなく、個人の事業として自費を投じており、(ハ)さらに藩政当時の手続き(藩の許可、関係地域の承認)に則って行われていたことに求めているように思われる。自己の権利にたいする認識に多少の混乱があり、証拠にも疑義が残るが、琵琶池で工事・養魚を行う権利を持っていたことを証明する方法については、少なくとも結果的には的確なものであったといえる。

館三郎は、このように新田開発、養魚に尽力し、その他養蚕に関する著書もいくつかあり、産業振興の分野で業績を残した人物であるが、法律に関してもよく研究しており、その知識も素人離れしたものをもっていた多才な人物であったことがうかがえる。

館三郎は、水利関係論として、いくつかの印刷物や多く文書を残しているが、そのほとんどは実理関係のもので、水利権というものを具体的にも理論的にも明らかにしたものはほとんどない。横湯川・角間川流末の町村にたいして裁判を起こしたのは、沓野部落山内の池にたいする養魚権であり、これの認可を旧松代藩から受けているということが内容である。このことについて、利害関係のある沓野部落は黙認というかたちで承認しているのであるから、問題は、流末町村の田地潅漑用水としての水利権に対立する水利用（正確には水使用、すなわち消費）であるかが問題となる。館三郎は、流末町村（実際は部落）のように、水を田池の潅漑用水として稲作のために使用（消費）するのではなく、沼という一定の場所において養魚をする権利を旧松代藩によって認可されたというのである。これだけであったなら、流末との間で権利関係に大きな問題を生ずるまでのこともない。しかし、渇水によって沼の水が減少したときに、この沼の水を流末で稲作のために引水するならば、沼の水は減少して養魚を行うことができなくなる。そこで、水の利用と使用とが具体的に対立関係となってあらわれるのである。

流末の町村では、田地潅漑用水としての水使用の権利が、旧幕時代からの慣習上の権利であると主張する。館三郎は、この慣習上の権利を認めながら、養魚権は旧松代藩によって認可される権利であると主張し、流末町村が築堤したり、新しく水の利用を行うときには館三郎の同意を必要とすると主張した。これを行なわない場合には、権利の侵害であるというのである。結果的には、裁判所は館三郎の養魚権を認めた。館三郎の水利権というのは、旧松代藩によって認可された養魚権のことなのである。

（1）裁判の経緯について、『和合会の歴史　水利史編』（一九八五年、和合会）・『和合会の歴史　水利史編資料』（一九八五年、和合会）ならびに和合会、沓野区所蔵の館三郎関係資料を参照した。

（2）明治七年一一月七日第一二〇号布告は、明治六年三月二五日第一一四号布告「地所名称区分」の改正法令であるが、官有地第三種は次のように規定された（『法令全書』参照。なお、法令の漢字は現行のものに改めた）。

第三種　地券ヲ廃セス地租ヲ課セス区入費ヲ賦セサルヲ法トス

但人民ノ願ニヨリ右地所ヲ貸渡時ハ其間借地料及区入費ヲ賦スヘシ

一山岳丘陵林藪原野河海湖沼池沢溝渠堤塘道路田畑屋敷等其他民有地ニアラサルモノ
一鉄道線路敷地
一電信架線柱敷地
一燈明台敷地
一各所ノ旧跡名区及ヒ公園等民有地ニアラサルモノ
一人民所有ノ権理ヲ失セシ土地
一民有地ニアラサルモ堂宇敷地及ヒ墳墓地
一行刑場

（3）明治七年第一四三号達はつぎのようなものである（『法令全書』参照）。
今般地所名称改定候ニ付テハ従前私有地ハ民有地第一種ニ編入シ村請公有地ノ内所有ノ確証有之モノハ民有地第二種ニ編入可致尤公有ト称候内ニハ各種ノ地所有之候間取調ノ都合ニヨリ人民ノ幸不幸ヲ生シ候テハ不都合ニ付従来ノ景況篤ト検査ヲ加ヘ官ニ可属モノハ官有地ニ編入シ民ニ可属モノハ民有地ニ編入シ官民ノ所有ヲ難分モノハ別紙雛形ニ照準取調内務省ヘ可伺出此旨相達候事
（別紙・略）

（4）明治八年太政官第一四六号達は次のようなものである（『法令全書』参照）。
明治七年十一月第百二十号布告ヲ以地所名称区分改定民有地ニアラサル池沢溝渠等ハ官有地第三種ニ編入候ニ付テハ耕地ノ養水溜池及ヒ井溝等ノ儀ハ従前ノ通水掛リ地民ニ所用セシメ耕作一途ニ相用候分ニ限リ別ニ借地料区入費等賦課ニ不及候尤右地内ニ生スル水草魚亀等取入利益トナスモノ其場所故障無之差許候節ハ相当借地料等収入候儀ト相心得内務省ヘ可申出此旨相達候事

（5）長谷川昭道に関して、信濃教育会編『長谷川昭道全集』上・下二巻が昭和一〇年に信濃毎日新聞社から発行されている。同書は、

「皇道述議」を始めとする昭道の著作をいくつか集め、さらに経歴、学説、年譜、長谷川昭道研究の概要、長谷川の書簡などから編纂されている。昭道の経歴については、同書上巻所収の年譜（飯島忠夫編）を参照した。

（6）前掲（5）、上巻、清水暁昇の序文。

第七章　館三郎と沓野部落財産と入会権

館三郎が、明治一二（一八七九）年二月に、官有地に編入された沓野の山林の引戻しについて、沓野部落の代表らから、引戻しに必要とされる証拠書類の探さくを依頼される。惣代が目的とするところは、旧松代県（旧松代藩）の書庫である。しかし、松代藩の書庫は火災のために焼失していて書類の存在は明らかでない。そのうえ、旧松代県が合併して長野県となり、書類は長野県の県庁が設置された長野市へ移管されている。それでもなお、沓野部落の代表は館三郎にたいして書類探さくの依頼をつづける。沓野部落の代表は、二月に部落惣代として竹節安吉と春原専吉が正式に委任される。のち、館三郎の要請によって黒岩市兵衛（康英）が惣代として参加する。

沓野部落では、官林に編入された旧村持の山林、ならびに入会地（岩菅山の旧湯田中村との共同所有）の引戻しの件についてなのであるから、この両山林が旧松代藩の御林であったならば、それは引戻しではなくて、縁固にもとづく払下げというかたちをとるくらいは館三郎は知っていたはずである。

たしかに、館三郎は、いくつかの文書において、沓野部落ならびに湯田中部落が引戻しを請求している山林地が村持地であることを認めている。

たとえば、館三郎が作成に関与した明治一二年四月二一日の内務省地理局へ提出した『奉歎願候』において、「従来村持進退自由の山地」・「村持山林秣場迄」とあり、また、岩菅山の引戻しを出願した際に、旧松代県権大参事・

長谷川昭道（旧松代藩士）が、明治一六年九月一一日に農商務省木曽山林事務所に提出した文書に「岩菅両山官林の義御取消村持山に御引直し成し下されたき旨、村方歎願の趣、何卒お聞届け成し下され候様」とあることによっても明らかである。つまり、沓野部落が引戻しを出願した山林は、旧沓野村持であること、岩菅山は沓野・湯田中両部落の共同所有地であることを館三郎は認識している。したがって、御林として官林に編入されるべき性質のものではなかった。

館三郎が、沓野部落の官林の民有地への引戻しについて深くかかわりをもつようになるのは、明治一一年二月からで、沓野部落では、惣代として竹節安吉と春原専吉が同じ二月に選出され、その直後に、沓野の用掛・西沢寅蔵と竹節伊勢太、ならびに湯田中部落の惣代で用掛りの宮崎与助とともに館三郎に協力を要請したときからである。そのときの文書である『村方困難の手続書』には、「該山林村持の原因事実御取調願い上げ奉り、民有の証拠堅固に仕りたく」とある。館三郎は、この沓野・湯田中両部落の正式の依頼をうけて、民有であることが立証できる文書の本書の探さくを行なうのである。本書がない場合には、その写があれば、これにたいして添書をした。したがって、引戻しを申請した山林地は湯田中部落ともども村持であり、旧松代藩の御林でもなければ、官林でもないことを認識していることは明らかである。

旧村持が村持とならなかったのは、旧村の合併によって新しく平穏村が成立したが、旧村持の山林を新村に編入しなかったために、その山林の権利者は名称において旧村となり、沓野村では、沓野という名称で、旧村の構成員全体の所有となったのである。このことは、村の合併にあたって、旧村持の財産を新村の財産に編入しない場合には、旧村持としてもよい、という法令が出されているからで[1]、勝手に旧村名称の所有としたわけではない。もっとも、旧村持の名称——沓野村持の場合には、「沓野」——が権利者であるといっても、沓野村は合併によって消滅し、公法人としての権利資格は失われているから、名称上においても沓野村という表示はできない。地券状の所有名義において、旧村持という表示もあるが、沓野村の場合には「沓野」という表示がとられ、沓野部落が権利者となったのである。したがって、実際的には、沓野部落の権利者総体が権利主体となる。このことを、館三郎は知っていたから、官林に編入される旧沓野村持、ならびに旧湯田中村持と、沓野・湯田中両村の共同入会地の民有地への引戻しに協力したのである。もちろん、この引戻しの山林が本来であれば民有であることが前提である。

しかしながら、館三郎は、この引戻しを出願した山林が、旧沓野村の村持であり、沓野部落有財産であることを知りながら、館三郎の拝領地であることを述べている。文書上においては、明治一二年三月二八日の『沓野旧藩林御引戻之儀ニ付懇願』で「沓野村地元御林ハ旧藩ヨリ三郎（館三郎）江御下金ニ為換と被成下候事同様」と述べて、館三郎が旧松代藩のために私財を投じて努力したことにたいして、「御下金」の代りに沓野地籍の御林を下されたと読めるのである。この「被成下」というのが、実質的になにを意味するのかは、この文書では明らかではない。別の文書である慶応四（一八六八）年に松代藩よりの『御書付』（写）という館三郎の褒賞を記した文書に、館三郎が私費をもって「沓野藩林地ヲ開正」したこと等の功績によって、この地を「永久受領」し「統轄自由タル許可」するということが記載されているのである。さらに、「旧来労務尽力の賞典ニ併テ沓野山藩林地全部」を「古絵図面・古書類・証書相添エ下シ置カル也」というのである。驚くべき破格の賞典である。新田開発によって、開墾地の所有を開発者に認めるという例はあるが、藩林全部を下与するという例は聞いたことがない。松代藩としても異例の事態であろう。

賞典録の――館三郎流の難解で説明的な文章構成が――形式を正しいものとしても、問題が残る。すなわち、まず、「沓野山藩林地」とは、いったいどの部分を指すのか、という範囲の問題である。藩林を御林にかぎっても、御林には（イ）松代藩の直轄林である御林と、（ロ）形式的に御林という名称を冠した御林（建継山・私立御林）とがある。

（ロ）の私立御林は、御林という名称を付しているが、これは、便宜上のものであって、他村からの盗伐・盗採を防ぐために御林という名称を付しているにすぎない。実質は村持なのである。「沓野藩林地全部」を「下シ置カ」れるといっても、この「全部」が村持地を含むものであるとするならば、それはいったい、法律上においてどのように理解すべきものなのであろうか。所有を付与されたというものであれば、村持地であることを否定するからにほかならない。「下シ置カ」れるということが、知行であり領有であるのならば、それは、村持であることを否定することにはならない。支配にもとづく徴税権をえたことになるからである。しかし、所有権を得た、あるいは徴税権を得た、ということであっても、それによって実態的・形式的にも沓野村・湯田中村にとってはなんの変化もみられないのであるから、「下シ置カ」れたという意味内容がわからない。（イ）の、松代藩の直轄林である「御林」を「下シ置カ」れたのであれば沓野村と湯田中村の村持ではないために、所有という意味においてはかかわりがない。

いずれにしても、この文書は形式・内容ともに不可解な文書である。しかし、館三郎は、この後においても、松代藩林の「下シ置カ」れたことを述べている。たとえば、館三郎が中野八ケ郷を相手とした『琵琶池ニ関スル貯水侵害回復ノ件』の訴訟において、『私財出金ノ褒賞被下置候写』では、「沓野藩林地全部地籍地盤永世其許江被下置」という文言がみられる。旧松代藩の郡奉行（地方代官）を勤めた長谷川昭道（旧松代県権大参事）は、右の裁判での証人としての証言に、「松代藩ニ於テ私財ヲ抛チ工事ヲナシタルモノニハ其地所賜ハルノ所ハ沢山有之候」と述べているところがる。(2) あたかも、館三郎が松代藩沓野藩林全部を「下シ置カ」れたことを裏付けるようなものにみられるが、長谷川昭道は、「其ノ地所賜ハル」例を述べただけで、具体的に館三郎が松代藩から沓野藩林を下賜されたとは言っていない。仮りに下賜されたことが知行・領有ではなくて、所有なのであれば、当然のことながら地租改正において沓野村と湯田中村の村持と対立することになる。所有という意味においてでは、村持という所有を否定することになるからである。沓野村・湯田中村の村持地は、両村ともに一貫して村持であることを主張しているのであり、地租改正以後においては部落の所有であることを主張している。村持は所有にほかならないことを意味している。館三郎が、村持地を藩林として把握し、これを下賜されたものであり、所有したものであるならば、なぜ、官林に編入されたときに編入の誤りを正そうとしなかったのか。また、地租改正の際に所有を主張しなかったのであろうか。仮りに領有であるならば、領有を権原として所有を主張することはできない。なぜならば、版籍奉還・廃藩置県によって領有は消滅するのであるから、館三郎の領有も消滅する。しかし、実際上においては、館三郎が沓野村・湯田中村の村持山林にたいして領有をした事実みられないからなのである。ただたんに、下賜されるということだけに終る実態も形式も伴わない褒賞にとどまるだけのものなのであろうか。この問題については、賞典の文書とともに問題や疑問が残る。館三郎は、文書上においてしばしば松代藩・松代県ともども館三郎の努力にたいして何んらの報いるところがなかったことを終生不満に思っていたから、あるいは、意識のなかにあった、ゾルレンSollenがいつしかザインSeinへと変化したものであるとも受けとられる。

いずれにしても、館三郎が主張する藩林の御下賜と沓野・湯田中両部落の村持は、領有ではなくて所有であるものとすれば、対立することは明らかであるが、館三郎が関係した引戻の願書では村持地であることを否定していないのであるから、法律論としては正確性に欠けるものである。

館三郎が、いかに御下賜であることを文書上で述べていても、明治一二年一月以降、沓野部落ならびに湯田中部落が旧村の村持地と共同入会地（岩菅山）が、地租改正の諸法令にいう民有地であることを、資料ならびに引戻しの出願書において明確に示しているのであるから、なによりも旧村持と共同入会地が、他の法律関係より独立した権利であることを認めているということになるのである。もっとも、館三郎は沓野部落へ山林を譲与したと言っている。

したがって、ここでは、村持は村所有なのであるから、明治初年の村合併以降においては、この村持は村合併によって行政上の権能を失った部落という地域集団の所有に転化して、その私法的権利を示したことになる。徳川時代の沓野村ならびに湯田中村においては、この村持財産は特定された一村百姓総体の財産であって、村の居住者である総村民の財産ではない。これを、今日的なことばで言い換えるならば、入会権利者総体の共同の財産なのである。とくに、林野財産は、入会権利者の個別的利用に供される面が多大であって、自家生活の必需品の採取のみならず、家業としての商品生産に必要とするものにいたるまで得ているのである。また、土地そのものの利用が、土地を分割して個人所有としていたことも指摘されているから、入会権を権原とする絶対的・排他的な支配権を確立していたといってよい。これは、のちに『民法』（明治三一年）第二六三条で規定するところの共有の性質を有する入会権にほかならない。もっとも、沓野村を含むこの地方においては、村持の入会については「入会」ということばではよんでいない。入会とは、他村との関係において共同の利害をもつか、あるいは、他村の土地において権益を有する場合に使用されている。館三郎は、自己の下賜された山林の所有を主張するために、旧沓野村の使用収益は藩林にたいして採取する入会であると述べている文書もある。沓野村と湯田中村とが共同の権益を有する岩菅山について入会ということばが使用されている。『民法』の規定ならびに学説上あるいは裁判所において、入会権を二つに大別し、一つを、村持（部落有）のように、一つの入会集団が土地を所有し、その土地利用の権能を独占的・排他的に支配している例と、もう一つは、複数村（部落）が共同で土地利用の権能を持っている例、ないしは土地所有は別にあり（他市・町・村・国・県等）、土地利用の権能を有する集団に属さない例にわけられている。このうち、前者は、地方慣習上において入会とはよばない例が多くみられるために、概念の混同を避けるために総有とよんでもよい[3]。

館三郎は、村持ならびに部落有について、このような法律上の知識をもっていたかどうかは明らかではないが、村持については、引戻しを出願する沓野部落が旧村持について、これが民有であることを主張したのにたいして全面的に協力したのであるから、旧村持は、明治一〇年当時において、平穏村の公有財産ないしは官林として意識していなかったことは明らかである。さらに、旧松代藩の「私立御林」ならびに「建継御林」の名称がある「御林」は、旧松代藩の直轄林である御林とは異なっている村持であり、本来ならば、官林書上げにおいては官林に編入されず、また、地租改正においては民有となるべき性質のものであったと、館三郎は、このように理解している。

岩菅山については、松代藩時代には沓野村と湯田中村の入会地であり、村持地であるから、沓野村と湯田中村の共同所有である。館三郎は、岩菅山の引戻しが不許可・保留となったのちは、積極的に引戻しの再願のために運動する。出願書の作成にもかかわる。岩菅山が、その名称（私立御林等）のいかんにかかわりなく、御林であることを否定する。したがって、岩菅山が旧沓野村と旧湯田中村の共同村持であり、入会地であることを立証することができる文書を探さくするとともに、旧村持の共同地であることを立証するために、旧松代藩・旧松代県において役職があった士族の証言を求めたりする。

以上のように、館三郎は、沓野部落・湯田中部落が引戻しを出願した山林が、旧幕期の松代藩領においては、官林として編入されるべきでない、村持であって、それは、地租改正の諸法令、とりわけ私的所有となる規準に適合したものであることを、引戻しの惣代が内務省・農商務省に提出した文書、ならびに、惣代の陳述を通して主張しているのである。

館三郎は、引戻しによって沓野部落有財産（土地台帳上の名称は沓野組・沓野組共有）となった山林が、明治二一（一八八八）年の町村制の公布によって、部落有財産を平穏村に編入されることをおそれ、当時の総権利者二九三名に登記が変更になったことを知り、激しく非難する。館三郎は、沓野部落の有力者からのちに、登記の変更が行なわれたのは、明治二一年の町村制によって、部落有財産が町村に編入されることをおそれたからだと聞かされていたであろう。しかし、館三郎は、「沓野組」・「沓野組共有」の所有形式から二九三名の共有に登記が行なわれる前に、なんらの相談がなかったということを指摘して部落の幹部を激しく非難する。

二九三名の共有名義で登記するに際しては、明治二七（一八九四）年二月一二日に沓野組総代の高相藤太郎・児玉仁助・竹節寅之輔が『証明書』という形式の『平穏村沓野区古来ノ沿革及其経歴』で、つぎのように記している。

明治廿一年市町村制御発布ニ相成、熟閲候処、該法律御実施相成トキハ吾沓野区ノ多年刻苦心労ニ依テ民有ニ引直シ候、共有山林ノ如キ一大基本ヲ无関係ナク旧来他村人民ニ同一ノ権ヲ借ス事ノ様ニ見解ヲ異ニシタルハ、是実ニ沓野人民カ浅知薄識ノ致ス所ニシテ憂慮之ニ過ス、由テ村民一同協議ノ上、明治廿二年沓野人民弐百九拾有余名ヲ限テ民法上ノ大権利ヲ有スル場合ニ御座候

右の文書がどうして作成されたのか、その理由はわからないが、平穏村に出したものである。文中に意味不明のところがある。たとえば、「見解ヲ異ニ」する。あるいは沓野人民が「浅知薄識」であるということを言うが、その具体的意味内容がわからない。いずれにしても、町村制の公布を機会に二九三名の共有名義にしたことを明らかにしているのである。

この共有名義で登記したことにたいして、館三郎は、「各所持之山林ハ同二二年度ノ行為不当ニ付改正区内共有ニ引返シ」（明治三〇年八月二二日、『決議録』）と指摘している。すなわち、旧村持財産を二九三名の共有として登記したことは不当であって、これを改正し、沓野区の共有にすべきだというのである。ここにいう区内共有というのは、

地券表示であり、登記の原初である「沓野組」・「沓野組共有」のことであって、引戻した山林は分割することができない共同の財産であることを意味している。この当時は、これらの共同財産を示す学説上の総有ということばもなく、入会についても、ことばはあっても、のちのように、学説上も裁判上も或程度の一般的な概念規定もなかったのであるから、用語ないしはことばの上だけでの厳密な内容規定であらわすことはできないのである。であるから、館三郎が「区内共有ニ引直シ」という表言は、居住者の地域集合体としての区ではなく、権利者総体としての部落の共同の財産（学説上の総有）を意味するものとして使用しているのである。館三郎は、引戻した山林にたいする二九三名の『民法』上の共有を否定しているのであるから、もとより、『民法』上にいう共有を適用すべきではないと認識している。つまり、入会財産なのである。

共有名義の問題については、明治三四（一九〇一）年一〇月一八日に、館三郎が「原素民地引戻大参謀・館三郎」の名前で、沓野区長・高相亮三郎に出した『約定書』にたいして、高相亮三郎が回答した『確実主旨ノ証書』では、

明治二十二年三月、区民一同ノ不法行為ニテ、権利ヲ取得セシモ、其実不当ノ利得詐欺、各銘々弐百九拾三名分割、所有権登記、無代価譲与譲受之義ハ、先生ノ御承諾ヲ得而名義訂正為シタルニアラズ、故ニ、尓来屢々不当ノ行為譴責ヲ蒙リ、殊ニ区内全体ノ共有山林ノ本主ヲ消滅、個人ハ独立ノ横道、不法タル所為、分別無之次第ニ付、原素ノ事実不弁、無智ニシテ天賦古有、普通ノ権利ヲ有セシモノヽ如ク心得違ヲ以テ、

と回答している。

つまり、沓野組・沓野組共有から二九三名の共有名義に登記替えしたのは、館三郎にたいして事前に知らせたので

もなければ、相談したのでもないということを非難しているのである。館三郎は、この事実を知ったときから、その不法についてしばしば説諭して、もとに戻すことを指示していた。また、高相亮三郎は、

先生ノ真実篤志、沓野区ノ万福ハ区民モ同一ニ其余沢ヲ永世安穏ニ伝ヘタル相続ヲ殺害ノ理由御説諭ヲ、多人数ニ申紛シ辦別ニ不至、積年ノ今日ニ及ビ、竹木伐出、其他百事ハ勿論、薪炭或ハ秣草苅、并本年牧場設立等共同集議ヲ得テ一定ノ協議ヲ熟セズ、依而充実ニ不及、欠欽各位ノ所有権ヲ侵害之姿ナルヲ以テ、区民ハ古来ノ規約、新古ヲ不問、制度ハ破壊セシヤニ心得違ノ原因ヲ発生、濫情ノ有様トナリ、然ルニ、今後巨細、先生之御訓示ヲ捨置ニ於テハ、

と述べている。二九三名の共有として登記した財産は、この共有財産がいかなる性質のものであり、いかなる経過によってえたものであるかを忘却していたというのであり、共有財産が二九三名の名義になったといっても個人の財産ではない。にもかかわらず、登記上の形式が共有名義であることをよいことにして、その持分を売却する者がでてきたという弊害が生じたのである。

館三郎は、二九三名の名義にしたことについて、この財産は個人の財産ではないことをしばしば指摘して、その誤った行為を非難している。これによっても明らかなように、館三郎は引き戻した山林は個別的私的に分割することができない、沓野区全体に帰属すべき財産であると観念している。ここにいう区というのは、旧松代藩領の沓野村の地籍を総称したものであって、明治二一年の町村制下における行政的権能をもったものではない。しかし、地域社会をまとめるために機能するものであって、沓野地域に居住する者は区民である。館三郎が区というのは、この内容をも

つ区ではなくして、学説上にいう入会権利者総体としての区なのである。すなわち、沓野部落のことである。区は、この時期には、その性質において二つの機能をもっていた。一つは、居住者全体としての区であり、もう一つは、共同財産の管理主体としての区であって、この区では、権利者総体（明治二二年では二九三名）の集団としての区（部落）なのである。共同財産については、権利者以外は会合に参加することはできないし、発言権もない。また、利用権もない。したがって、直接に利益をうけることもないのである。区の代表者は区長であるが、権利者総体の代表者も区長である。館三郎は、外来者は権利者となることを排除し、旧来の権利者による区全体の安定と繁栄を求めたくらいであるから、権利者総体としての区、すなわち、入会集団として区を意識していたのである。そのかぎりにおいて、館三郎は、引戻した山林が個別的私的所有権とは異なる部落の総有財産であり、入会財産として維持させることを内容としているのである。

（1）北條浩『部落・部落有財産と近代化』一九〜二三頁、二〇〇二年、御茶の水書房。

（2）『和合会の歴史・水利史編資料』二四七頁。昭和六〇年、財団法人・和合会。

（3）総有Gesamteigentumについては、平野義太郎『民法に於けるローマ思想とゲルマン思想』大正一三年、有斐閣。石田文次郎『土地総有権史論』昭和二年、岩波書店。中田薫「徳川時代に於ける村の人格」・「明治初年に於ける村の人格」（中田薫『法制史論集・第二巻』昭和四五年、岩波書店）。奈良正路『入会権論』戒能道孝『入会の研究』昭和一六年、日本評論社。古島敏雄編『日本林野制度の研究』一九五五年、東京大学出版会。川島武宜「入会権」（『注釈民法（七）』五〇一頁以下、昭和四三年、有斐閣。同『川島武宜著作集・第八・第九巻』一九八六年、岩波書店。

第八章　館三郎の沓野部落への訴訟と終焉

はじめに

館三郎は、明治三九（一九〇六）年六月二二日、沓野部落で死去する。[1]残存する文書（財団法人・和合会、沓野区保管）によると、館三郎は沓野部落に関係した裁判を二回行なっている。一つは水利権に関する裁判で、中野八ヶ郷との琵琶池に関する裁判で、もう一つは、沓野区（実質は沓野部落の共有者二九三名）にたいする登記抹消の裁判である。前者の水利権の裁判についての記録は、館三郎が残しているので、その文書が完全でないにしても全容がほぼわかる。[2]しかし、後者の沓野区、あるいは二九三名にたいする訴訟の記録は、館三郎がまとめた訴訟関係の文書綴のなかには、訴訟記録そのものが見当らない（文書綴も不完全である）。たとえば、訴状がないのである。訴訟を提起する準備の最終段階において、和解となったためなのであろうか。

訴訟の提起にいたるまでの経過を記した文書には、館三郎の主張を通じて二つの重要なことがみられる。その一つは、沓野部落が引戻しをした旧村持の沓野部落有財産（登記名義は、「沓野組」と「沓野組共有」）を、明治二二年に二九三名の共有名義としたことについてであり、それは部落有財産の本質を逸脱した個人的欲望にもとづくものであるとともに、引戻しに深く関与した館三郎への背信行為であり、違約である、というのである。その二つは、引戻しを成功させた館三郎にたいしてこれに報いる相当の報酬がなかった、ということである。

館三郎は、右の二つを実現させて、その生涯を終る。

二九三名共有名義を沓野区有と名義を変更するのは明治三八（一九〇五）年であり、館三郎の生活安定を約束するのは明治三九年である。館三郎は、明治三九年六月に死去するのであるから、ともに、その実現を目の前に見たことになる。

ところで、本章が参照したのは、館三郎が自筆で一括した文書綴である。その内容は、だいたい館三郎が沓野区にたいして訴訟を起した際の関連文書である。訴訟関係といっても、訴状等の文書が編綴されていないので完全な文書綴ではなく、散逸したものもあると思われる。

館三郎は、沓野部落が山林を引戻したのちに、登記名義を「沓野組」・「沓野組共有」から、二九三名の共有名義に変更したことを知って、激しく非難し、もとのかたちに更めることをしばしば要求した。にもかかわらず、共有名義のまま放置されてきた。その結果、この山林が沓野部落の共同の、いわゆる総有（入会）財産であることを知りながら、法形式上において共有持分が売買することができることを知って、持分を売る者がでたために、部落内でも問題が生じてきた。館三郎は、このことについて激しく非難し、二九三名の共有名義としたことは、沓野部落の山林という財産の本質にもとるし、引戻しの精神にも反するばかりでなく、さらに、山林引戻しに功績があった館三郎との約束にも反するばかりでなく、共有名義にすることについて、なんらの相談もしなかったこと等、すべてが悪質であるということから共有名義の取消しを裁判所に訴えたのである。館三郎は、沓野部落の財産が、沓野部落全員の共同のものであり、個別的私的に分割することができないものであり、部落の繁栄の基礎的財産であるという精神を貫いていたからである。裁判は、沓野部落がその誤りをみとめたために和解と言うかたちで訴訟はとりさげられた。文書は、訴訟のために利用されたものを、館三郎が自筆で書いて編綴し、文書については沓野区長、惣代の山本重太郎が割印をしている。

（1）館三郎は、沓野の観音堂（天川神社の横）の仮寓で死去したことがほぼ確定的である。記録がなく、時間が経過して、これまで、死去したところが確定することができなかった。なお、『和合会の歴史　上巻』の記述は訂正する。

（2）『和合会の歴史・水利史編資料』（昭和六〇年、和合会）。

第一節　館三郎と沓野部落(区)との裁判

館三郎が、訴訟の準備のために記録したと思われる綴がある。館三郎が、裁判所へ訴状を提出した文書・資料が見当らないために、はたして、訴訟が実際にあったのかどうかは明らかでない。また、訴訟の当事者が館三郎であっても、相手方は誰れであったのかは明らかではないが、沓野区あるいは二九三名であろう。しかし、館三郎が訴訟の準備をしたことは明らかであるが、訴訟を本格的にする準備のために証拠資料を用意したのかも明らかでない。にもかかわらず、館三郎は、文書綴のなかで訴訟を起すことをしばしば述べているのである。とくに、訴訟の提起について、当時の沓野区長兼惣代にたいして、くり返し述べているのである。文書綴の最初が、明治二九（一八九六）年となっているから、この頃にはすでに訴訟を提起する準備をしていたのであろう。この文書の表題は、『共有山弐百九拾三名ニ分割取消之主旨』となっている。

「共有山弐百九拾三名」というのは、明治一三（一八八〇）年に、官林に編入されていた旧沓野村持の山林を引戻して、登記簿上に「沓野組」・「沓野組共有」として登記した山林を、明治二二（一八八九）年に二九三名の共有名義とした山林のことなのである。「沓野組」・「沓野組共有」の名義の沓野部落有の山林を共有者名義にしたことについては、明治二一年に市制町村制（四月一七日、法律第一号）が制定され、部落有財産は平穏村の公有財産として編入される、ということがいわれたことによる。この、町村制については、法制定に尽力した内務大臣・山県有朋が、「新自治制ヲ実施スル為メニハ、町村ノ併合ヲ為スノ必要已ムヲ得サルモノアリ。然レトモ急迫ノ場合ナリシヲ以テ、旧町村所有ノ財産ヲ、新町村ノ公有財産ト為スノ協議ヲ尽サシムルノ暇十分ナラサリシ為メ、新町村制実施ノ後モ、多数ノ町村ニ於テハ、其ノ中ノ旧町村タリシ部落ニ於テ、依然財産ヲ所有シ、区有財産トシ、今日ニ尚ホ残存セリ。即チ町村併合処分ト共ニ、町村有財産ノ統一ヲ遂行スルコトヲ得サリシハ、今ニ尚ホ予ノ遺憾トスル所ナリ。」と述べているように[1]、明治二一年（二三年より施行）の市制町村制の制定にともなう町村合併によって、旧町村財産を新市町村財産に編入することができなかったことを明らかにしているのである。つまり、市町村合併には旧町村財産の合併をともなわなかったのである。たしかに、町村合併にともなう旧村・部落の財産の新町村への編入については、そのような法令もみないし、政策もない。とくに、沓野部落では、徳川時代の沓野村は明治初年に湯田中村と合併して平穏村となる。明治一三年に官林に編入された旧沓野村山林の引戻しが行なわれたときには、その所有権の移転は沓野部落にたいしてである。新町村合併とは次元を異にしている。にもかかわらず、長野県において、この部落有財産を町村に合併するように指示したのであるのならば、これは、法律にもとづかない強権政策である。しかし、そのようなことが確実にあったのかどうかは明らかではないが、風説はあったのであろう。明治二七（一八九四）年に、沓野組総代（高相藤太郎・児玉仁助）が平穏村にたいして出した『平穏村沓野区古来ノ沿革及其経暦』という文書では、市町村制の公布によって沓野部落の山林が平穏村に編入されるのをおそれ、「村民一同協議ノ上明治廿二年沓野人民弐百九拾有余名ヲ以テ民法上ノ大権利ヲ有スル」という文言があり、共有名義にしたことをもって良策だと判断しているのである。いずれにしても、沓野組所有・沓野組共有名義の沓野部落の所有財産を二九三名の共有名義にしたことは、町村制の制定を契機としていることは明らかである。

館三郎は、沓野部落が二九三名の共有名義に登記を変更をしたことをいつの頃に知ったのか、その正確な年代は明らかではないが、それほど年月が経ってからではないようである。

ところで、館三郎が裁判所にたいして訴訟を提起したか否かは曖昧なのであるが、これは、訴状等の直接資料が今のところ見当たらないところから確定的に断言することができないだけのことである。沓野区に保管されている資料のうちに、明治三五年二月一一日付の『申請書』があって、この文書は、沓野部落（区と名称されている）の澁組総代と横湯組総代のほかに証人が、沓野区長兼総代にたいして出したものである。つぎはその文書である。

申請書

明治参拾五年二月十七日付ヲ以テ館三郎氏ヨリ請求ニ係ル土地不法譲与取消及ヒ登記抹消和解ノ呼出シノ件ニ付本区長総代ニ保存アル該山林ニ関スル書証類拾弐通引渡目録ノ内□□拝見願度右件ニ要用ニ付取致シ度証人立会ノ上此段申請仕候也

明治参拾五年二月十一日

渋組総代
西沢寅蔵
中村宗之助

横湯組総代
吉田忠右衛門
竹節竹治郎
証人
関　利亮
児玉弥五兵衛
内堀善作
山本秋吉

沓野区長総代山本重太郎殿

右にある「土地不法譲与取消及ビ登記抹消ノ和解」というのは、明治二二年に、登記簿を「沓野組」ならびに「沓野組共有」から二九三名の共有に移転登記をしたことを指すのである。この、二九三名の共有登記にしたことが、なぜ違法なのであるのか。その内容については、館三郎の訴状が見当たらないので具体的なことは、明らかではない。

しかし、館三郎がこれまでに書いた山林引戻しについてのいきさつや、引戻しの申請書などによると、恐らく、引戻しをした山林は、旧沓野村持であり、それは、村民総体のものとしての財産であり、引戻しの時点においては、沓野部落の共同の（総体の）財産であり、そのために引戻しに協力したというのであろう。そうして、そのかぎりにおいて、館三郎は、沓野部落の共同の財産という前提によって引戻しに協力したのであるから、これは館三郎と沓野部落との合意にほかならないし、契約ということになるというのであろう。さらに、旧沓野村持の山林は、館三郎が旧松代藩より恩賞として、下賜されたものであるが、沓野部落民の困窮を見るにみかねて譲与したという文言がつけ加えられている。

館三郎が、官林に編入された、旧沓野村持山林について、松代藩から受領されたのを、沓野部落に譲与したものであると主張するが、しかし、このことを単純に肯定することができない。その理由は、つぎのごとくである。

第一に、慶応四年一二月二五日の『賞典録』[2]を含めて、館三郎の言う「沓野藩林地」の「永世受領」という内容が、領地支配であれば、版籍奉還によって支配は解消されているが、所有権であれば、当然のことながら沓野村持との対立となる。もっとも「藩林」というのを松代藩の直轄林である御林とすれば沓野村とは所有という限りでは対立関係はなく問題とはならない。しかし、館三郎は、沓野部落にたいして、この恩賞の山林を譲ったとも言っているのであるから、「藩林」というのは、引戻し地ということになる。もし仮りに、松代藩から藩林の所有をうけたのであれば、この山林が官林に編入されるときに館三郎はその所有を主張しなければならず、さらに地租改正においても所有を主張しなければならない。官林編入と地租改正において館三郎は、ともに所有権を申請していないのであるから、この点についても問題が残る。下賜されたと称される「藩林」は、沓野部落の公有地となり、さらに官有地となる。官林に編入される旧沓野村持山林にたいして、沓野部落では民有地への引戻しを申請する。この段階では、館三郎は、個人所有地として引戻しを申請していない。

第二に、明治一二年一月に沓野部落の引戻し申請が保留となった直後に、館三郎にたいして旧沓野村持であることを立証することができる書類の探さくを館三郎にたいして依頼したときにも、この引戻しの対象となっている山林にたいして、下賜されたことを理由に館三郎は旧藩林の引戻しの申請をしていない。もっとも、館三郎は、沓野・湯田中両組の引戻しに協力するにあたり、旧藩林にたいする館三郎の権益を譲ったと言っているが、これにたいして、沓野・湯田中両組では館三郎より山林を譲与されたことについての両者間の明確な証書の存在をみないのであるし、明治一二年三月二九日の文書（後述）において言及しているほかは、その後の文書では譲渡を受けたとは言っていないのである。また館三郎が手を入れた明治一二年四月二一日の引戻しの歎願書においても、この件については触れていない。終始、村持地であり、村所有であることを主張しているのである。

館三郎への藩林の下賜については、いくつかの文書で記している。しかし、松代藩が沓野村地籍の藩林を一藩士に功労によって下賜するというのは異例である。新田の開墾地を開墾者の所有として認めることはあるが、この場合は荒蕪地であって、無主物か、これに近い土地であり、村人が所有を主張しない土地である。村持地を恩賞として与えるというのは、知行でないかぎり、村々の権益を否定することになる。この点については、村方ではなんらの動きもないから、真相ということにおいては問題が残る。幕末期の沓野・湯田中両村にとって、館三郎は利用掛りということで記憶されているだけである。この利用掛りについては館三郎は文書の上において明記している。

ところで館三郎は、自らがあらわした経歴においても、また文書においても、彼自身の言う功績にたいして、旧松代藩・旧松代県も、なんらの恩賞を与えていない、と不満を述べている。ということになると、莫大な藩林を下賜した恩賞との関係において矛盾したことになる。これについても問題が残るところである。

館三郎は、右の問題にも関連したかたちで、沓野部落の違約を責める。引戻した山林は、二九三名の共有することが本旨ではない、と言うのである。あくまでも、沓野部落全体のものとして利用し、維持することを主張する。そのことが、山林引戻しの本質であるからにほかならないし、それゆえに館三郎は山林引戻しに協力したと言うのである。山林の引戻しは、館三郎の協力なくしては成功しなかったと自負する。これは正しい。館三郎は、しばしば文書に

「大参謀」あるいは「主唱者」という肩書きをつけたり、文中にも「大参謀」と記している。それは、山林の引戻しにあたって、館三郎の役割がきわめて重要な存在であることを沓野部落の人達に意識させるためであると同時に、自分の存在感の拠りどころとなっているからなのである。

館三郎が、晩年にいえるまで沓野・湯田中両組の「大参謀」であることを文書に記しているが、「大参謀」という肩書きは、山林引戻しの物代人が沓野・湯田中両組に依任されて惣代になったときに、館三郎にたいし出した文書にみられるのである。これをつぎに掲出する。なお、文書は館三郎の直筆の写しである。

前書写之通両組より委任状掌握之上百事大参謀之義御依類仕候萬般御指揮奉願候也

明治十二年二月

竹節安吉
春原専吉
黒岩康英

館　三郎殿

「大参謀」ということば（肩書）は、初めに、館三郎が言ったものであるかないかは明らかではない。しかし、いずれにしても、惣代は館三郎が沓野・湯田中両組の山林引戻しについて「百事」の「大参謀」となることを承知しているのである。

ところで、さきに記した明治一二年三月二九日の文書というのは、沓野・湯田中両組が内務省地理局へ提出した官林引戻しの願書が却下されて、新しく、沓野・湯田中両組が旧松代藩制下において村持としての証拠を示す文書の探さくを、旧藩士であった館三郎に依頼し、かつ引戻し運動について助力を求めたときの文書なのである。

この文書は、館三郎が、沓野区惣代等にたいしてしばしば引戻された山林についての権益を主張した文書のなかに権益の存在を示す重要な証拠書類として中心的な位置を占める、明治一二（一八七九）年三月二九日の『御縋り歎願』という文書をあげているものなのである。これは、館三郎が死去する直前の、明治三九（一九〇六）年六月二一日の『協定書』においてもとりあげられていて、館三郎にとっては最重要の文書なのであり、沓野・湯田中両組惣代（竹節安吉・黒岩康英。ただし、春原専吉は不参のため無印）が館三郎に出したものである。

この文書をつぎに掲出するが、(3) 文書の文体ならびに難解な表現と内容、ならびに文言は館三郎独特のものに類似しているので、館三郎が下書きしたものであると推測される。文意のわからないところもあり、これもまた、館三郎の文書の特徴でもある。

御縋り歎願御請

去月両組山林民有御引直しの義、旧松代御藩県え出願の処、廃藩置県九ヶ年を過ぎ、御取調べ不行届の次第、致し方これなき段御断りに相成り、方向取失ひ当惑仕り、御手え御縋り歎願仕り候処、旧藩林の義は事故の藩士え御払い下げ、御願い立て御取調べ中旁々御不都合等これ有り、殊に御手元にても嘉永度来廃物利用農事并に蚕糸其外諸物産改良并に硯川水源并に大小雑魚川水源引水堰筋に係り、差支えこれ無き様藩林中幾多に拘わらず、開墾場所御自由御見込の山林地開墾御出金にて、貯水方法御奨励竣功数ヶ所を奏せられたるを以って、文久元酉年改めて、永久受領御許可に相成り、其他種々別して戊辰戦争官軍松代藩出兵中、太政官金札民間に通せず御窮迫にて正金御借入等の義御尽力大勲労の事実多々に付き、御手の御添願書成し下され候えば、御取用相成る趣に承知仕候義にて、恐れ入り候えども、御換にて特別の御救助成し下され、沓野・湯田中両組興廃大難御燐愍、御添願書成し下され、御請付相成候様大急御縋り歎願仕り、速に御差し出し成し下され候に付、滞りなく御受附罷り成り、偏に旧故御恩沢重々有難く、永世忘脚仕らず候、此上両組願の通り御引直し罷成候上は、附属の旧藩林は永世御所持同様御自由にて、万々御目論見并に新道切開き公益の義は、聊か違背仕らず候、且つ後年に至り候とも、旧藩林地の義は御手元え願上げ、御聞済これ無き内は売買并に譲与等の義は仕らず候、其上万端御差図を受け取斗らい仕るべく候、此段御請申上候　以上

横湯組総代

竹　節　安　吉印

黒　岩　康　英印

春　原　専　吉

不参に付無印

明治十二年三月廿九日

松代

館　三郎殿

右の文書によると、沓野・湯田中両組惣代が確認している事項は、(イ) 文久元 (一八六一) 年に館三郎が「永久受領」を「許可」されていること。(ロ) 山林引戻しの「御恩沢」については「永世忘脚」(忘却) しないこと。(ハ)

山林の引戻しが行なわれたならば、「旧藩林は永世御所持同様御自由」にしてよいこと。（ニ）館三郎の許可なくして「売買並に譲与等」はしないこと。（ホ）「万端差図」を受けること。以上のごとくである。

沓野・湯田中両組が引戻しを意図している山林は、館三郎が「永久受領御許可」になったところであり、その理由は、「嘉永度来廃物利用農事並に蚕糸其外諸物産改良並に硯川水源並に大小雑魚川水源引水堰筋に係り」・「開鑿場所御自由御見込の山林地開墾御出金にて、貯水方法御奨励峻功数ヶ所を奏せられるを以って」とある。また、歎願請書中には、「御換にて特別の御救助成し下され」とあるのは、館三郎が旧松代藩から「永久受領御許可」になった山林にたいする権益を、沓野・湯田中両部落の引戻しに代えるという意味である。つまり、「永久受領御許可」になった山林の所有権を沓野・湯田中両部落に譲渡するというのであろう。館三郎は、この後においても、このことを絶えず主張している。この「永久受領御許可」なるものが、明治維新政府による所有権制度において、所有と認定される証拠となるのかどうかについてはともかくとして、沓野・湯田中両組物代が「永久受領」と「永世」所有（所持）したのと同じく「自由」にしてよいことと、売買、譲与についてはこれをしないことを認めているのである。

沓野・湯田中両組の惣代は、はたして、引戻しをする山林が館三郎が功績によって旧松代藩から「永久受領」したと思っていたのであろうか。また、「永久受領」が所有権であると思っているのであろうか。旧沓野村ならびに旧湯田中村の村持地（岩菅山は共有入会）であることを示す文書の本書を、旧松代藩・旧松代県の所蔵庫から探し出して、内務省地理局へ官林の引戻しを再出願しなければならず、しかも、急な時日であるために、館三郎が主張する要求を受け入れなければならなかった切迫した状況のために、館三郎が言う旧松代藩にたいする功績と、「永久受領」ならびに、引戻した山林を「永世所持同様御自由」にしてもよいという文書を認めたのであろう。「永世所持同様御自由」とは、いったい、具体的にはどのようなものなのであろうか。これについての具体的な内容説明がないので明らかにすることはできないが、産物の採取ならびに土地利用はこのなかに含まれるのであろう。また、裁判関係文書において、沓野部落の者が産物を採取する際に入山料（産物採取量）を沓野部落へ納めているのを、そのうちの一定割合額を館三郎の引戻しの功績にもとづく生活費用として求めていることもみられるから、これも右のなかへ含まれるのであろう。

いずれにしても、明治一二年三月二九日『お縋り歎願御請』は、これを契約とみるならば、引戻した山林については、「永世所持同様」という「同様」の文字の意味する所有権に近似する権益（持分権）をもっていることを、沓野・湯田中両組が館三郎にたいして認めていることになる。

つぎの問題は、二九三名の共有名義についてである。

沓野部落が、引戻した山林を、「沓野組」・「沓野組共有」として登記したにもかかわらず、町村制の公布によって、この財産が平穏村へ編入されるのをおそれ、明治二二年に二九三名の共有として登記したことは、それなりに理由のあることであった。しかし、館三郎にしてみれば「約定」に反して館三郎の承諾もなしに、沓野部落の財産を二九三名の共有名義として個人の財産にしたことは、背信行為であり、かつ、山林の引戻しについて館三郎との契約に違背するというのである。引戻しの山林は、沓野部落全体のものとして存置し、全体によって利用され、部落のために存在するものであるから、これを私的に（個人）所有もしくは占有してはならないというのである。

たしかに、館三郎が官有地に編入された旧沓野村持の山林を沓野部落に引戻すことに協力したのは、この山林を沓野部落の所有にするためである。その前提には、館三郎が旧松代藩から下賜された山林を沓野部落が引戻すために譲ったという言い分がある。館三郎のこの前提については、沓野部落ではなんらの言及をしていない。沓野部落は旧沓野村持の山林を、実際的にはその後継の権利主体である沓野部落の所有として主張しているのであるから、館三郎の所有と沓野部落の所有とが対立関係ということになる。この後継というのは、権利を受けついだというのではなく、旧松代藩制下において村であった沓野村が、明治初年の町村合併によって平穏村となり、公法人としての村ではなくなり、そのために地域社会集団である部落という名称になって、旧沓野村持財産が、そのままのかたちで沓野部落持（部落有）財産となったことを指し示すのである。これはもともと、村民総体の財産であったのが、名称上において村ということばが使用されなかったために、総体の財産は、部落総体の財産としてよばれるまでになったのである。[4]なんとなれば、徳川時代の沓野村の村持財産は、村民総体の財産にほかならないからである。[5]この村民総体の財産から公法人としての形式の枠がはずされたことによって、村民総体の財産は私法人としての部落民総体の財産となり、その本質によって維持され、部落有財産としての私的な団体的権利があらわれる。

館三郎が、沓野部落が共有名義にしたことを非難したのは、二九三名の共有とした部落有財産は、個別的私的所有に転化することのできない団体的な、部落民総体の財産である、という認識にもとづいているためなのである。したがって、官有地に編入された山林の引戻しに協力したのは、沓野部落有財産とするためであって、個別的私的所有の財産とするためなのではない、ということなのである。その法律上の重要な点は、旧松代藩の沓野地籍の藩林は館三郎に恩賞として下賜されたものを、沓野部落に譲ったということであり、その前提には、沓野部落の山林引戻しにあたって、沓野部落の財産とすることを約定したことがあげられ、これに違背して、登記名義上において、沓野部落の財産であることを解消し、個人所有の財産としたことが、館三郎との違約の原因とされた。

さらに、この違約の弊害は、共有持分を売却するという不心得者がでたことによって現実的なものとなり、館三郎は、その現実的な弊害を指摘するとともに、沓野部落有財産を共有という形式の私的所有としたことは個人的欲望による部落の財産の横奪を意図した邪悪なものであることも指摘する。これについては、館三郎の要求にしたがって、もとの沓野部落の財産にすることに同意したのは沓野組であって、旅館や商業を中心とした地域の渋組・横湯組は、なかなか同意をしなかったことにも、農林業地域と商業地域との意識の差があらわれている。

館三郎は長い間、文書や本人が沓野部落へ出向いて口頭で、部落有財産を共有財産にしたことの誤りを指摘し、これを沓野部落財産に戻すことを説得したが、思うようにはいかなかった。その理由は、沓野部落の一部の者が、この共有財産とした土地が沓野部落全体のものであることを知りながら、共有という持分化された私的所有の形式を得たのをよいことに、再び沓野部落のものとして、その所有名義を本来のかたちに戻すことを拒んだからである。こうしたことから、館三郎は沓野部落の者にたいする覚醒の意味含めて、「土地不法譲与取消および登記抹消」の訴えを裁判所に行なったのであると言う。

館三郎の、この訴えは法律問題としてはどうであろうか。訴状ならびに訴訟資料が見当たらないので、的確にはこれを判断することは困難であるが、少なくとも館三郎の法律上の有効性を認めるとするならば、第一に、館三郎が旧松代藩の沓野藩林の所有権を旧松代藩によって譲渡された証拠が必要である。第二に、館三郎が沓野部落にたいして旧松代藩の藩林の所有権を譲渡した証拠が必要である。館三郎の旧松代藩の藩林にたいする所有権がない場合でも、官林となった旧沓野村持の山林を引戻すために、館三郎と沓野部落との間において、引戻される山林は沓野部落の所有として維持・管理するという明確な約定を示さなければならない。明治一二年三月二九日の『御縋り歎願』にある、「御聞済これ無き内は売買並に譲与等の義は仕らず」という文言をもって、沓野組は館三郎の承諾なしに二九三名の共有として譲与したことを指摘する。さきに述べたように、『御縋り歎願』にある「永世御所持同様御自由」という文言が、具体的にはいかなる内容のものなのであるのかは明らかではないが、これとも関連して、引戻しに成功して沓野組の所有となる山林は、館三郎の「御聞済これ無き内」、すなわち、館三郎の承諾なくして売買・譲与等はできないことになっている。論点の最重要点は、実際に館三郎が藩林「下賜」にもとづく所有権を沓野部落に与えたのであるのか、どうか、ということである。これは、今でも問題が残るところである。つぎに、それにもかかわらず、館三郎と沓野部落（呼称上では沓野区）との間でとりかわされた「約定」の有効性である。この有効性については否定することはできない。これは、便宜上の――引戻しの協力を依頼するための――たんなる約束ごとではすまされない問題である。館三郎の利害関係はともかくとしても、その言うところは、引戻し山林が沓野部落の総有財産（入会）であることの本質の根幹に触れているからである。館三郎と沓野部落との「約定」は有効性をもっている。

館三郎が、訴訟用文書綴（と思われる）のなかで、訴訟の原因としたものは、（イ）館三郎の承諾なくして、官林からの引戻しをした「沓野組」・「沓野組共有」名義の土地を二九三名の共有名義に変更したことと、（ロ）館三郎の生活費のために、山林からあがる収益の一部を求めたことである。この生活費の件については、さきの『御縋り歎願』では具体的な文言はないが、別の『歎願書』（明治一二年二月）では、「応分の御受仕り御報恩仕るべく候」とある。「応分」という文言は具体性に欠くが、それ相当の、という意味であろうから、引戻しを受けた山林の価値に見合う金額か、さもなければ沓野・湯田中両組としては、出せる範囲での相当の金額と言う意味にもとれる。館三郎は、のちに沓野部落（当時は区名称）が山林からあがる収益の一部ということを主張しているので、『御縋り歎願御請』にある「永世御所持同様御自由」という約束にもかかるものなのであろう。いずれにしても、これらのことは、『御縋り歎願御請』にある「御恩沢」を「永世忘脚（却）」しない、ということに反したものであると非難している。このことについて館三郎は沓野区へたびたび申入れ、また、沓野部落の有力者へも申入れているが解決をみなかった。

とくに、二九三名の共有名義にした土地については、いくつかの問題が生じた。

その一つは、共有名義にしたことによって、かつての旧沓野持、ならびに「沓野組」・「沓野組共有」という、村民や沓野組民総体の財産であることの意識が薄れていっていることがあげられる。その具体的な例としては、当該の山林にたいして共有持分が生じることをよいことに、持分を売買・譲渡する者が出てきたことである。また、館三郎が違約を責めてもとの沓野組所有へと移転することを求めたので、これの実行に移すことになったにもかかわらず、持分を放棄しない者がでてきたことである。この者を説得するのに時間を要した。二九三名の共有に土地台帳上の名義を変更したのは、沓野組・沓野組共有の、いわゆる入会財産を個人に分割するためではなく、町村制の制定によって、部落有財産が町村財産に編入されるのをおそれたために、土地財産の名義を便宜上、共有名義としたまでのことである。しかし、それにもかかわらず、法形式上において共有名義としたため、これを悪用して持分を売買・譲与する者がでてきた。館三郎は、引戻し地の法律的な本質が沓野部落総体の、いわゆる入会財産であることを指摘して、共有という形式をとったばかりか、これを売買・譲渡することは、個人の欲望のために本質を無視した背信行為であることを非難した。そうして、このようなことが生じたのは、『御縋り歎願御請』の約定に違背したことが原因であると指摘し、恩義を忘却したと激しく追求している。館三郎にとっては、沓野部落有財産は、解体してはならないものという基本観念があったことと、仮りに、売買・譲与等を行なおうとするならば、館三郎の同意を得なければならないという「約定」があったからにほかならない。したがって、これをあえて行なったのは、約定に違反するばかりか、忘恩の徒であると追求したのも、決して不思議ではないのである。

いずれにしても、沓野部落有財産は、個人が所有すべきものでも、個人が占有すべきものではないことを訴訟というかたちでいましめたものである。もっとも、「沓野組」・「沓野組共有」名義の部落有財産を二九三名の共有名義に移転したときには館三郎は共有者ではなかったことにも問題が残る。しかし、なんといっても、館三郎の承諾を得ないで二九三名の共有名義としたことと、共有持分を売買・譲渡した不心得者がでたことと、沓野部落の重立衆を通じて、館三郎がもとの部落有財産に戻すことを年月をかけて説得したにもかかわらず、渋組・横湯組の商業地域（旅館・商人であろう）において共有名義を放棄しない者がいること。さらに、館三郎が引戻しの報酬ないしは生活費を要求したが、引戻しの努力や館三郎の恩義を知らない一部の者の反対があってなかなか実現しないために、訴訟を提起するまでにいたったのである。訴訟の本格的提起の手続を開始してからも、館三郎は説得をつづけていた。このことは、訴訟を準備しながら、なお、沓野部落民の覚醒を期待していたためである。

（1）山県有朋『徴兵制度及自治制度確立―沿革』（『国家学会創立満三十年記念　明治憲政経済史編』四二五頁）、大正八年、国家学会。この文書の意味については、北條浩『部落・部落有財産と近代化』（二〇〇五年、御茶の水書房）、ならびに『福島正夫著作集　第三巻』（一九九三年、勁草書房）を参照。

（2）館三郎が、松代藩より受けた賞典録（『御書付』）はつぎのものである。本文はきわめてわかりにくいために、わかりやすくした文で示す。（『和合会の歴史　上巻』一九八―一九九頁）。

（表紙）慶応四辰年十二月二五日

御書付　写

（明治廿九年二月廿八日

本書ハ沓野区ニ預ケアリ

北沢源次郎　印）

館　孝右衛門

嘉永二酉年建言書ハ、廃物利用農事并蠶糸・機業・百事ノ工業厚ク心掛ケ、第一深山幽奥、水源引堰、溜水方法、池々沼等貯水ヲ補助、捨水空敷ク北海ニ流入ノ廃水ヲ溜貯シ、薄地畑田成用水ニ利用、人民ノ労ヲ減シ、上田ニ位シ、租税収穫ヲ増加、永世ノ目的厚ク、其ノ上一切ノ費用私財出金ニ因リ、利用掛ノ名称ヲ下シ賜ハリ、連年相続、丹誠実効ヲ奏シ、流末数ケ村ニ対シ、代水実蹟ノ勲労一ト方ナラス、殊ニ許多ノ入費ヲ厭ハス、出金多大ノ尽力ニヨリ、沓野藩林地ヲ開正、永久受領、統轄自由タル許可トナリタル、尤モ其ノ前、代水準備溜水ニ困し、倍々琵琶池等貯水方法ノ行為再発起、堀貫通水路内堅牢、私財出金石積土工成功、永世不朽ノ大効、代水ヲ有セル次第故ニ、文久三亥年五月、流末十三ケ村騒動、三四百人ヲ以テ堰切潰ス乱暴狼籍ヲ取押へ、中野陣屋御代官所ニ引渡シ、降伏大勝利トナリ、数年ノ素心満足ヲ遂ケ、相続感悦之至リ、御大慶ニ思召シ候、之ニ依リ、旧来労務尽力ノ賞典ニ併テ沓野山藩林地全部、古絵図面・古書類・証書相添エ下シ置カル也、沓野藩林立木、年季払下ケ数人願済ミ之分、一同追テ境界明細藩林地調定、全部一体ヲ下ゲ渡シ申スベキ事

（明治元年）

十二月廿五日

恩賞は、「沓野山藩林地全部、古絵図面・古書類・証書相添」えて、「全部一体ヲ下ゲ渡」すというものである。恩賞の理由は、はっきりとは明らかではない。冒頭にある「嘉永二酉年建言書ハ」の以下に続くものが、具体的に館三郎が自費をもって行なったものなのであるのか、「建言」に終るものであるかがわからないからである。「流末数ケ村ニ対シ、代水実蹟ノ勲功一ト方ナラズ」いうのも具体的にその内容が明らかではない。「琵琶池等貯水方法」の効果は「永世不朽ノ大効」ともあるが、その結果が、広大な新田の開発をもたらしたのであればともかく、そうでないのならば、これらをひっくるめて藩林を全部下賜するまでには藩はあまくない。

この賞典録にたいして、疑問ないしは問題をいくつかあげれば、まず、この賞典録は通常の賞典録の形式・文体ではないのではな

いかということであり、館三郎が書いたものではないであろうか、ということである。館三郎独自の用語ならびに文体に似ていることと、内容が館三郎がこれまでに書いている勲功記に似ているからである。第二に、このような形式と内容の勲功記を領主が出すものであろうか、ということである。あまりにも、従来の形式とはかけ離れているからである。第三に、館三郎は、それほど大きな事業をしていないにもかかわらず、松代藩が沓野村地籍の藩林地をすべて下賜するということがあるのであろうか、ということである。新田開発地を所有として認めることはあっても、この館三郎の問題は、水田開発を直接に行なったとは思えないからである。第四に、軽輩の武士が莫大な私財を投げうつことができるものであろうか、ということである。これらを総合してみると、なんらの恩典に浴していない館三郎が、自分の立場やプライドを強調するために、自らの勲功をつくりあげたとも言えないこともない。

(3)『和合会の歴史　上巻』三〇二〜三〇三頁。昭和五〇年、和合会。この文書は、読みくだしにしたものである。

(4)この点については、中田薫『徳川時代に於ける村の人格』、同『明治初年に於ける村の人格』(中田薫『法制史論集第二巻』昭和四五年、岩波書店)を参照されたい。

(5)中田『前掲書』参照。

第二節　館三郎との協定書

館三郎が沓野部落の観音堂で死去するのは、明治三九年六月二二日である。その四か月前の二月二六日に、館三郎と沓野区惣代・副惣代・山林担当人・区会議員・山林整理委員等との間で『約定書』がとり交わされた。『約定書』には、これまでに館三郎が沓野区にたいして申入れてきたもの、ならびに沓野区(沓野部落)にたいして裁判を起したときの主張が、かなり記されている。

約定書

第一条　御住所ヲ定メ御生活ノ方法ヲ取極可申事
第弐条　御小使ハ御不自由ナキ様取計可仕事
第参条　第壱条・第弐条ノ施行方法ニ付テハ、区惣代ハ館先生ノ御承諾ヲ得タル世話人ヲシテ之ヲ為サシム
第四条　明治弐拾九年以後ノ御負債ハ村方怠リニ依リ、区ニテ引受仕払可致事
第五条　沓野区ニ就テ重要ノ書類ヘハ御書添ノ上御下渡可被下事
第六条　証書写取名々固守存可致事
第七条　明治弐拾弐年ノ五ケ条、不都合ナキ様御指揮ヲ受心配取計可申事
第八条　事実真情忘失無之様、区有民一同ヘ申伝信義ヲ可守事
但し明治拾弐年参月弐拾九日御縋り歎願書并ニ同年四月惣代竹節安吉直筆ノ御受書慎テ可守事
第九条　将来、若シ館先生ノ御生活費ニ就キ沓野区ニ於テ本契約第壱条・第弐条・第参条・第五条ノ履行ヲ怠リタルトキハ、第四条ノ負債償却スルハ勿論、違約金トシテ弐千円ヲ限度トシ、沓野区ハ其請求ニ応スルノ義務アルモノトス、而シテ、第五条ノ履行ヲ施行細則ニ基キ実行セシムルモノトス、但シ本条契約履行ハ館先生ノ御存命中ニ限リ其ノ効力ヲ有スルモノトス、以後相続人其ノ他ノ請求ニ応スルノ義務ナキモノトス
第拾条　従来館先生ヨリ沓野区ニ対シ、全区地籍内ニ於ケル山林及ビ池沼河川ノ貯水引用等、及ビ其他ニ関スル事柄ハ、本契約締結ノ上ハ勿論、関係無之ニ付、将来親戚其他ヨリ故障ヲ申出ツル事項ナキモ、館先生ノ生存中若シ万一故障等申出ツル者アルトキハ、立入人ニ於テ其責ニ任シ、沓野区ヘ迷惑ヲ掛ケサルモノトス
第拾壱条　本券約履行上、訴訟提起ノ場合ハ、館先生ノ委任ヲ受ケ、立入人指定ノ裁判所ニ従フモノトス

第拾弐条　前記条々授受ニ関シテハ、区総代及世話人ハ其ノ履行ノ責ニ任スルモノトス

まず、『約定書』第一条・第二条においては、館三郎が生活苦を訴えていたので、これを解消させるためのものである。このことは、第四条にも関連する。館三郎の言う生活苦なるものは、訴訟関係文書と思われる文書によって示されているように、第一に、沓野部落が官林から引戻しをした志賀・文六の今日でいう志賀高原――ならびに、湯田中部落との共有入会地である岩菅山――は、館三郎の尽力なくしては成功（館三郎は、成効と言う文字を使用している）しなかったのであり、その功績にたいして相当の報酬を沓野部落は約束していることをあげ、これを要求するとともに、もともと、志賀高原は旧松代藩の藩林であって、館三郎は勲功によって下賜されたものであるにもかかわらず、それを、沓野部落の困窮を見兼ねて譲った、と主張している。館三郎は、右の二つをセットにしているのであるが、前者についてはともかく、後者については事実とともに法律論としても問題が残る。沓野区では、前者については第一条・第二条において館三郎の要求を或程度満たすとともに、さらに第四条の館三郎が出費した経費（「御負債」）についていては皆済することを約している。

つぎに、『約定書』の第一〇条においては、従来、館三郎が沓野地籍内において、山林ならびに池・沼・河川の貯水と引用等に関する「事柄」は、この「契約」後においては館三郎とは関係がなくなることを明記している。この条項は、館三郎ならびに館三郎の説明をうけた者にとっては、その内容はわかっているのであろうが、条項の文言からは正確に判読することはむずかしい。これまで、館三郎が沓野区との交渉の文書から推測すると、まず、山林とのかかわり（「事柄」）では、沓野部落が館三郎に贈呈した山林と、館三郎が志賀高原（志賀・文六）にたいして主張した所有と、沓野部落の者が志賀高原から産物を伐採・採取するときに支払う料金の一部を館三郎に交付することがあげ

られる。つぎに、池・沼・河川の貯水と引用等については、琵琶池ならびにこれに関係する池・沼・の貯水と引水、および養魚があげられる。館三郎が主張したこれらの権利は、『約定書』の成立とともに消滅し、『約定書』に規定された契約条項に移行するということになるのであろう。同時に、このことはまた、館三郎が死亡したときにはすべて消滅することにもなる。したがって、館三郎が主張した権益は、まず、『約定書』の締結の時点において沓野区が継承したことになる。たしかに、館三郎が沓野部落から贈与をうけた山林を返したという館三郎の手記もあり、また、養魚の権利を沓野区に渡すという手記もみられる。館三郎としては、権益もろとも、館三郎の一代で終了することを遺言したのである。館三郎について、その厖大な手稿のなかに、親族について記したものはなく、この『約定書』第一〇条によって初めて「親戚」があらわれるだけである。しかし、その親戚等は館三郎の功績については一切請求権はない、と明記されている。

このほかに、右の『約定書』と同じ日付の『証』というものがある。この『証』は、館三郎の親類総代である北沢源次郎と沓野区総代・児玉峯三郎、副総代・児玉吉郎治が押印している。つぎに、これを掲出する。

証

自今館先生御卆去ノ場合ニハ沓野区ニ於テ悉皆引請ケ区費ヲ以テ厚ク葬儀ヲ営ミ可申其節ニ親類其他ヨリ一切故障等無之ハ勿論沓野区ニ対シ御迷惑相懸ケ申間敷候爲后日其証如件

長野県植科郡松代町館三郎親類総代

同県　日郡京条村

北沢源次郎㊞

明治参拾九年弐月廿六日

長野県下下高井郡平隠村沓野区
区総代
児　玉　峯　三　郎㊞
副総代
児　玉　吉　郎　治[印]

右の『証』では、館三郎が死去した場合には、「沓野区ニ於テ悉皆引請ケ区費ヲ以テ厚ク葬儀ヲ営」むことが約定されているのである。つまり、区葬ということである。この葬儀については、「親類其他ヨリ一切故障」を申出ないばかりか、「沓野区ニ対シ御迷惑」をかけないことを約定しているのである。館三郎は、この約定の約四か月後に死去するのであるから、死を予知しての遺言書のようなものである。

館三郎は、その死にあたり、すべての系類の関与を断って身を沓野区にゆだねたのはなんであったのであろうか。官林に編入された沓野部落の財産の引戻しに協力して、これを実現させ、水利権については流末八ヶ郷と裁判で争って権利を確保し、さらに、沓野部落有地（入会地）が登記名義上から解体していくのを阻止して部落有地として再編成させたりした。こうしたことからも、館三郎と沓野部落との関係は、湯田中部落よりも密接であった。さらに、最晩年にあたって、自らの最後を沓野区に保障させ、沓野部落に骨を埋めることになったからなのであろうか。

館三郎が沓野部落に残したものはなんであったのであろうか。まず、官林に編入された旧沓野村持林野ならびに旧湯田中村との共同入会地の引戻しに協力してこれを実現させたこと。さらに、水利権の確保である。

晩年の館三郎と沓野・湯田中（西部落）との間は、必ずしもうまくはいっていなかったようである。あるいは、館三郎の思うようには沓野区は動かなかったし、財産の管理・運営の意識においても館三郎とはかけ離れていたし、さらに館三郎が思っているような山林引戻しや水利についての自己の「勲効」（勲功）について、軽済上においても報いられるところが少なかったからなのであろう。館三郎は、晩年の文書のなかにおいて、沓野区の幹部、あるいは権利者（入会権利者＝総有権利者）にたいして、右の点についての不実を非難し、「恩義を知らない」とまで言い切る。そのような事実もあったであろうが、別の見方からすれば館三郎の思い込みがなかったとは言い切れない。それらを含めて、沓野区では館三郎の晩年を保障し、葬儀についても館三郎の希望するように沓野区葬として行なうことを「約定」し、実行した。館三郎の顕彰碑も建立して毎年の祭礼を行なっている。少なくとも現在、財団法人・和合会の役員には、そして役員であった者には館三郎は記憶にとどめられているのである。

おわりに

沓野部落の観音堂の仮寓で死去した館三郎は、生まれ育った旧松代藩城下町にではなく、渋温泉（横湯）の温泉寺の境内の一隅に沓野区によって手厚く埋葬される。温泉寺は、館三郎にとっては、直接的になんのかかわりもないところである。しかし、山林の引戻しによって沓野部落の財産となって、山林からは、沓野部落の者達は経済的に大きな恩恵をうけており、生活の基盤でもあった。このことによって、温泉寺は維持されてきているのである。もともと、温泉寺は沓野部落の総有財産の一つである。また、温泉寺は、その寺紋が「武田菱」であることによっても明らかなように、武田信玄の由縁の寺であり、武田信玄が寺領を安堵したと言われている。松代藩主・真田家は、その先祖一族が武田信玄に属し、いわゆる「廿四将」のなかに入っている。真田弾正忠幸隆と真田源太左衛門尉信綱である。松代藩主の先祖は、その一族が武田信玄に属していたが、真田信綱の子の真田信之は、武田信玄の側近から、信玄亡きあとは徳川家に臣従し、松代藩一〇万石に封ぜられて、譜代大名として明治維新まで松代を離れない。館三郎は、松代藩最後の家臣なのである。もちろん、沓野村は松代藩領に属していたから、いろいろなかたちで関係があった。しかし、それであっても、なぜ、館三郎は松代藩城下町に骨を埋めなかったのであろうか。医術・水利・養蚕・製糸・農業・官林引戻し等と、一般の藩士とはかけ離れた才能をもって幕末から明治中期にかけて、或意味では時代の先端をかけ抜けた館三郎であったが、事業としても発展させることはなく、学門としても大成することはなかった。最大の功績は官林に編入された沓野部落有地の引戻しであった。館三郎は、ある意味では不運のまま、その生涯を終えた感がしないでもない。

館三郎については、その後、大正二（一九一三）年六月に十王堂坂のところに顕彰碑が建てられ[1]、追悼法要も行なわれている。

（1）館三郎の顕彰碑については、つぎのような記録が残されている。

石碑建設願

一建設者ノ氏名　下高井郡平穏村沓野区

一碑石ノ寸尺及ヒ彫刻不可キ文字　別紙之通

一建設地ノ位置及ヒ所有者

下高井郡平穏村千百七十二番ノ二字宮前

一山林反別六歩　　所有者沓野区

同郡同村四千百七十二番字宮前

一山林反別壱畝弐拾歩　　所有者同上

以上試算之内別紙略図之通

一建碑ノ事由

故館三郎翁ハ旧松代藩士シシテ旧藩ノ時代ヨリ藩命ヲ帯ヒ多年利用掛トシテ常ニ当地ニ出役幾多殖産興業ノ為メ奨励努力セラレ廃藩後モ旧来ノ縁故ニヨリ屡々当地ニ来遊能ク指導誘液ニ力メラレ偶々病魔ノ侵ス処トナリ去ル明治三九年六月中遂ニ当地ニ於テ七十八才ヲ期シ永眠セラルルニ至ル翁ノ多年当地ニ与ヘラレタル所裨益蓋シ尠少ナリトセス故ニ区民一同其恩沢ニ酬ユル為メ茲ニ建碑ヲナシ永年其ノ功績ヲ不朽ニ伝ヘントス

右御許可相成度度明治十九年二月長野県布達第二十号墓地及ヒ埋葬取締規則第十三条ニ依リ此段奉願候也

大正二年八月二日

右沓野区惣代

佐　藤　喜　惣　治

中野警察署長

警部小山甚平殿

右の顕彰碑『館三郎翁遺澤之碑』（裏面は、「大正二年六月建之　沓野区信濃松代矢沢頼通書」とある）の建設費の概算が示されている。

館先生建碑工事見積概算

一表石積長十間高平均七尺　八十一坪
　此金五十五円
一土端高三尺　此坪凡　七坪
　長十四間
　此金弐円拾銭
一石段切石長六尺五七　凡ソ間口壱円五十銭
　凡ソ十段
　此金拾五円也　長凡ソ十三間坪一円五十銭
　此坪凡十一坪
　此金十六円五十銭
一切取　人夫三十八
　此金弐拾円
一外雑費　三十円　土工雑費
一碑台石共金百五拾円也
一除幕式五十円
一外雑費三十円
　〆金三百六十八円六十銭

このほか、仙台石（長拾尺巾壱尺七寸厚六寸五分）の碑石代六拾円を含めて、一三三円八二銭の碑石代がある。

なお、長野県布告『墓地及埋葬取締規則』第一三条には、つぎの規定がある。

誌銘伝賛等ヲ刻スル碑表ヲ建設セントスルモノハ其ノ寸尺碑之原稿並ニ建設地ノ図面ヲ添ヘ建碑ノ事由ヲ詳記シタル願書ニ管理者ノ連著墓地外ニ建設セントスルモノノ地五ノ連著市長村長ヲ経テ所轄警察署又ハ分署ヘ願出ヘシ

但シ死者ノ姓名族籍官位勲爵法号及生死ノ年月日建立者ノ姓名ヲ記セルニ止ルモノハ此限リニアラス

（沓野区建碑関係文書）

第九章　館三郎の略記と業績

明治初年に、現在の財団法人・和合会財産である志賀高原の土地を含む沓野部落の土地が官有（国有）に編入されて一等官林となり、山野の利用に制限が加えられたために、この山林に拠って生計を立てていた沓野部落住民の生活に重大な影響を与えるようになった。沓野部落では、再三にわたり山林の返還を求めたが、いずれも却下され、官林であることが確定的となった。こうしたときに、かつて、松代藩の三か村利用掛として沓野村の殖産興業と山林境界の検分にあたった館三郎を訪ね、山林返還についての協力を求めたのである。

館三郎は、志賀高原（志賀高原という名称は昭和四年以降につけた地元の新名称である、といわれているが、それ以前より「志賀の高原」とパンフレット等で記載している）の返還について依頼を受けると、旧松代藩記録を求め、返還の申請書類を作成し、さらに、旧松代藩の上士であり、松代県の権大参事であった長谷川昭道・矢野唯見・松本芳之助等、旧松代藩士の協力を得て、土地返還に尽力した。館三郎が存在しなかったならば、今日の和合会財産はなかったのである。館三郎は、その後において、返還された土地は入会財産である事を説示し、指導もしたりした。とくに、町村制の制定に際して、部落有財産が平穏村の公有財産として編入されるのを逃れるために、便法として二九三名共有として登記したことを強く非難し、部落の幹部を呼んで厳しく叱責し、この財産が沓野部落全員の共同の総有財産であることを明示し、たとえ形式的にもせよ個人の所有とした不法行為を詰問した。部落では館三郎に謝罪して共有を解除して沓野区有としたのである。

その後、沓野部落の財産は、幾多の変せんを経て財団法人和合会の所有財産となったが、これは、館三郎の尽力によって国有地から返還することができたことと、その後において館三郎の指導があったことによるものであって、その恩恵のたまものと言ってよい。

つぎに、館三郎の簡単な経歴を記す。ここにあらわした館三郎の簡単な略歴と業績は、和合会と沓野区が所蔵する館三郎の文書に記述されているなかからあらわしたものである。

文政八（一八二五）年六月二八日に生れる。『戸籍』上の本籍は、「長野県埴科郡松代町二六番地。士族」である。

父は、松代藩士・館健吾で、館三郎（文之助・考右衛門）はその二男。安政四（一八五七）年五月八日に相続する。なお、二男とあるのは『戸籍簿』のうえで、館三郎は三男と記している。

天保二（一八三一）年、御右筆見習。

天保三年　御宮見廻役。

天保一五年　江戸の佐藤民之助に師事し、弘化三年まで医術修行。

嘉永二年　松代来遊の長崎漢蘭医浅香良意に師事。この年、沓野・湯田中・佐野の三か村利用掛となる。

安政四年　沓野奥御林境立掛となる。（文久三年まで）。

同　幕府議武学校海軍部に入学。欧米の潤盆機器の研究を行なう。安政六年末に帰国する。

同　家督相続をする。

安政五年　元幕府奥医池田多仲に従い、翌年まで医術を学び、江戸神田弁慶橋種痘館にて修業する。

安政六年　松代藩に種痘を建言し、松代町にて種痘・小児科医開業する。
慶応四（一八六八）年、戊辰戦争に際して、松代藩が官軍に従い、越後・会津に転戦するために、後衛において軍資金を調達する。
明治元年　犀川の水騒動を鎮静させる。
明治二年　西京御影法眼文岱門人の芝谷荘輔に師事し、内科・外科ならびに丸散治療法を研究する。
明治三年　東京御規則伝習、大学種痘館免許を受ける。
明治七年三月　『実地新験生糸製方指南』（吉田屋）を出版する。
明治八年　長野県より種痘医の免許を受ける。
明治一一年　医業免許を受ける。
明治一二（一八七九）年、沓野組代表の春原専吉・竹節安吉（のちに、黒岩康英が参加）が、館三郎に沓野部落有林野の返還について協力を申し入れる。館三郎は、これ以後、旧松代藩記録沓野組の書類などを調査して引き戻し（返還）の申請書を作成するとともに、旧松代藩士・矢野唯見ならびに松本芳之助に協力を要請する。また、旧松代藩士・旧松代県権大参事の長谷川昭道等に文書の裏書と沓野山林と松代藩との関係を明らかにすることを依頼する。
明治一二（一八七九）年、館三郎の手に成る土地返還（引戻し）の文書を内務省山林局へ提出。
明治一三年（一八八〇）年、内務省山林局木曽山林事務所より返還の通知。所有者は「沓野」である。
ひき続き、沓野部落では、湯田中部落と共に、岩菅山の返還について館三郎に依頼する。館三郎は、旧松代藩・松代県、地元の古文書等の書類を探さくして申請書を作成するとともに、長谷川昭道に協力を要請する。

明治一四年　和漢洋折衷内外科開業する。

明治一六年九月『信濃国下高井郡佐野村屏風堰沿革』刊行。

明治一七年　内務省より免許状下付、東京日本橋区本材木町に寄留して開業する。

明治一九年　下高井郡平穏村湯田中組三九八番地に寄留。

明治一九（一八八六）年一一月、岩菅山の返還を決定する通知が木曽山林事務所からある。

明治二一（一八八八）年、町村制が制定されると、沓野の財産が平穏村へ編入されるのをおそれて、土地所有名義を二つにわけて、一つを「沓野」から二九三名の共有名義にした。そのために、二九三分の一が個人所有となったことをよいことにして、持分を売る不心得者が出た。館三郎は、沓野部落の総有財産を共有名義にしたことを知って、沓野部落の幹部を召集して叱責し、この財産の本質を明示して、個人の欲望のために専横することの違法性と総有精神の欠如を非難して、共有名義の解体を求めた。のちに沓野部落の幹部達はその非を認めて共有名義を解消した。

　館三郎は、その後、沓野部落から水利権についての依頼をうけ、水利権について考究し、下流の部落と抗争する。

明治二五（一八九二）年九月、館三郎は、独自の水利権を主張して中野町ほか三か村にたいして訴訟を行なう。

同年一一月、飯山区裁判所判決。館三郎敗訴。

明治二六（一八九三）年七月、長野地方裁判所は館三郎の主張を認めた判決を出す。

同年一二月二八日、東京控訴院判決。館三郎勝訴。

明治三九（一九〇六）年、館三郎は、すべての財産を沓野部落（当時は、沓野区の名称）に寄贈する。

明治三九年三月、館三郎は、一生の来歴を示す『陳述書』を作成。

明治三九年六月二六日、館三郎が沓野部落の観音堂の仮寓で死去。

沓野部落では、館三郎を温泉寺墓地に埋葬する。ついで十王堂坂の途中に顕彰碑を建立する。昭和一五（一九四〇）年、三五回忌の大法要を行なう。

あとがき

本書は、長野県北部の上越国境に隣接する、通称『志賀高原』の林野を所有する財団法人・和合会刊行の『志賀高原の歩み』（非売品）として、すでに九巻にわたって刊行されている続編の『志賀高原の歩み　館三郎資料集』（非売品）の解説部分『館三郎の沓野部落にかかわる半生涯と事蹟』を独立させたものである。解説といっても、すでに論文として別に発表する予定の原稿に手を加え、さらに補充したのであるから、全体としては論文形式となった。

原書である『志賀高原の歩み　館三郎資料集』は、本書によって明らかにしているように、明治初年に官林に編入された旧沓野村持＝沓野部落有財産を引戻して沓野部落有財産にするために尽力した旧松代藩士・館三郎の文書のうち沓野区（財産区ではない）に保存されているものを中心にして編集したものであり、これに、財団法人・和合会に所蔵されている文書・資料から補足した。地元の沓野部落にとっては、館三郎を記念するという意味よりも、さらに、現在、沓野部落有財産の管理主体である財団法人・和合会という法形式をもつ入会団体の形成過程の前史を明らかにして、その本質的規定と管理・運営の指針とするために資するものである。

われわれの興味は、官林（のちに一等官林）に編入された旧松代藩領の旧沓野村持と、隣村との共同入会地である山林を、旧松代藩士らが沓野部落に協力して部落有林野とする過程についてである。そこには、官林に編入されたいきさつや公有地にいったん編入されたのちに官林に編入されたことによって、そこで、沓野部落が官林という国家的所有の現実に直面して、林野の引戻しを意図し、旧松代藩士の協力によって引戻しに成功し、これを一等官林から部落有林野とすることに成功する特質なケースをみるからである。林野の引戻しの協力を旧松代藩士に依頼し、これに協力して中心となった旧松代藩士の館三郎が、引戻しにばかりでなく、その後の部落有林野の維持・管理についても指導したイデオロギーを、公式の文書・資料ばかりでなく、手稿を通じて明らかにすることができたからである。それはまた同時に、部落と館三郎との意識の差を示すものであり、これはまた、いまもなお、今日的課題となっている。

著者紹介

北條　　浩（ほうじょう　ひろし）

東京市神田に生れる。
財団法人・徳川林政史研究所主任研究員、帝京大学法学部教授、同大学院法学研究科教授、アメリカ・ヴァージニア州立ジョージメイスン大学客員教授等を歴任。

主要著書

民法の成立過程と入会権（福島正夫と共編著、1968年、宗文館）林野入会と村落構造（渡辺洋三と共編著、1975年、東京大学出版会）林野法制の展開と村落構造（1979年、御茶の水書房）、河口湖水利権史（1970年、慶応書房）、入会の法社会学（上・下）(2000年、御茶の水書房)、部落・部落有財産と近代化（2002年、御茶の水書房）、日本水利権史の研究（2004年、御茶の水書房）その他。

宮平　真弥（みやひら　しんや）

沖縄県那覇市に生れる。
流通経済大学法学部准教授。

主要著書

リーガルスタディ法学入門（共著、2003年、酒井書房）、官尊民卑的裁判・甲府地方裁判所の入会権に関する事例(2004年、流経法学)、中村哲先生の植民地方研究（2004年、沖縄文化研究）、和合会の歴史・館三郎資料集(2008年、和合会)。

部落有林野《ぶらくゆうりんや》の形成《けいせい》と水利《すいり》

2008年4月20日　第1版第1刷発行

著　者　北　條　　浩
　　　　宮　平　真　弥
発行者　橋　本　盛　作
発行所　株式会社御茶の水書房
〒113-0033　東京都文京区本郷5-30-20
電話　03-5684-0751
FAX　03-5684-0753

印刷・製本／(株)平河工業社
編集／（株）アイテム

Printed in Japan

ISBN 978-4-275-00565-6　C3032